U0255319

正规Laplacian图谱
与互联网拓扑结构

Normalized Laplacian Spectrum
and
Internet Topology

焦 波 张文生 石建迈 著

湖南大学出版社

·长沙·

内 容 简 介

本书从正规 Laplacian 图谱的视角，挖掘互联网拓扑与规模无关的结构特征，并利用这些特征设计互联网测试床的拓扑规模压缩方法。主要内容包括正规 Laplacian 图谱在互联网拓扑结构的物理意义、正规 Laplacian 图谱的规模无关性理论、正规 Laplacian 图谱的快速计算方法、互联网拓扑的规模压缩方法等内容。在保证测试任务需求和重要图属性稳定不变的条件下，本书设计的方法可实现互联网测试床拓扑节点数量 96% 以上的大比例规模压缩。

本书适合复杂网络系统、互联网建模仿真、应用数学等相关领域科技人员参考使用，也可作为高校相关专业的参考教材。

图书在版编目（CIP）数据

正规 Laplacian 图谱与互联网拓扑结构/焦波，张文生，石建迈著. —长沙：湖南大学出版社，2022.5

ISBN 978-7-5667-2436-6

Ⅰ.①正… Ⅱ.①焦… ②张… ③石… Ⅲ.①椭圆算子—图谱 ②互联网络—网络拓扑结构 Ⅳ.①O175.3-64 ②TP393.022

中国版本图书馆 CIP 数据核字（2021）第 277285 号

正规 Laplacian 图谱与互联网拓扑结构

ZHENGGUI Laplacian TUPU YU HULIANWANG TUOPU JIEGOU

著　者：焦　波　张文生　石建迈	
责任编辑：张建平	
印　装：长沙市宏发印刷有限公司	
开　本：787 mm×1092 mm　1/16	印　张：12　字　数：285 千字
版　次：2022 年 5 月第 1 版	印　次：2022 年 5 月第 1 次印刷
书　号：ISBN 978-7-5667-2436-6	
定　价：48.00 元	

出 版 人：李文邦
出版发行：湖南大学出版社
社　　址：湖南·长沙·岳麓山　　　邮　　编：410082
电　　话：0731-88822559（营销部），88821173（编辑室），88821006（出版部）
传　　真：0731-88822264（总编室）
网　　址：http://www.hnupress.com
电子邮箱：463229873@qq.com

前　言

互联网测试床面向网络技术的研发与评估需求，构建一个由数字、虚拟机和实物等虚实节点组成的仿真测试环境。该工作的一个瓶颈问题在于测试床节点规模的估算，为系统建设的经费预算提供依据。利用路由节点的地理分布信息，分解互联网的拓扑结构，是降低节点规模的常用手段。然而，本书作者期望证明小规模测试床上的测试结论可以等效推演大规模真实网络上的运行效果。等效推演可更好地适应互联网节点规模的逐年快速增长趋势，并可为降低测试床构建成本和测试时间复杂性提供理论支撑。

本书第一作者焦波博士（E-mail：jiaobo@ xujc. com）现就职厦门大学嘉庚学院信息科学与技术学院，合作作者有中国科学院自动化研究所张文生教授和国防科技大学系统工程学院石建迈研究员。本书的研究工作得到广东省教育厅特色创新类项目（编号2018KTSCX245）、横向课题"通信网络拓扑表示及约简感知模型"、国家自然科学青年基金（编号 61402485）、广东省基础与应用基础研究基金（编号 2021A1515012289）等多个项目的资助，获得佛山科学技术学院和厦门大学嘉庚学院等单位的支持。本书作者经过多年攻关，在正规 Laplacian 图谱与互联网拓扑结构理论研究到工程开发方面积累了一系列经验。本书旨在向读者介绍正规 Laplacian 图谱视角下的互联网拓扑结构，为复杂网络系统、互联网建模仿真、应用数学等领域的科技人员提供参考。

互联网测试床的等效推演是一个复杂的工程与理论体系。因此，本书聚焦于其中的一个基础问题：在维持拓扑图属性稳定不变的条件下，缩减测试床的节点规模。具体地，本书的研究内容分为理论篇和应用篇两个部分：理论篇首先突破了传统的从全局统计视角认知互联网拓扑的不足，研究正规 Laplacian 图谱与互联网拓扑的七类节点划分、内核外围分解、single-homed 向 multi-homed 转换、小世界（高聚类系数和低路径长度）等结构特征之间的定量关联性，实现了对该拓扑局部结构的认知；然后设计了正规 Laplacian 图谱属性的快速计算方法，理论分析该方法在互联网拓扑的时间复杂性为 $O\left(n^2\right)$，其中 n 为拓扑图的节点数，解决了该图谱属性难以被用于三万以上节点网络的问题；最后证明了正规 Laplacian 图谱属性在 scale-free 网络节点规模变化过程中的稳定性，为以该图谱属性为价值函数设计互联网拓扑的规模缩减方法奠定了理论基础。应用篇首先面向具体的组播路由协议测试需求，分析维持正规 Laplacian 图谱属性稳定不变对测试指标等效推演的重要性，然后以该图谱属性为价值函数，将互联网拓扑分解为七个二分图、一个匹配图和一个内核图，并量身定制该拓扑的规模缩减图采样方法，实验验证该方法可在维持重要图属性稳定不变的条件下，实现 96% 以上的大比例节点规模缩减。

本书的应用篇验证，在大比例缩减拓扑节点规模的条件下，仍可保持组播路由协议的两个指标，即延时率和费用率，在小规模测试床上的测试结论与其在原始大规模拓扑上运行效果的一致性。虽然本书尚未论述互联网测试床的更多复杂特征，例如多样的测试需求、拓扑上的流量、虚实节点的分布等，但是本书从正规 Laplacian 图谱理论视角解决了互联网拓扑的结构认知与大比例规模缩减难点问题，对于未来深入开展互联网测试床等效推演理论的研究具有借鉴、指导意义。

编　者
2022 年 3 月

目　录

1 引 言

1.1 动 机

路由协议、资源定位、准入控制等互联网(Internet)技术部署在真实网络之前,通常需要在小规模的仿真测试环境(测试床)进行测试与评估。软件定义网络(SDN,software defined network)技术的快速发展[1],为测试床微观层的逼真部署提供了必要的支撑。SDN技术支持将互联网测试床中低粒度的数字级、协议栈级节点替换为更加逼真的虚拟机级和实物级节点,并可以将仿真资源(数据平台)和集中式管控中心(控制平台)相分离,从而保证测试床拓扑结构的编程生成、上层应用的自动化部署以及网络数据的实时采集。然而,SDN技术的应用,必须解决测试床构建的成本问题:面对虚拟机级和实物级节点的高昂成本,亟需最大限度地缩减测试床拓扑的节点规模,如图1-1所示。

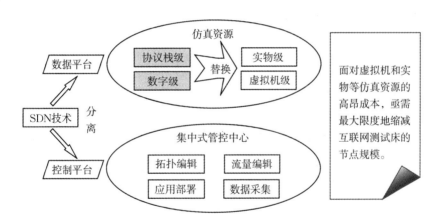

图1-1 SDN技术在互联网测试床的应用

互联网拓扑通常被划分为三个层次,即IP层、路由层和域间层。其中,IP层以计算机终端的IP地址为节点,路由层以数据通信的路由设备为节点,域间层以自治系统(AS,autonomous system)域为节点。一个AS节点对应于从属于同一管理域的路由节点集,一个路由节点由一系列IP地址组成。因此,域间层描述了互联网拓扑的宏观摘要,其也是互联网测试床宏观层拓扑结构建模的原型对象。因此,本书约定以下论述的互联网拓扑结构在没有特殊说明的情况下都是指互联网的域间层拓扑结构。

互联网测试床拓扑节点的大比例规模缩减,需要建立在互联网域间层拓扑结构精确认知的基础上,为域间拓扑量身定制专用的节点规模缩减方法。因此,本书将突破传统节点度幂律等拓扑结构的全局统计属性认知方法及图遍历、随机游走等通用性强的拓扑规模缩减方法,采用正规Laplacian图谱理论对互联网拓扑的节点分类、子图分解等局部结构属性展开研究，并提出基于域间拓扑局部结构精确表征的图采样方法，从而在保持拓扑属性稳定不变的条件下实现 96% 以上的大比例节点规模缩减。

测试床拓扑节点规模的大比例缩减具有五个方面的意义和价值：

（1）为测试床建设的规模论证提供支撑：测试床建设前期需要进行规模论证，论证结果可以为投资建设的经费预算提供依据。

（2）为高逼真度仿真节点在测试床的大比例部署奠定基础：在有限成本约束下，测试床规模越小则高逼真度节点的分布比例将越大。

（3）为仿真资源的高效利用提供依据：在多任务并行执行的背景下，单次任务需要资源越少则有限仿真资源池的利用效率将越高。

（4）为测试运行时间复杂性的降低提供保障：测试床拓扑节点规模被缩减的比例越大，则测试任务在其上运行所需要的时间将越短。

（5）为测试理论和方法的研究提供直观的网络结构认知：对拓扑属性在规模缩减过程中演变机理的认知，是组播路由等测试理论和方法研究的基础。

1.2　国内外研究现状

1.2.1　互联网拓扑结构表征

互联网域间拓扑以 AS 域为节点、以域间边界网关协议（BGP，border gateway protocol）连接为边构成简单无向图。因此，采用图属性表征拓扑结构是互联网域间拓扑认知的基础，其中一项常用的图属性是节点度分布。Faloutsos 等[2]通过真实世界探测数据的分析，修正了互联网拓扑节点度服从均等分布的简单假设，指出该拓扑的幂律节点度分布特征。Winick 等[3]后续指出互联网拓扑的节点度分布并不严格地服从幂律，其仅在删除该拓扑前 1.5% 至 2% 的最大度节点时才能成立，并指出节点度余补累积分布（CCDF，complementary cumulative distribution function）更接近于幂律，其成立条件仅需删除前三个度最大的节点。另一些常用的图属性包含节点聚类（表征节点的相邻节点之间是否相互紧密连接）和网络直径。Watts 和 Strogatz[4]发现互联网拓扑的小世界（高聚类和低直径）特征。然而，互联网拓扑具有复杂网络的非平凡（non-trivial）特征，即其无法采用有限的图属性实现完整的表征[5]。Newman[6]定义协调系数（assortativity coefficient），用于表征不同度节点之间的相互连接关系。Mahadevan 等[7]采用联合度分布属性定义平均相邻连通性（average neighbor connectivity），其表征 k-度节点相邻节点的平均度。此外，图谱[8]（图矩阵全部特征值的集合）也是一系列常用的图属性，相应的图矩阵包含正规 Laplacian 矩阵等。图谱中特征值绝对值的最大值被定义为谱半径，Cetinkaya 等指出正规 Laplacian 谱半径更适合于不同节点规模拓扑结构连通性的分析[9]。一种常用的 Laplacian 图谱属性是代数连通性（定义为该图谱中第二个最小的特征值），其常被用于衡量拓扑的连通程度[10]。加权谱分布（WSD，weighted spectral distribution）是一种正规 Laplacian 图谱属性（定义为特征值分布的加权和），其表征拓扑上随机游走圈的分布特征[11]。此外，最大核[5]、节点/边介数[12]、dK 度分布[13]、谱间隙[14] 等多样化的图属性，已被应用于拓扑结构的表征。除了上述通用的复杂网络图属性，研究人员对互联网拓扑的特殊结构也表现出广泛的关注。互联网域间拓扑中AS 域节点通常可以划分为 Transit 域和 Stub 域，其中 Transit 域负责不同 AS 域节点之间数据流的转发，Stub 域被终端用户连接且依赖至少一个 Transit 域实现与互联网中其他 AS 域节点的互通。因此，互联网拓扑表现出明显的分层结构[15,16]。此外，Zhou 等[17] 指出互联网拓扑的内核(由少量的度最大 Transit 域节点组成)具有较高的连通密度，并定义 rich-club连通性表征这种高密度属性。一些研究将互联网拓扑分解为一系列子图。Carmi 等采用 k-shell 分解方法将互联网拓扑分解为三个组件[18]。Gregori 等抽取互联网拓扑的 k-密度社团，并指出其中少量的度最大节点表现出高水平的聚类特征[19]。近期，Accongiagioco 等将互联网拓扑的内核分解为两层结构，并采用密度曲线表征最高层节点的高密度连接特征[20]。

如图 1-2 所示，其中复杂网络和互联网拓扑的图属性表征技术，可以归纳为两类：一类从全局统计学视角出发，例如节点度分布、聚类系数、路径长度、协调系数等[2-14]，它们无法表征互联网拓扑局部子图的结构特征；另一类关注于互联网拓扑内核节点的高密度连接特征[15-19]，它们实现了互联网拓扑的层次或组件分解，然而这些工作主要聚焦于内核(通常包含整个拓扑 2% 的节点数)，忽略了外围的局部结构特征。本书将在上述工作的基础上，重点关注正规 Laplacian 图谱的两个属性，即加权谱分布和特征值 1 重复度(ME1，the multiplicity of the eigenvalue 1)，研究它们在互联网拓扑历史和空间演化过程的物理意义，从而推导出该拓扑内核和外围的深层次局部结构分解模型，为互联网测试床拓扑结构的节点规模大比例缩减奠定理论基础。

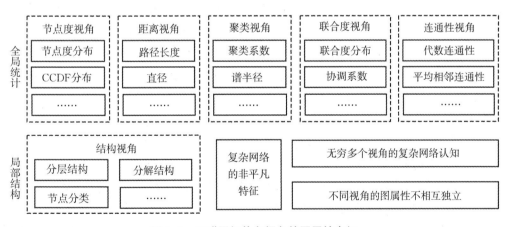

图 1-2 互联网拓扑多视角的图属性表征

1.2.2 互联网拓扑规模缩减

如图 1-3 所示，演化模型、空间模型和图采样是拓扑规模缩减的常用技术。演化模型建模历史进程上节点规模的增长演化过程，能够仿真生成任何时刻的拓扑结构，它们通常依据节点度幂律属性设计，经典模型包括 BA、GLP、Inet-3.0 和 PFP 等[3,21-23]。Haddadi等[24] 通过多种图属性的对比，指出 Inet-3.0 和 PFP 的综合表现更接近于真实互联网拓扑。

Mahadevan 等[13,25]指出 2K 度分布(联合度分布)相对于节点度幂律分布能够捕获更多的图结构信息,并提出一种基于该分布的互联网拓扑仿真模型 OBIS。近期,Accongiagioco 等[20]在内核分解的基础上提出了一种基于结构的互联网拓扑仿真模型 S-BITE。然而,这些演化模型的设计依赖于特定时间段的真实世界探测数据,它们仿真生成过去历史的互联网拓扑结构。互联网拓扑的演化过程在图属性上并不是始终保持稳定[26],历史上很久以前的探测数据无法作为当前和未来互联网拓扑的规模缩减。互联网测试床的构建是为了开发、测试与评估新的互联网技术,其仿真对象应面向当前和未来的互联网拓扑结构。因此,已有的演化模型更适合于面向特定历史数据集的互联网拓扑结构认知,而不是解决测试床拓扑结构大比例规模缩减的最佳技术手段。

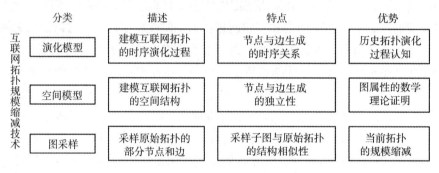

图 1-3　互联网拓扑规模缩减技术的分类

互联网形成初期,拓扑探测技术相对滞后。因此,研究人员假设该拓扑的节点度服从均等分布,并提出 Erdos-Renyi 和 Waxman 等空间拓扑模型(或被称为随机图模型)[27,28]。这些模型不考虑拓扑图中边生成的时间顺序,相互独立地生成每条边:相对于演化模型,空间模型仿真生成拓扑在多样化图属性的综合逼真性上表现较差。然而,现有文献仍然广泛使用空间模型[29,30],因为该模型消除了演化模型边生成过程的时间依赖性,其是图属性严格理论证明的良好数学工具。

图采样面向给定唯一的原始拓扑,其从原始拓扑中抽取部分节点和边构成一个采样子图,并期望采样子图与原始拓扑之间保持结构相似性。因此,图采样更适合于当前和未来互联网拓扑的规模缩减。相关技术可以划分为无偏好采样(每个节点被均等概率地抽取)和偏好采样(度大的节点被以更大的概率抽取)两类。无偏好采样通常被应用于原始拓扑结构未知的情况[31]。根据幂律属性,互联网拓扑中度越大的节点占据全部节点的比率越低。如果无偏好地采样,那么该拓扑中度大的节点(特别是,前三个度最大的节点[3])将以极大的概率被排除在采样子图之外。为了符合互联网拓扑的演化规律(度越大,节点的生存周期越长),本书关注于偏好采样。经典偏好采样算法包含 BFS(breadth first search)、forest fire、random walk 和 snow ball 等[32-36]。Leskovec 等[32]采用多样化原始图和图属性对比分析这些经典算法,指出 forest fire 和 random walk 在大多数原始图上表现最优(可保持采样子图与原始图的结构相似性)。然而,经典偏好采样算法的应用范围通常较广,例如社交网络、合作网络、交通网络等,它们不是为互联网拓扑量身定制。通用性越好的工具，难以为特殊问题提供更深入的解决方案。Krishnamurthy 等[33] 设计了互联网拓扑的采样算法，重点分析边采样策略与节点度幂律之间的关联性。但是，经典和专用采样算法仍然在大比例规模缩减过程存在显著的不稳定行为，主要原因在于它们对互联网拓扑独有结构特征的挖掘力度还不够深入。

近期文献侧重于面向特定价值函数或特定应用的采样算法设计与对比。例如，特定价值函数包括秩-度属性、最短路径长度和聚类系数等[34-36]；特定的应用包括图形可视化和城市交通监控等[37,38]。然而，这些文献仍局限于经典采样算法的优化与改进，而不是为互联网拓扑特殊设计。拓扑探测也是图采样的一个应用方向[39,40]，但是探测面向未知的原始拓扑，其目标重点是探测的完整性而不是与未知拓扑之间的结构相似性。本书的前提假设是已获得了互联网拓扑的探测数据，目标重点是面向测试任务需求实现当前和未来真实世界拓扑探测数据的大比例规模缩减。

综上所述，演化模型能够精确建模给定历史数据集的互联网拓扑结构，空间模型是图属性严格理论证明的数学分析工具，图采样可以面向当前的拓扑实现节点规模的缩减，其更适合于为新技术的测试构建面向当前互联网拓扑结构的规模缩减测试床环境。然而，由于缺乏对互联网拓扑结构的精确认知，现有图采样方法难以实现该拓扑规模的大比例缩减。本书将从正规 Laplacian 图谱的视角，深层挖掘互联网拓扑的节点分类、子图分解等局部结构模型，为互联网拓扑量身定制节点规模大比例缩减的图采样方法。

1.3　路线图

为了解决互联网测试床拓扑结构的大比例节点规模缩减难题，本书首先将介绍正规 Laplacian 图谱和互联网拓扑结构的基础知识（第 2 章），其次将在理论篇（第 3 至 7 章）研究正规 Laplacian 图谱的两个属性 WSD 和 ME1 在互联网拓扑结构的物理意义及它们表征的图结构信息、快速计算方法和演化稳定性，相关理论可以支撑互联网拓扑局部分解结构的精确建模，然后将在应用篇（第 8 至 9 章）从组播路由测试任务出发，依托互联网拓扑的结构模型量身定制图采样方法，从而实现测试床拓扑结构的大比例节点规模缩减，最后将在第 10 章总结本书的工作并展望未来的研究方向。

如图 1-4 所示，本书的组织结构为：

第 1 章引出本书的研究动机，综述国内外研究现状，并描述研究路线图。

第 2 章介绍互联网拓扑探测技术与常用数据集、互联网拓扑表征属性、经典互联网拓扑仿真模型与采样模型，以及正规 Laplacian 图谱理论，并对这些基础知识现状展开分析，引出本书的研究问题与思路。

第 3 章采用 Transit-Stub 模型研究 WSD 和 ME1 在互联网拓扑结构的物理意义，理论分析 WSD 定量指示该拓扑从 single-homed 向 multi-homed 网络的转换过程且 ME1 近似等于该拓扑 Stub 节点数减去 Transit 节点数，并给出面向这两个正规 Laplacian 图谱属性的互联网拓扑结构扰动策略和优化方法。

第 4 章采用圈枚举策略研究 WSD 在互联网拓扑及其他 scale-free 网络上的快速计算方

| 目标 | 大比例地缩减互联网测试床拓扑结构的节点规模 |

| 问题与基础 | **1 引言**
引出动机、综述现状、描述路线图 |
| | **2 基础知识**
介绍互联网拓扑的探测技术、数据集、图属性、仿真模型与采样模型 |

理论篇	**3 互联网拓扑结构的正规Laplacian图谱属性** 研究正规Laplacian图谱属性在互联网拓扑结构的物理意义
	4 加权谱分布的快速计算 设计与分析图谱属性的线性时间复杂性快速计算方法
	5 加权谱分布在演化网络的稳定性与图结构 证明图谱属性与节点规模无关并挖掘其表征演化网络的图结构
	6 四圈加权谱分布与平均路径长度 理论分析图谱属性与平均路径长度的关联性
	7 三圈加权谱分布与平均聚类系数 理论分析图谱属性与平均聚类系数的关联性

| 应用篇 | **8 正规Laplacian图谱与组播路由协议测试**
分析图谱属性对组播路由协议测试的重要性 |
| | **9 互联网测试床拓扑结构的规模缩减**
以图谱属性为价值函数设计互联网拓扑的大比例规模缩减图采样方法 |

| 总结与展望 | **10 工作总结与未来展望**
总结本书工作并展望后续研究方向 |

图 1-4 本书的组织结构

法，并理论分析得出算法的时间复杂性为 $O(m^2 n^2)$，其中 m 表示拓扑中边数与节点数的比率，n 表示拓扑包含的节点总数。第 3 章已经证明 ME1 近似等于互联网拓扑中 Stub 节点数与 Transit 节点数之差，因此 ME1 可以采用时间复杂性为 $O(n^2)$ 的节点分类算法得到快速的计算。WSD 和 ME1 的线性计算时间复杂性，使得它们突破了传统图谱属性仅可被应用于三万以内节点规模复杂网络的局限，为正规 Laplacian 图谱在当前（2019 年）五万以上节点规模互联网域间拓扑的结构表征奠定了理论基础。

第 5 章采用确定型 scale-free 网络模型，理论证明当拓扑规模（节点总数）n 较大时 WSD 与 n 的比率严格地与 n 无关，且该比率精确指示拓扑图中度较小节点之间的四边形关系。此外，理论分析得出定位于度较大节点的 WSD 表征该大度节点与其他度较小节点之间连接关系的结论。与拓扑规模的无关性是正规 Laplacian 图谱属性能够被应用于不同规模拓扑结构对比、拓扑规模大比例缩减的理论基础。

第 6 章采用空间随机型和时序确定型网络模型，理论分析四圈 WSD 与平均路径长度之间的关联性，研究得出前者与拓扑规模的比率是后者良好指示器的结论。

第 7 章进一步理论分析三圈 WSD 与平均聚类系数之间的关联性，研究证明三圈 WSD 与拓扑规模的比率是平均聚类系数的良好指示器。

平均路径长度和平均聚类系数是复杂网络小世界结构的度量属性。WSD 分别在四圈和三圈条件下指示上述两个属性，说明其是分析复杂网络小世界结构的重要工具。此外，第 7 章得出正规 Laplacian 谱密度函数围绕特征值 1 的对称程度由复杂网络中度较小节点之间形成三角形数量决定的结论，其从理论上消除了研究人员对该图谱特征值围绕特征值 1 准对称的误区，为三圈 WSD 在社团结构复杂网络（例如社交网络）的广泛应用奠定了基础。

注意：互联网拓扑中度较小节点之间稀少的三角形数量导致该拓扑的正规 Laplacian 图谱特征值始终保持围绕特征值 1 的准对称性，然而社交网络中度较小节点之间的紧密社团关系通常导致这种准对称性不再成立。

第 8 章面向延时率和费用率两项具体组播路由协议指标的测试任务，以测试指标的等效推演（测试床的测试结论与真实网络的运行效果保持一致）为根本依据，分析正规 Laplacian 图谱两个属性 WSD 和 ME1 对于组播路由协议测试任务的重要性。

第 9 章依托第 3 至 7 章的理论结果，研究互联网拓扑的二分图分解结构，设计该拓扑不同分解子图的采样与合并方法，并分析算法的时间复杂性为 $O(n^2)$。通过 2000 至 2016 年真实世界探测拓扑数据的实验分析，验证本书设计的图采样方法可以在保持多样化图属性稳定不变的前提下，实现互联网拓扑 96% 以上的大比例节点规模缩减。

第 10 章总结本书工作，并展望后续的研究方向。

2 基础知识

本章详细介绍正规 Laplacian 图谱与互联网拓扑结构的基础知识。因为互联网测试床的拓扑结构主要面向真实世界网络宏观层 AS 域节点之间的连接关系，所以本书约定在没有特殊说明的情况下，所论述的互联网拓扑都是指域间拓扑。

2.1 互联网拓扑探测与常用数据集

互联网的开放性导致该网络的拓扑探测一直没有停止。相关探测技术主要包含两类，分别是 BGP 路由表和 Traceroute 测量[5,39,40]，如图 2-1 所示。

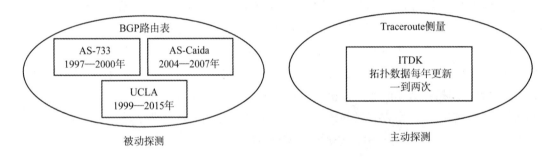

图 2-1　互联网拓扑的探测技术与常用数据集

2.1.1 BGP 路由表

BGP 是一种基于策略的路由选择协议，其能够使 AS 域根据 BGP 路由表来控制数据流的传输路径。因此，通过 BGP 路由表可以抽取全球互联网不同 AS 域节点之间的相互通信路径。以 AS 域为节点，以它们之间的通信路径为边，则可以生成全球互联网的域间拓扑结构。由于 BGP 路由表覆盖 AS 域及其路由信息相对全面，通过该表生成的互联网拓扑规模通常偏大于 Traceroute 测量得到的拓扑规模。

常用的 BGP 路由表互联网拓扑数据集包括 Stanford Large Network Dataset Collection 提供的 AS-733、AS-Caida[41] 以及美国加州大学洛杉矶分校提供的 UCLA[42]。其中，AS-733 包含从 1997—2000 年的 733 个拓扑图(最大规模拓扑图节点数为 6 474)，该数据集是经典拓扑仿真模型 Inet-3.0[3] 的建模对象；AS-Caida 包含从 2004—2007 年的 122 个拓扑图(最大规模拓扑图节点数为 26 389)；UCLA 包含从 1999—2015 年的 180 个拓扑图(节点数从 5 859 增长到 49 448，边数从 9 670 增长到 212 543)，该数据集由同一机构实现了互联网域间拓扑长达 17 年的连续探测。

注意：不同探测机构获得 BPG 路由表的信息量可能不相同，通常导致相应探测数据集的图属性之间存在一定差异性。因此，UCLA 数据集适合于较长历史跨度互联网拓扑演化行为的分析。

2.1.2 Traceroute 探测

Traceroute 探测利用 Internet 控制报文协议（ICMP，Internet control message protocol）定位计算机和目标计算机之间的所有路由器。通过操纵独立 ICMP 呼叫报文的存活时间（TTL，time to live）和观察该报文被抛弃的返回信息，Traceroute 命令能够遍历得到数据包传输路径上的所有路由器[43]。Traceroute 探测就是通过分布在全球互联网的数十或数百个监测点向大量随机地址主动发送 Traceroute 数据包，得到数据包遍历路由节点的路径集，从而生成以路由地址为节点、以路由之间通信路径为边的路由层互联网拓扑结构[44]。如果能够获得路由节点至 AS 域的映射关系，则可以将路由层拓扑中属于同一 AS 域的所有路由节点收缩成一个节点，从而得到域间层的拓扑结构。ITDK（Macroscopic Internet Topology Data Kit）[43]是目前常用的基于 Traceroute 探测的互联网拓扑数据集。该数据集持续每年更新全球互联网的路由层和域间层拓扑结构，并提供路由节点至 AS 域的映射关系。相对于 BGP 路由表，Traceroute 发送主动探测数据包，即由该技术生成的拓扑结构反映了互联网上真实数据包的传输路径[23]。然而，ITDK 没有保存 2010 年之前的拓扑探测数据，该数据集的优势体现在能够及时获得最新的拓扑结构。ITDK 数据集是另一个经典拓扑仿真模型 PFP[23]的建模对象。需要说明的是，Traceroute 探测技术获得的互联网拓扑节点规模通常小于基于 BGP 路由表获得的拓扑规模，主要原因为前者是一种基于采样的探测技术，其采样的监测点（数据包发送源）和随机地址（数据包接收节点）可能无法覆盖全球互联网的所有数据通信路径，此外后者路由表包含的 BGP 连接可能在互联网上并没有真实的数据包传输经过。

2.2 互联网拓扑表征属性

互联网拓扑可建模为简单无向图 $G = (V, E)$，其中 V 和 E 分别为节点集和边集。因此，该拓扑结构需采用图属性表征。虽然非平凡互联网拓扑结构的建模涉及无穷多个图属性，但是为了便于理论篇和应用篇建模、对比与分析该拓扑结构，本书介绍一些常用的表征该拓扑结构的图属性，如图 2-2 所示。

2.2.1 节点度分布

节点 v 的度被定义为拓扑图 G 中与该节点相连的边总数，其衡量该节点的连通程度。一个表征图 G 的统计属性是节点度分布 $P(k)$，其表示该拓扑图中随机选择一个度为 k 的节点的概率。Faloutsos 等[2]指出互联网拓扑的节点度服从幂律分布，如式（2-1）所示：

$$P(k) \propto k^{-\gamma}, \tag{2-1}$$

式中，γ 为幂律指数，$\propto$ 表示成正比例。后续发现该拓扑度分布不严格地服从幂律[45]。

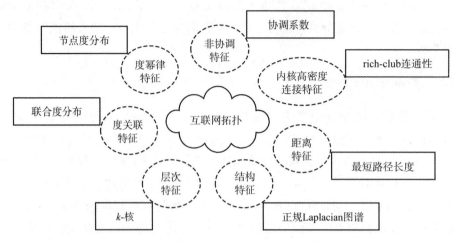

图 2-2 表征互联网拓扑的常用图属性

Winick 等[3]采用节点度余补累积分布（CCDF）表征互联网拓扑，因为其发现删除前三个最大度节点后，该拓扑结构的 CCDF 分布更接近于幂律，其中 CCDF 分布 $F(k)$ 被定义为式（2-2）。

$$F(k) = \sum_{d>k} P(d) \text{。} \tag{2-2}$$

此外，平均度 $\bar{k} = \sum_k k \cdot P(k)$ 和最大度 k_{max} 等都是表征图 G 的常用属性。

2.2.2 联合度分布

联合度分布描述节点度之间的关联性，其表示图 G 中随机选择一条连接 k-度节点和 k'-度节点的边的概率，相关定义为式（2-3）。

$$P(k, k') = \frac{\mu(k, k') \cdot m(k, k')}{(2m)} , \tag{2-3}$$

式中，$m(k, k')$ 表示连接 k-度节点和 k'-度节点的边总数；$m = \|E\|$，表示图 G 包含边的总数；当 $k = k'$ 时，$\mu(k, k') = 1$，否则 $\mu(k, k') = 2$[5]。

Mahadevan 等[7]在联合度分布的基础上给出了平均相邻连通性的定义，为式（2-4）。

$$K(k) = \sum_{k'=1}^{k_{max}} k' \frac{(\bar{k}P(k, k'))}{kP(k)} , \tag{2-4}$$

其衡量图 G 中 k-度节点相邻节点的平均度。

2.2.3 聚类系数

设 $v_1, v_2, \cdots, v_t$ 是图 G 的全部 k-度节点，并设 $T(v_i)(i=1, 2, \cdots, t)$ 表示节点 v_i 的任意两个相邻节点之间边的总数，则图 G 的聚类系数被定义为式（2-5）[5]。

$$C(k) = \frac{2\bar{m}(k)}{(k \cdot (k-1))} , \tag{2-5}$$

式中，

$$\overline{m}(k) = \frac{\sum_{i=1}^{t} T(v_i)}{t}。$$

式中，$\overline{m}(k)$ 表示所有 k-度节点的相邻节点之间边数的平均值，聚类系数表示 $\overline{m}(k)$ 与 k-度节点的相邻节点之间最大可能边数的比率。

另一个常用聚类属性是平均聚类系数[5]，其被定义为式（2-6）。

$$C = \sum_k C(k) \cdot P(k)。 \tag{2-6}$$

聚类属性衡量节点及其相邻节点之间形成团的程度。节点聚类属性越大，则其相邻节点之间的连接密度越大，从而增加了该节点周围数据传输路径的多样性。

2.2.4　协调系数

协调系数表征不同度的节点之间的相互连接关系[6]，相关定义为式（2-7）。

$$r = \frac{\|E\|^{-1} \sum_{i=1}^{\|E\|} j_i k_i - \left[\|E\|^{-1} \sum_{i=1}^{\|E\|} \frac{1}{2}(j_i + k_i) \right]^2}{\|E\|^{-1} \sum_{i=1}^{\|E\|} \frac{1}{2}(j_i^2 + k_i^2) - \left[\|E\|^{-1} \sum_{i=1}^{\|E\|} \frac{1}{2}(j_i + k_i) \right]^2}, \tag{2-7}$$

式中，j_i，k_i 是边集 E 中第 i 条边的两个端点的节点度（$i=1$，2，$\cdots$，$\|E\|$）。协调系数可被用于衡量图 G 中度较大节点趋向于连接其他度较大节点的程度。若协调系数 r 小于零，则图 G 被称为非协调网络；否则被称为协调网络。互联网拓扑是一种非协调网络。

2.2.5　rich-club 连通性

rich-club 连通性衡量互联网拓扑的内核与外围分层结构，其中内核由拓扑图中少数的最大度节点构成且内核节点之间具有高密度的连接关系。其被定义为式（2-8）。

$$\rho(i) = \frac{2 \cdot \sigma(i)}{(i \cdot (i-1))}, \tag{2-8}$$

式中，$\sigma(i)$ 表示拓扑图 G 中前 i 个度最大的节点形成子图的边数，$\rho(i)$ 表示 $\sigma(i)$ 与这前 i 个节点之间可能形成最大边数 $i(i-1)/2$ 的比率（$i=1$，2，$\cdots$，$\|V\|$）[17]，$\|V\|$①表示拓扑图 G 的节点集 V 包含节点的总数。

2.2.6　k-核

拓扑图 G 的 k-核是该图的一个最大子图，要求子图中每个节点的度都不低于 k。因此，图 G 的 k-核可以通过循环迭代地删除图 G 中度小于 k 节点的方式获得。一个节点的核为 k 被定义为该节点属于 k-核但不属于 $(k+1)$-核。也就是说，k-核是由所有核为 k 的节点构成。图 G 的核为 k 被定义为该图的 k-核非空且 $(k+1)$-核为空[46]。易知，k-核给出了图 G

---

①　本书中符号 $\|\cdot\|$ 表示集合的势。

的一种节点分类方式，其衡量拓扑图的层次结构。

2.2.7　最短路径长度

最短路径长度是指拓扑图两个节点之间最短的路径长度。因此，（最短）路径长度分布是表征拓扑图节点之间距离的统计量[5]，相关定义为式（2-9）。

$$L(l) = \frac{n_l}{n \cdot (n-1)}, \ l=1, \ 2, \ \cdots, \ l_{\max}, \tag{2-9}$$

式中，n_l 表示拓扑图中最短路径长度为 l 的节点对总数，$n \cdot (n-1)$ 表示拓扑图中全部节点对的总数，$l_{\max}$ 表示拓扑图的直径（即节点对之间最大的最短路径长度），$n = \|V\|$ 表示拓扑图包含节点的总数。

注意：式（2-9）仅考虑两个不同节点 u 和 v 构成的节点对，(u, v) 和 (v, u) 为两个不同的节点对。

另一个常用的距离属性是平均路径长度，其被定义为式（2-10）。

$$\bar{L} = \sum_{l=1}^{l_{\max}} l \cdot L(l) \,。 \tag{2-10}$$

距离属性通常对互联网传输延时等服务质量指标有重要的影响。

2.2.8　图谱

图谱由图矩阵的全部特征值组成[5]。常用图矩阵包含邻接矩阵、Laplacian 矩阵和正规 Laplacian 矩阵。拓扑图的邻接矩阵被定义为 $\boldsymbol{A} = (a_{ij})_{n \times n}$，若节点 v_i 与 v_j 之间存在一条边，则 $a_{ij} = 1$，否则 $a_{ij} = 0$。拓扑图的 Laplacian 矩阵被定义为 $\boldsymbol{L} = \boldsymbol{D} - \boldsymbol{A}$，其中 $\boldsymbol{D} = (d_{ij})_{n \times n}$ 表示对角度矩阵，即 d_{ii} 为节点 v_i 的度，若 $i \neq j$，则 $d_{ij} = 0$。拓扑图的正规 Laplacian 矩阵被定义为 $\boldsymbol{NL} = \boldsymbol{D}^{-\frac{1}{2}} \cdot (\boldsymbol{D} - \boldsymbol{A}) \cdot \boldsymbol{D}^{-\frac{1}{2}}$，其中 $\boldsymbol{D}$ 和 $\boldsymbol{A}$ 分别为对角度矩阵和邻接矩阵。这些图矩阵的全部特征值分别构成了邻接图谱、Laplacian 图谱和正规 Laplacian 图谱。"图谱"定义源于早期研究人员错误假设图矩阵特征值与图结构之间存在一一对应关系[47]，虽然后续研究验证这一假设不成立，但是图矩阵特征值在图结构表征领域的广泛应用使得图谱的定义被延续使用至今。常用的图谱属性很多，例如谱半径（图谱中特征值绝对值的最大值）[9]、代数连通性（Laplacian 图谱中第二个最小的特征值）[10]等。本书仅关注于正规 Laplacian 图谱的两个属性，即 WSD 和 ME1，因为本书后续章节将指出它们在拓扑规模较大时严格地与互联网拓扑的节点数无关且它们能够表征互联网拓扑的节点分类、子图分解等重要结构信息。WSD 和 ME1 的定义详见第 2.5 节。

2.3　互联网拓扑仿真模型

互联网拓扑仿真模型是对特定历史时间段真实世界探测拓扑数据的建模。随着研究人员对互联网拓扑结构认知程度的不断深入，相关模型的构建经历了随机图、幂律模型和结构模型三个阶段：随机图在互联网拓扑节点度均等分布的假设条件下，相互独立地随机生成拓扑图的每条边；幂律模型以互联网拓扑节点度的幂律分布等全局统计属性为输入展开设计；结构模型聚焦于互联网拓扑的结构分解与局部表征，如图 2-3 所示。下面对当前常用的互联网拓扑仿真模型进行介绍。

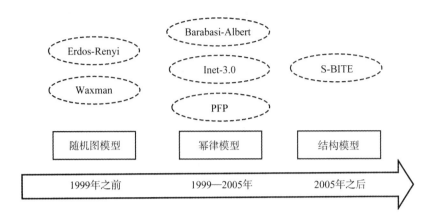

图 2-3　互联网拓扑的常用仿真模型

2.3.1　随机图模型

Erdos-Renyi 随机图模型[27]：首先生成拓扑图的全部节点，然后在拓扑图中任意两个节点之间以给定的概率 p 随机生成一条边。

Waxman 模型[28]：首先将拓扑图的全部节点部署在一个平面空间，然后以概率 $P(u, v) = \alpha \cdot e^{\frac{-d}{\beta \cdot L}}$ 随机地生成拓扑图中任意两个节点 u 与 v 之间的边，其中 $0 < \alpha$，$\beta \leq 1$，d 是节点 u 和 v 在平面空间的欧式距离，L 是拓扑图的直径（即任意两个节点之间的最大距离）。

Erdos-Renyi 随机图和 Waxman 都属于空间模型，适用于复杂图属性的严格理论证明。然而，它们的构建缺乏真实探测拓扑数据的支撑，在仿真建模的逼真性上存在不足。

2.3.2　Barabasi-Albert 幂律模型

Barabasi-Albert 模型[21]首先生成一个小规模随机图 G，然后每步迭代向图 G 增加一个新节点，并随机选择图 G 中的 m 个已存在节点与该新节点相连。当图 G 包含节点数达到预先设定的规模时迭代终止。迭代过程选择已存在节点 j 的偏好概率为式（2-11）。

$$\Pi(j) = \frac{d_j}{\sum_{k \in V} d_v}, \tag{2-11}$$

式中，d_j 为节点 j 的度，V 为当前步迭代时图 G 的节点集。当 $m=3$ 时，该模型生成图结构的度分布更接近于真实互联网拓扑[23]。然而，该模型生成图无法捕获互联网拓扑内核度较大节点之间的高密度连接属性以及约 30% 度为 1 节点比率等属性。

Barabasi-Albert 模型通常被应用于社交网络、互联网拓扑等多样化复杂网络的仿真，其建模过程没有面向某一特定的互联网拓扑探测数据集。

2.3.3　Inet-3.0 幂律模型

Inet-3.0 建模 1997—2000 年探测获得的互联网拓扑数据集 AS-733(见第 2.1.1 节)[3]。该模型首先生成拓扑图的节点度序列,然后通过加边的方式填充全部节点的度,其生成节点度序列的输入是两个满足幂律的度分布(秩指数和度指数)。

幂律 1(秩指数):设 d_v 为节点 v 的度, r_v 为节点 v 的秩(定义为节点 v 的排列序号,其中节点按度从大到小的顺序排列), R 为常幂指数,则 d_v 与 r_v^R 成正比例,如式(2-12)。

$$d_v = \mathrm{e}^{pt+q} r_v^R。 \tag{2-12}$$

幂律 2(度指数):设 D_d 为节点度 d 的 CCDF 分布,其被定义为度不小于 d 的节点个数占全部节点个数的比率,并设 D 为常幂指数,则 D_d 与 d^D 成正比例,如式(2-13)。

$$D_d = \mathrm{e}^{at+b} d^D。 \tag{2-13}$$

如果将上述两个幂律指数左右同时取对数,则转变为式(2-14)。

$$\log(d_v) \propto R \cdot \log(r_v),\ \log(D_d) \propto D \cdot \log(d)。 \tag{2-14}$$

也就是说,幂律分布在 log-log 坐标系下是一个线性表达关系。

Winick 等[3]发现,随着拓扑规模的增长,式(2-12)和式(2-13)的参数 p, q, R, a, b 和 D 近似地保持恒定,且它们分别捕获了前 2% 最大度节点和后 98% 最小度节点的度分布特征。参数 t 表示以 1997 年 11 月为起始点的月份。此外,互联网拓扑中度为 1 节点个数的比率近似地保持在 0.3 左右。设 d_i 和 d_j 分别为节点 i 和 j 的度,且 $f(d_i)$ 和 $f(d_j)$ 分别为这些节点度的出现频率,Winick 等[3]定义相对于 d_i, d_j 的权值 w_i^j 为式(2-15)。

$$w_i^j = \max\left\{1,\ \sqrt{\left(\log\frac{d_i}{d_j}\right)^2 + \left(\log\frac{f(d_i)}{f(d_j)}\right)^2}\right\} \cdot d_j。 \tag{2-15}$$

进一步地,Winick 等[3]设定度为 d_i 的节点 i 连接至度为 d_j 的节点 j 的概率为式(2-16)。

$$P(i,\ j) = \frac{w_i^j}{\sum_{k \in G} w_i^k}, \tag{2-16}$$

并假设互联网拓扑规模随时间参数 t 具有指数增长特征(拟合指数表达式为 $\mathrm{e}^{0.029\,8t+7.984\,2}$),其中拓扑规模是指拓扑图包含的节点总数。

依据上述分析,Winick 等[3]给出 Inet-3.0 模型的拓扑仿真步骤:

第一步,用户输入两个参数(拓扑规模 n 和 1-度节点比率 k)。依据拓扑规模 n 计算时间参数 t,推算式(2-12)和式(2-13)的两个幂律分布,秩指数和度指数,并由这两个幂律分布和 1-度节点比率计算仿真图全部节点的度,其中秩指数用于前三个最大节点度的计算,其他节点度则由度指数和 1-度节点比率计算。

第二步,采用以下三个步骤生成仿真图:①建立由度至少为 2 节点组成的一个生成树;②将 1-度节点连接至生成树;③将度未被填满的节点相互连接。

具体步骤为:设 G 为待生成的仿真图(初始化为一个空集);采用式(2-16)的偏好连接概率,将一个度大于 1 且未包含于图 G 的节点随机地连接至图 G 中的一个节点,直到所有度大于 1 的节点都被连接至图 G；采用式(2-16)的偏好连接概率，将 $k \cdot n$ 个度为 1 的节点依次连接至图 G；将图 G 中度未被填满的节点相互连接(连接过程起始于度最大的节点，并依据式(2-16)的偏好连接概率，随机地选择其他度未被填满的节点，使它们与该最大度节点相连。

相对于 Barabasi-Albert 模型，Inet-3.0 模型面向互联网拓扑历史探测数据进行建模。因此，Inet-3.0 模型能够更精确地捕获互联网拓扑的度分布、高密度核等图结构属性。

2.3.4 PFP 幂律模型

Inet-3.0[3] 模型采用生成给定规模节点后再相互连接节点的方式构建仿真拓扑。因此，该模型未表征互联网拓扑的演化过程。Zhou 等[17,23] 采用节点和边的交互增长机制，面向 2002 年的 ITDK 数据集[43]，设计了一种建模互联网拓扑的演化模型 PFP(positive feedback preference)。类似于 Barabasi-Albert 模型，PFP 模型首先仿真生成一个小规模的随机图 G，然后采用迭代方式向图 G 依次增加新节点和边。该模型构建离散概率分布 $\{p, q, 1-p-q\}$，其中 $p \in [0, 1]$ 且 $q \in [0, 1-p]$，并在每步迭代过程：以概率 p 增加一个新节点 v 至图 G，并将节点 v 连接至一个已存在于图 G 的旧节点 w，同时在节点 w 与另一个旧节点 u 之间增加一条新的边；以概率 q 增加一个新节点 v 至图 G，并将节点 v 连接至一个已存在于图 G 的旧节点 w，同时在节点 w 与另外两个旧节点 u_1 和 u_2 之间共增加两条新的边；以概率 $1-p-q$ 增加一个新节点 v 至图 G，并将节点 v 连接至两个已存在于图 G 的旧节点 w_1 和 w_2，同时在节点 w_1 与已存在于图 G 的另一个旧节点 u 之间增加一条新的边。

在 PFP 模型的迭代过程，选择已存在旧节点 i 的偏好概率为式(2-17)[17]。

$$\Pi(i) = \frac{d_i^{1+\delta\log_{10}d_i}}{\sum_{j \in V} d_j^{1+\delta\log_{10}d_j}}, \tag{2-17}$$

式中，$\delta \in [0, 1]$，为输入的给定参数；d_i 是节点 i 的度；V 为当前步迭代时图 G 的节点集。Zhou 等[17] 指出当 $(p, q, \delta) = (0.3, 0.1, 0.048)$ 时，PFP 模型能够更精确地建模互联网拓扑。

Haddadi 等[24] 对比分析建模互联网拓扑的常用随机图和幂律模型，并指出仅有 Inet-3.0 和 PFP 两个模型能够捕获真实网络的高密度核等结构属性。

2.3.5 S-BITE 结构模型

随机图和幂律模型，都是从全局统计图属性的角度建模拓扑图，它们缺乏对互联网拓扑局部分解结构的精确建模。近期，Accongiagioco 等[20] 面向 2007—2011 年的 UCLA 数据集[42]，提出了一种基于结构的模型 S-BITE，其将互联网拓扑划分为内核(大约由前 2% 的最大度节点组成)和外围两部分，将内核节点分解为中枢节点和 Layer-1 节点两类，并将内核网络划分中枢网络、垂直网络和水平网络三部分：中枢网络由中枢节点及它们之间的边构成；垂直网络由中枢、Layer-1 节点和 Layer-1 节点连接至中枢网络的边构成；水平网络由 Layer-1 节点及它们之间的边构成。以这三个网络在 UCLA 数据集从 2007 年至 2011 年的稳定属性为输入，S-BITE 模型能够精确建模互联网拓扑的内核结构。然而，S-BITE 模型[20]没有考虑占据约 98% 节点的外围网络的局部分解结构，仍然依据全局统计参数仿真生成外围网络，从而导致该模型仿真生成拓扑图存在最大度等属性的显著异常现象，且输入该模型的外围参数随拓扑规模增长而变化，尚未捕获互联网拓扑外围网络的演化稳定特征。本书将把互联网拓扑的外围分解结构作为研究重点，为外围网络的精确认知和测试床拓扑的大比例规模缩减奠定理论基础。

2.4　互联网拓扑采样模型

仿真模型建模历史探测数据，采样模型以当前探测的一个拓扑图为输入，通过节点/边的采样压缩拓扑规模。因此，前者的主要功能是认知过去和预测未来，而后者主要关注当前的拓扑状态。互联网新技术的测试，通常更关心新技术在当前真实网络的运行效果。也就是说，采样模型更适合于互联网测试床拓扑结构的规模缩减。

如图 2-4 所示，图采样模型的种类有随机游走、图遍历和随机删除等。其中，随机游走和图遍历通过起始于少量种子节点的旅行者随机访问相邻节点的方式采样拓扑图，前者允许重复访问同一节点而后者访问同一节点最多一次，它们适合原始图结构未知条件下的采样；随机删除需要捕获原始图的整体结构，通过随机删除节点和边的方式，得到小规模的采样图。常用随机游走模型包含 SRW(simple random walk)和 MHRW(Metropolis-Hastings random walk)等，常用图遍历模型包含 FF(forest fire)、snow ball 和 breadth first search 等。互联网测试床面向真实世界探测得到的拓扑图，试图采样得到一个保持图属性稳定不变的小规模图结构，用于部署测试床拓扑。因此，随机删除模型可被用于互联网测试床拓扑规模的缩减，相关模型 DHYB-0.8 仅为互联网拓扑采样设计。传统的随机游走和图遍历模型，不仅可以采样互联网拓扑，而且适用于社交网络、合作网络等其他网络的采样。本书重点介绍 SRW、MHRW、FF 和 DHYB-0.8 共四种采样模型，因为 SRW 和 FF 的综合表现优于 snow ball、breadth first search 等采样模型[32]。MHRW 是经典的无偏好采样模型[48]，DHYB-0.8 是互联网拓扑的定制模型[33]。

建模旅行者在网络的随机游走过程　　建模旅行者在网络的遍历过程　　从网络中随机地删除节点和边
　允许重复访问同一个节点　　　　　　同一节点仅允许访问一次　　　利用原始图的整体结构信息

图 2-4　互联网拓扑的常用采样模型

2.4.1 SRW 采样模型

SRW 模拟一个旅行者在原始拓扑图的随机游走过程,该旅行者起始于一个随机选择的种子节点,然后通过循环迭代的方式依次访问相邻节点,直到访问节点总数达到预先设定的采样节点规模。在每步的迭代过程,若旅行者当前处于节点 x,则其下一步移动至相邻节点 y 的转换概率矩阵 $P(x, y)$ 的表达式为式(2-18)[32]。

$$P(x, y) = \begin{cases} \dfrac{1}{d_x}, & y \in N_e(x), \\ 0, & y \notin N_e(x), \end{cases} \tag{2-18}$$

式中, d_x 表示节点 x 的度, $N_e(x)$ 表示节点 x 的相邻节点集。

随机旅行者访问到的所有节点和边构成了 SRW 在原始拓扑图的采样子图。理论分析证明 SRW 访问任意节点的概率正比于该节点的度,因此其采样过程偏好于度较大的节点,此类模型通常被称为偏好采样模型。第 1.2.2 节已分析得出:偏好采样模型更适合于互联网测试床拓扑规模的缩减,因为它们更符合互联网拓扑的演化规律(度越大,节点的生存周期越长)且能够更优地保持图属性在拓扑规模缩减过程的稳定不变性。

SRWFB(SRW flying back)是 SRW 的一种改进模型[32]:在每步的迭代过程,旅行者以概率 $c = 0.15$ 随机地返回至初始的种子节点。实验表明,SRWFB 能够在保持多样化图属性稳定不变的条件下实现更大比例的节点规模缩减。

2.4.2 MHRW 采样模型

图采样领域的一个主要研究方向是无偏好采样模型,此类模型采样原始拓扑图任意节点的概率相互均等(服从标准分布)。其中典型代表为 MHRW 采样模型,该模型类似于 SRW 采样模型,不同点在于转换概率矩阵的表达式变更为式(2-19)[49]。

$$Q(x, y) = \begin{cases} P(x, y) \cdot \min\left\{\dfrac{d_x}{d_y}, 1\right\}, & x \neq y, \\ 1 - \sum_{z \neq x} Q(x, z), & x = y, \end{cases} \tag{2-19}$$

式中, $Q(x, y)$ 表示每步迭代旅行者从节点 x 转移至相邻节点 y 或停留在节点 x 的概率, $P(x, y)$ 的定义与式(2-18)相同。MHRW 每步迭代需要旅行者以一定概率停留在初始节点 x,从而降低了算法时间效率。Lee 等[49]针对上述不足提出了 MHRW 的改进模型,在保证无偏好采样的条件下可以显著减低算法的运行时间复杂性。

无偏好采样均等概率地采样原始图的每个节点,其更适合于原始图结构未知条件下的采样,例如社交网络攀爬。

2.4.3 FF 采样模型

FF 模拟原始拓扑图的遍历过程,其首先访问一个随机选择的种子节点,并将其加入当前状态访问节点集 X,然后在每步迭代过程初始化下一步状态访问节点集 Y 为空,同时

针对 X 的每个节点：探索该节点未被访问过的全部相邻节点的集合 Z（设节点总数为 n_1），以均值为 $p_f/(1-p_f)$ 的几何分布随机地生成一个数 n_2，并从 Z 中随机抽取 $\min\{n_1, n_2\}$ 个节点加入至 Y。然后 FF 将 Y 赋值给 X，重复上述迭代过程。若某步迭代出现 X 为空的情况，则再次随机选择一个种子节点将其加入 X。FF 遍历访问的终止条件是访问过的节点总数达到预先设定的节点规模[50]。

由上述迭代步骤可知，除了少量的种子节点，FF 不会重复遍历访问同一个节点，即其拥有较高的算法时间效率。Leskovec 等[50]指出，当 $p_f = 0.7$ 时，FF 的采样效果最优。FF 模型采用的几何分布是一种离散型的概率分布，其被定义为 n 次伯努利试验中，前 $k-1$ 次都失败第 k 次成功的概率。在伯努利试验中，成功的概率为 p，若 ξ 表示出现首次成功时的试验次数，则 ξ 是取值为正整数的离散性随机变量，其服从几何分布，如式（2-20）。

$$P(\xi=k) = (1-p)^{k-1} \cdot p, \ k=1, \ 2, \ \cdots。 \tag{2-20}$$

几何分布的期望值（均值）为 $1/p$，即 FF 模型采用几何分布的参数 $p = (1-p_f)/p_f$。

注意：FF 模型偏好于采样度较大的节点，即其属于偏好采样模型。

2.4.4　DHYB-0.8 采样模型

为了仿真生成小规模的互联网拓扑图，Krishnamurthy[33]等采用随机删除策略设计了 DHYB-0.8 采样模型，其由两个算子组成：随机边删除（DRE，deletion of a random edge）和随机节点/边删除（DRVE，deletion of a random vertex/edge）。具体地，DRE 算子从原始拓扑图中均等概率地随机删除一条边；DRVE 算子首先从原始拓扑图中均等概率地随机选取一个节点，然后在该节点的相邻边中均等分布地随机删除一条边。DHYB-0.8 在每步迭代过程，以概率 0.8 执行 DRVE 算子，以概率 0.2 执行 DRE 算子，并将所有度为零的节点从原始拓扑图中删除。当剩余度大于零的节点总数达到预先设定的节点规模时，该模型终止。Krishnamurthy[33]研究表明，在维持节点度分布等属性近似稳定不变的条件下，DHYB-0.8 可以缩减互联网拓扑 70% 的节点规模。

在互联网拓扑中，无论是 DRE 算子还是 DRVE 算子，都将把度较小的节点优先转换为度为零的节点；也就是说，度越大的节点在 DHYB-0.8 采样子图的生存概率越大。因此，该模型也是属于偏好采样模型。

2.5　正规 Laplacian 图谱理论

若简单无向图 $G=(V, E)$ 中不包含孤立节点，则其正规 Laplacian 矩阵被定义为 $NL = D^{-\frac{1}{2}} \cdot (D-A) \cdot D^{-\frac{1}{2}} = I - D^{-\frac{1}{2}} \cdot A \cdot D^{-\frac{1}{2}}$，其中 I 表示单位矩阵，D 和 A 分别表示图 G 的对角度矩阵和邻接矩阵。进一步地，正规 Laplacian 矩阵按元素展开的数学表达式为式（2-21）[8]。

$$NL(G)(u, v) = \begin{cases} 1, & u = v, \\ -\dfrac{1}{\sqrt{d_u \cdot d_v}}, & (u, v) \in E, \\ 0, & u \neq v \text{ 且 } (u, v) \notin E, \end{cases} \quad (2\text{-}21)$$

式中，u，v 表示图 G 的两个节点，d_v 表示节点 v 的度。

正规 Laplacian 矩阵 $\boldsymbol{NL}(G)$ 的全部特征值 $0 = \lambda_1 \leqslant \lambda_2 \leqslant \cdots \leqslant \lambda_n$ 定义为正规 Laplacian 图谱，其中 n 表示图 G 的节点总数。对于实对称矩阵 $\boldsymbol{NL}(G)$，存在一组对应于特征值 λ_1，λ_2，$\cdots$，λ_n 的特征向量构成的正交基 $\boldsymbol{e}_1$，$\boldsymbol{e}_2$，$\cdots$，$\boldsymbol{e}_n$，满足式(2-22)。

$$\boldsymbol{NL}(G) = \sum_{i=1}^{n} \lambda_i \cdot \boldsymbol{e}_i \cdot \boldsymbol{e}_i^{\mathrm{T}}, \quad (2\text{-}22)$$

式中，T 表示转置。设 $\boldsymbol{x} = (x_1, x_2, \cdots, x_n)$ 是任意的 n 维行向量，则式(2-23)成立。

$$\begin{aligned} \boldsymbol{x} \cdot \boldsymbol{NL}(G) \cdot \boldsymbol{x}^{\mathrm{T}} &= \sum_{(u, v) \in E} \left(\frac{x_u}{\sqrt{d_u}} - \frac{x_v}{\sqrt{d_v}} \right)^2 \\ &\leqslant \sum_{(u, v) \in E} \left(\left(\frac{x_u}{\sqrt{d_u}} - \frac{x_v}{\sqrt{d_v}} \right)^2 + \left(\frac{x_u}{\sqrt{d_u}} + \frac{x_v}{\sqrt{d_v}} \right)^2 \right) \\ &= 2 \sum_{u} x_u^2 = 2\boldsymbol{x} \cdot \boldsymbol{x}^{\mathrm{T}}。 \end{aligned} \quad (2\text{-}23)$$

由式(2-22)和式(2-23)可知，$0 \leqslant \lambda_i = \boldsymbol{e}_i \cdot \boldsymbol{NL}(G) \cdot \boldsymbol{e}_i^{\mathrm{T}} \leqslant 2$；即对任意节点规模 n，正规 Laplacian 图谱始终被包含在 $[0, 2]$ 的闭区间范围。这一性质使得正规 Laplacian 图谱适合于不同节点规模拓扑图结构之间的对比。

本书将采用两个正规 Laplacian 图谱属性 WSD 和 ME1，理论分析互联网拓扑的结构分解特征。其中 WSD 最早由 Fay 等[11] 定义给出，如式(2-24)。

$$WSD(G, N) = \sum_{i=1}^{n} (1 - \lambda_i)^N。 \quad (2\text{-}24)$$

设矩阵 $\boldsymbol{B} = \boldsymbol{D}^{-\frac{1}{2}} \cdot \boldsymbol{A} \cdot \boldsymbol{D}^{-\frac{1}{2}}$，$a_{ij}$ 表示邻接矩阵 $\boldsymbol{A}$ 的第 i 行第 j 列元素，则 $\boldsymbol{B} = \boldsymbol{I} - \boldsymbol{NL}(G)$，且由式(2-21)可知，矩阵 $\boldsymbol{B}$ 中的第 i 行第 j 列元素为式(2-25)。

$$\left(\boldsymbol{D}^{-\frac{1}{2}} \cdot \boldsymbol{A} \cdot \boldsymbol{D}^{-\frac{1}{2}} \right)_{i, j} = \frac{a_{i, j}}{\sqrt{d_i}\sqrt{d_j}}。 \quad (2\text{-}25)$$

由 $\{1 - \lambda_i\}_{i=1,2,\cdots,n}$ 为 $\boldsymbol{B}$ 的全部特征值可知，$\sum (1 - \lambda_i)^N = trace(\boldsymbol{B}^N)$。将 $\boldsymbol{B}$ 中第 i 行第 j 列元素标记为 b_{ij}，则 $\boldsymbol{B}^N$ 的第 i 行第 j 列元素为所有乘积 $b_{i_0, i_1} b_{i_1, i_2} \cdots b_{i_{N-1}, i_N}$ 的求和，其中 $i_0 = i$ 且 $i_N = j$。当节点 i 与 j 不相邻时，由式(2-25)得 $b_{ij} = 0$。因此，对于图 G 中任意 N-圈 $c = u_1, u_2, \cdots, u_N$，其中 u_i 与 u_{i+1} 相邻($i = 1, 2, \cdots, N-1$)且 u_N 与 u_1 相邻，可得式(2-26)。

$$\sum_{i=1}^{n} (1 - \lambda_i)^N = trace(\boldsymbol{B}^N) = \sum_{c} \frac{1}{d_{u_1} d_{u_2} \cdots d_{u_N}}。 \quad (2\text{-}26)$$

由上述分析，Fay 等[11] 发现 WSD 可以表征图 G 上的 N-圈游走特征。具体地，式(2-26)

中 $\dfrac{1}{d_{u_1} d_{u_2} \cdots d_{u_N}}$ 等于旅行者从节点 u_1 出发沿圈 c 随机游走返回至节点 u_1 的概率。

正规 Laplacian 图谱的特征值被限定在 $[0, 2]$ 的闭区间范围。因此,若将 $[0, 2]$ 均等地划分成 k 个互不相交的子区间,则可得到该图谱全部特征值落入不同子区间的分布函数。设 Ω 是其中的一个子区间,定义 $f(\lambda = \theta)$ 是落入 Ω 的特征值个数,其中 θ 为 Ω 内的某个值,则 WSD 可以被转换为式(2-27)[11]。

$$WSD(G, N) = \sum_{i=1}^{n} (1 - \lambda_i)^N \approx \sum_{\Omega} (1 - \theta)^N \cdot f(\lambda = \theta)。 \qquad (2-27)$$

当被划分子区间个数 k 趋向于无穷大时,式(2-27)的约等号可以被转换为等号。因此,WSD 对应于正规 Laplacian 特征值分布的加权和,其中权值为 $(1-\theta)^N$。

早期研究[11,24,51]仅将 WSD 用于两个图结构之间的对比,如式(2-28)。

$$\zeta(G_1, G_2, N) = \sum_{\Omega} (1 - \theta)^N \cdot |f_1(\lambda = \theta) - f_2(\lambda = \theta)|, \qquad (2-28)$$

式中,f_1 和 f_2 分别为图 G_1 和 G_2 的正规 Laplacian 图谱特征值分布(落入 Ω 的特征值数占据全部特征值总数的比率,其适合不同规模的图结构对比),主要原因体现在:一是式(2-26)仍然是从全局统计角度描述 WSD 表征的图属性,而未从局部结构角度挖掘 WSD 深层次物理意义;二是 WSD 的计算依赖于特征值(分布)的计算,时间复杂性高。

式(2-24)至式(2-28)中 WSD 的参数 N 是预先给定的自然数。Fay 等[51]建议参数 N 取值为 4,但缺乏定量的理论解释。本书将在前期工作的基础上,定量挖掘 WSD 表征互联网拓扑及其他 scale-free 网络的局部图结构特征,设计 WSD 的线性时间复杂性的快速计算方法,并给出参数 N 选择的定量理论解释。这些工作将为互联网拓扑的节点分类、子图分解等局部结构表征奠定理论基础。

ME1 等于正规 Laplacian 图谱中特征值 1 的总数。由式(2-27)可知,特征值 1 在 WSD 的权值为 $(1-\theta)^N = 0$。因此,WSD 与 ME1 是两个弱相关的图谱属性。Vukadinovic 等[52]实验验证互联网拓扑的特征值 1 分布($ME1/n$)随着节点规模的增长趋向于稳定不变,并给出 ME1 的一个下界不等式,如式(2-29)。

$$ME1 \geqslant p - q + inn, \qquad (2-29)$$

式中,p 为互联网拓扑中度为 1 节点的总数,q 为该拓扑中与度为 1 节点相邻的节点的总数,inn 为该拓扑中其他节点的总数。然而,式(2-29)的下界不等式难以精确描述 ME1 表征的互联网拓扑结构,且难以建立与 WSD 的物理意义关联性。

本书将面向互联网拓扑结构完善 WSD 和 ME1 的数学体系,为互联网测试床的拓扑规模缩减应用需求奠定理论基础。

2.6 现状分析与问题描述

互联网拓扑图属性表征、仿真模型和采样模型等领域的研究已有了一定的技术积累。然而,现有工作在以下三个方面仍存在问题和不足。

2.6.1 互联网拓扑的局部结构表征

现有的互联网拓扑结构表征技术，仍侧重于全局统计属性的表征，例如节点度分布、聚类系数和路径长度分布等。在局部分解结构方面，虽然对 Transit-Stub 模型[15,16]、k-shell 分解[18]、k-密度社团分解[19] 和内核分解[20] 等技术已开展研究，但是相关工作主要聚焦于互联网拓扑的内核结构(通常仅包含整个拓扑 2% 左右的节点)，而忽略了占据大约 98% 的外围拓扑结构。此外，现有技术[15-20] 分解得到的局部子图结构比较复杂且在不同子图之间关联性的表征方面比较薄弱，很难为拓扑规模的大比例缩减提供高价值的结构信息。本书将从正规 Laplacian 图谱两个属性 WSD 和 ME1 的理论研究出发，挖掘整个互联网拓扑的二分图分解结构及它们之间的关联性。二分图的简洁结构及相互关联性的清晰表征，将为互联网测试床拓扑规模的大比例缩减提供有力支撑。

2.6.2 测试床拓扑规模的大比例缩减

仿真与采样模型是拓扑规模缩减的常用技术，其中采样模型更适合当前状态互联网拓扑的规模缩减。然而，近期的图采样技术文献[34-38]，侧重于通用性强的采样策略设计，这些技术不仅可以采样互联网拓扑，而且适用于社交网络、合作网络等多样化的 scale-free 网络结构，即它们没有考虑互联网拓扑独有的结构特征。通用性越好的工具，越难为特殊问题提供更深入的解决方案。因此，近期图采样技术无法实现互联网拓扑的大比例规模缩减。虽然 Krishnamurthy 等[33] 为互联网拓扑定制 DHYB-0.8 采样模型，但是该模型面向 2007 年之前的真实世界探测拓扑图，且仅考虑了节点度分布等全局统计属性，尚未结合二分图分解等局部结构信息，在图属性的综合表现较差。本书将基于正规 Laplacian 图谱理论挖掘的二分图分解局部结构，为互联网拓扑量身定制图采样方法，二分图分解的丰富局部结构信息将为测试床拓扑的大比例规模缩减提供支撑。

2.6.3 面向测试任务需求的等效推演

测试床构建的目标是精确测量任务指标在真实网络的运行效果。因此，规模缩减测试床拓扑图的评价应当以任务指标的等效推演为根本依据。等效推演是指小规模测试床的测试结论与大规模真实网络的指标运行效果保持一致。互联网拓扑的非平凡属性使得该拓扑无法采用有限的图属性精确表征，需要依据测试指标的等效推演，进行图属性的重要性分析与排序，从而筛选有限的图属性构成采样效果评价的价值函数。现有图采样技术主要依据研究人员主观选择的少量图属性进行算法设计与效果评价[31-38]。本书将面向一项具体的组播路由协议测试任务，初步分析 WSD 和 ME1 两个图谱属性在延时率和费用率两项具体指标等效推演的重要性，为互联网测试床拓扑结构规模缩减技术与具体测试任务的结合进行有意义的探索。

3　互联网拓扑结构的正规 Laplacian 图谱属性

　　本章将从传统的 Transit-Stub 模型及 single-homed 向 multi-homed 网络转换过程分析入手，首先建立互联网拓扑的节点分类数学模型，将 Transit 和 Stub 域分解为七类不同节点；其次理论分析 WSD 在互联网拓扑的参数选择依据及其表征的物理意义——定量指示该拓扑从 single-homed 向 multi-homed 的转换过程；再次理论证明 ME1 表征互联网拓扑的物理意义——定量指示该拓扑的 Stub 节点数减去 Transit 节点数；同时给出 ME1 的快速计算方法及算法时间复杂性分析；然后依据物理意义设计面向图谱属性 WSD 和 ME1 优化的互联网拓扑扰动策略，并给出该拓扑上图谱属性的表示模型；最后基于扰动策略设计互联网拓扑结构的优化方法，验证 WSD 和 ME1 表征物理意义的正确性。

3.1　互联网拓扑结构的节点分类

　　Francesc 等[53] 在 Faloutsos 等[2] 研究工作的基础上，构建了如图 3-1（a）的互联网拓扑分解结构模型。该模型将互联网拓扑 $G=(V, E)$ 分解为 P 和 Q 两类，如式（3-1）。

$$\begin{cases} P=\{v \in V \mid d_G(v)=1\}, \\ Q=\{v \in V \mid \exists w, (v, w) \in E, w \in P\}, \end{cases} \tag{3-1}$$

式中，$d_G(v)$ 表示节点 v 在图 G 的度。

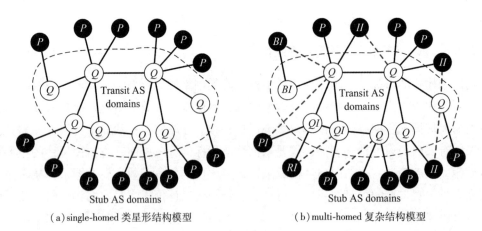

（a）single-homed 类星形结构模型　　　　（b）multi-homed 复杂结构模型

注：（a）single-homed 类星形结构模型：删除虚线框内的边连接关系，该模型将被分解成一系列星形子图，其中每个子图对应一个以 Q 节点为根的深度为 1 的树；（b）multi-homed 复杂结构模型：Stub AS 节点期望与更多的 Transit AS 节点相连接。

图 3-1　互联网拓扑星形模型及其扩展

由 Transit-Stub 模型的物理意义可知，Transit 域实现不同 AS 域节点之间的数据转发，而 Stub 域连接用户终端且必须连接至少一个 Transit 域节点实现与互联网中其他 AS 域的数据通信；可发现图 3-1(a)的 Q 类和 P 类节点分别对应 Transit 域和 Stub 域。在图 3-1(a)中删除所有 Q 节点之间的边将导致图 G 被分解为一系列深度为 1 的树，这些树的叶子 P 类节点仅通过一条边被连接至 Transit 域。因此，图 3-1(a)模型被称作 single-homed 网络，其更适合于建模 1999 年之前的互联网拓扑。本书在图 3-1(a)的基础上进一步构建了一种 multi-homed 网络模型，如图 3-1(b)所示。该模型中更多的 Stub 域节点期望通过更多的边被连接至 Transit 域，从而增强网络的故障容忍能力。通过图 3-1(b)中更多虚线(multi-homed 连接)的生成，发现互联网拓扑图 $G=(V,E)$ 可被分解为七类节点，如式(3-2)。

$$
\begin{cases}
P=\{v \in V \mid d_G(v)=1\}, \\
Q=\{v \in V \mid \exists w,\ (v,w) \in E,\ w \in P\}, \\
PI=\{v \in V_I \mid d_{G_I}(v)=1\ \text{且}\ \forall (v,w) \in E_I,\ d_{G_I}(w)>1\}, \\
QI=\{v \in V_I \mid \exists w,\ (v,w) \in E_I,\ w \in PI\}, \\
II=\{v \in V_I \mid d_{G_I}(v)=0\}, \\
BI=\{v \in V_I \mid d_{G_I}(v)=1\ \text{且}\ \forall (v,w) \in E_I,\ d_{G_I}(w)=1\}, \\
RI=\{v \in V_I \mid d_{G_I}(v) \geqslant 2\ \text{且}\ \forall (v,w) \in E_I,\ w \in QI\},
\end{cases} \tag{3-2}
$$

式中，$d_{G_I}(v)$ 表示节点 v 在子图 G_I 的度，$G_I=(V_I,E_I)$ 是图 G 中由节点集 $\dfrac{V}{(P \cup Q)}$ 诱导生成的子图。互联网拓扑中去除式(3-2)定义节点之外的其他节点被称作噪声节点。

依据上述定义，可以分析图 3-1 中从(a)到(b)的节点转变过程：对于(a)中以一个 Q 节点为根的树子图，若该树的所有叶子被转变为 multi-homed 节点(通过至少两条边被连接至 Transit 域)，则其根节点 Q 被转变为 QI 或 BI 节点；具体地，若该树包含至少两个叶子节点，则 Q 被转变为 QI，否则 Q 和它唯一的叶子 P 同时被转变为 BI；当(a)中所有 Q 节点完成转变之后，对于(a)中一个 P 节点，若其仅被连接至一个 Q 节点，则保持不变，若其与至少两个 Q 节点相邻且不与 QI 节点相邻，则被转变为 II 节点，若其被连接至一个 QI 节点且与至少一个 Q 节点相邻，则被转变为 PI 节点，若其与至少两个 QI 节点相邻，则被转变为 RI 节点。通过第 2.1 节互联网拓扑常用数据集 AS-733、AS-Caida、ITDK 和 UCLA 等的分析，可验证式(3-2)之外的噪声节点比率几乎都低于 4%，即真实世界探测数据证明了本书构建图 3-1(b)模型的正确性。

3.2　加权谱分布的参数选择

由第 2.5 节可知，WSD 是与参数 N 有关的图谱属性，如式(3-3)所示：

$$
WSD(G,N)=\sum_{i=1}^{n}(1-\lambda_i)^N=\sum_c \frac{1}{d_{u_1} d_{u_2} \cdots d_{u_N}}, \tag{3-3}
$$

式中，$c = u_1, u_2, \cdots, u_N$ 是图 G 中节点可以重复出现的任意 N-圈。因此，本书需要首先分析 WSD 参数 N 的选择依据，然后分析 WSD 在互联网拓扑的物理意义。

3.2.1 参数 N 的选择

N-圈的长度反映了图的多样化结构属性。在演化网络系统中，捕获与规模无关的结构属性是十分重要的工作，因为不同规模的图可以来源于同一个演化系统。Barabasi-Albert 模型是一个经典的复杂网络结构生成器，其捕获复杂网络的生长过程：起始于少量的 m_0 个节点，并在每步的迭代过程，一个连接 $m(\leqslant m_0)$ 条边的新节点被连接至已存在系统中的 m 个不同的节点。图 3-2 给出在 Barabasi-Albert 模型生成的仿真图上，当参数 N 为奇数或偶数的情况下，WSD vs 网络规模（节点个数 n）的数值实验结果。

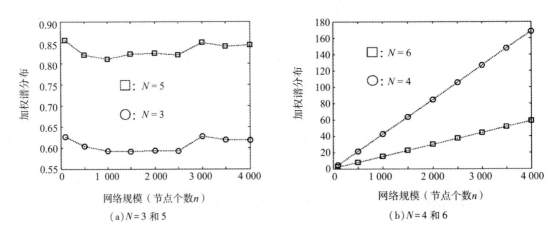

图 3-2　在 Barabasi-Albert 模型上加权谱分布 vs 网络规模（n）的数值结果

由式（3-3）可知，WSD 可以被转换为式（3-4）。

$$W(G, N) = (1 - \lambda_1) + \sum_{0 < \lambda_i < 1} (1 - \lambda_i)^N + \sum_{\lambda_i > 1} (1 - \lambda_i)^N, \qquad (3-4)$$

式中，$\lambda_1 = 0$ 且在连通图上 $0 < \lambda_2 \leqslant \lambda_3 \leqslant \cdots \leqslant \lambda_n \leqslant 2$。

Cetinkaya 等[9]指出在连通网络上正规 Laplacian 图谱具有围绕 1 的准对称特征（本书第 7 章将给出这种准对称性的理论分析结果，并证明这种准对称性在社交网络等社团结构网络不再成立）。因此，在 Barabasi-Albert 模型生成的连通图上式（3-5）成立。

$$\left| \sum_{0 < \lambda_i < 1} (1 - \lambda_i)^N \right| \approx \left| \sum_{\lambda_i > 1} (1 - \lambda_i)^N \right|, \qquad (3-5)$$

式中，$|x|$ 表示 x 的绝对值。如果 N 为奇数，由式（3-4）计算得到的 WSD 将十分小。这可以被用于解释，为什么在图 3-2 中，当 $N = 4$ 和 6 时相应曲线分别趋向于 60 和 170，而当 $N = 3$ 和 5 时相应曲线被限定在 0 和 1 之间。此外，如果 N 为偶数，可以得到式（3-6）。

$$W(G, N) \approx 1 + 2 \cdot \sum_{0 < \lambda_i < 1} (1 - \lambda_i)^N \approx 2 \cdot \sum_{0 < \lambda_i < 1} (1 - \lambda_i)^N, \qquad (3-6)$$

因此 WSD 可被近似地由不超过 1 的所有特征值计算。依据图 3-2（a）和（b）的对比，参数

N 的奇数(或偶数)值对应 WSD 的相似演变曲线。特别地，3 和 4 可以被用于分别代表参数 N 的奇数和偶数值。此外，$N=4$ 对 WSD 更为重要，因为该图谱属性在 $N=4$ 的情况下可以更优地捕获 Barabasi-Albert 模型生成仿真网络的稳定特征[如图 3-2(b)所示]。也就是说，在 $N=4$ 的情况下，WSD 与网络规模的比率渐进式地与演化系统的规模无关。

本节仅从仿真实验角度，分析了 WSD 参数 N 的选择依据。进一步地，在本书的第 6 章和第 7 章，我们将对这种选择依据给出更精确的数学理论解释。

3.2.2　基于分形特征的互联网拓扑分解

由第 2.5 节可知，WSD 可以采用统计特征值分布的方式计算，如式(3-7)所示：

$$WSD(G,\ N) = \sum_{i=1}^{n}(1-\lambda_i)^N \approx \sum_{\theta \in \Omega}(1-\theta)^N \cdot f(\lambda = \theta)。 \qquad (3-7)$$

式中，Ω 表示将闭区间[0, 2]均等划分的 k 个互不相交的子区间，$f(\lambda=\theta)$ 表示落入 Ω 的特征值个数。Fay 等[11]采用 Sylvester's law of inertia(被用于计算落入特定区间的特征值总数，详见本书的第 4 章)可以在三万节点的互联网拓扑上计算得到 WSD，然而运行时间在十个小时左右。这种计算速度无法满足分析 WSD 物理意义的需求。因此，本节以 ITDK 数据集[43]为依托，采用该数据集提供的地理信息将互联网拓扑分解为一系列规模较小的子图。Lakhina 等[54]指出互联网路由节点之间的连接分布强相关于它们的地理分布。因此，本节的地理分解子图具有与全球互联网拓扑相似的结构(分形特征)，其已在 Zhou 等[55]对比中国地区拓扑与全球拓扑结构的相似性时得以验证。

若将[0, 2]均等地划分为 k 个子区间($2(i-1)/k$, $2i/k$]($i=1$, 2, $\cdots$, k)，则由式(3-6)可知，WSD 可以采用 $t<k/2$ 个子区间($2(i-1)/k$, $2i/k$]($i=1$, 2, $\cdots$, t)近似地计算。本节将由这 t 个子区间和式(3-7)计算得到的 WSD 记为 WSD^t。由式(3-6)可知，$WSD \approx 2 \cdot WSD^t$。其中 k 是一个预先设定的参数，其可以依据精度需求而增加。

表 3-1　由 ITDK(2011 年 10 月至 2013 年 4 月)分解得到的地理拓扑及相应属性值

地理域名	时间	节点数	边数	WSD	WSD^t
US	2011 年 10 月	6 331	13 147	0.028 12	0.014 24
US	2012 年 7 月	10 552	20 023	0.025 85	0.013 10
US	2013 年 4 月	10 918	20 730	0.025 02	0.012 70
US. 6765	2013 年 4 月	2 511	6 689	0.017 79	0.008 90
US. 4242	2013 年 4 月	2 412	6 127	0.009 53	0.004 56
RU	2013 年 4 月	3 110	5 225	0.066 17	0.034 03
DE	2013 年 4 月	1 469	2 321	0.046 19	0.023 43
BR	2013 年 4 月	1 282	2 340	0.050 80	0.026 05

续表

地理域名	时间	节点数	边数	*WSD*	*WSD'*
UA	2013 年 4 月	1 200	1 637	0. 098 88	0. 050 37

注：其中计算 *WSD* 和 *WSD'* 时的参数为 $k=30$, $t=10$。

表 3–1 列举了部分地理拓扑，其中 2013 年的最大拓扑 US 可被进一步地分解为一系列子拓扑 US. 6767 和 US. 4242 等。

注意：在由式(3–7)计算 *WSD* 和 *WSD'* 时，为了实现不同规模拓扑的对比，$f(\lambda=\theta)$ 被变更为落入等分子区间 Ω 的特征值分布(即落入 Ω 的特征值数占全部特征值总数的比率)。当 $k=30$ 且 $t=10$ 时，*WSD* 近似地等于 $2WSD'$，如表 3–1 所示。因此，*WSD* 可以被 *WSD'* 替代，以实现该图谱属性的快速计算。依据正规 Laplacian 图谱在通信网络围绕特征值 1 的准对称性[9]，落入 0 至 1 之间的特征值，足以计算 *WSD*，且我们可以确定 $ME1 \approx n-2 \cdot (1-eps)^-$，其中 $eps=10^{-6}$ 且 $(1-eps)^-$ 是采用 Sylvester's law of inertia 计算得到小于 $1-eps$ 的特征值数量(详见本书第 4 章)。

3.2.3　互联网拓扑的图扰动策略

由图 3–1(b)和式(3–2)可知，*stavalue*＝$p-q+pi+ri-qi+ii$，等于互联网拓扑中 Stub 节点数减去 Transit 节点数，其中 p，q，pi，ri，qi 和 ii 分别为集合 P，Q，PI，RI，QI 和 II 的势。设 $f(d_i)$ 和 $f(d_j)$ 分别为度 d_i 和 d_j 在互联网拓扑的出现频率，其中 d_i 和 d_j 分别为节点 i 和 j 的度，则 Winick 等[3]定义 d_j 相对于 d_i 的权值为式(3–8)。

$$M(i,\ j)=\max\left\{1,\ \sqrt{\left(\log\frac{d_i}{d_j}\right)^2+\left(\log\frac{f(d_i)}{f(d_f)}\right)^2}\right\}\cdot d_j。 \tag{3-8}$$

其已被应用于仿真模型 Inet-3.0 中，节点 i 至节点 j 连接概率的计算。

在互联网拓扑 $G=(V,\ E)$ 中，由节点集 $\dfrac{V}{(P\cup Q)}$ 诱导生成的子图 $G_I=(V_I,\ E_I)$ 中，定义 $Nr(v)$ 为节点 v 的相邻节点集。将集合 PI 分解为两个子集，如式(3–9)。

$$\begin{cases} PI_1=\{v\in PI\mid \exists w\in QI,\ v=\arg_u\max_{u\in Nr(w)\cap PI}M(u,\ w)\}, \\ PI_2=\dfrac{PI}{PI_1}, \end{cases} \tag{3-9}$$

易知 $\|PI_1\|=qi$，且在子图 G_I 中若 PI_1 包含所有节点的连接关系不改变，则 QI 包含节点的状态也将不改变。当互联网拓扑的节点总数恒定时，*stavalue*＝$p-q+pi+ri-qi+ii$ 衡量该拓扑的 Transit 域和 Stub 域节点分类。本节期望图扰动策略不会改变互联网拓扑的 Transit 域节点数和 Stub 域节点数，因此设计定理 3.1 的若干算子：

定理 3.1　在互联网拓扑 $G=(V,\ E)$ 中，以下图扰动算子将保持 *stavalue* 不变：

i)增加一条边 $(u,\ v)\notin E$，其中 $u\neq v$、$u\in Q(G)$ 且 $v\in Q(G)\cup V_I$。

ii)删除一条边$(u, v) \in E$，其中$u \neq v$、$u \in Q(G)$、$d_u > 2$、$v \in Q(G) \cup V_1$且满足：

①若$v \in Q$，则$d_v > 2$；

②若$v \in PI$，则$\|\{(w, v) \in E \mid w \in Q\}\| > 1$；

③若$v \in II$，则$\|\{(w, v) \in E \mid w \in Q\}\| > 2$。

iii)增加一条边$(u, v) \notin E$，其中$u \neq v$、$u \in QI$，且$v \in PI_2 \cup RI \cup II$。

iv)删除一条边$(u, v) \in E$，其中$u \neq v$、$u \in QI$、$d_I(u) > 2$、$v \in PI_2 \cup RI$且满足：

①若$v \in PI_2$，则$\|\{(w, v) \in E \mid w \in Q\}\| > 1$；

②若$v \in RI \wedge \|\{(w, v) \in E \mid w \in QI\}\| = 2$，则$\|\{(w, v) \mid w \in Q\}\| > 0$。

其中，d_v表示节点v在图G的度，$d_{I(v)}$表示节点v在子图G_I的度。

证明 易知上述算子 i)、ii)、iii)和 iv)不可能改变度为1节点的总数和P中节点的连接关系，因此，参数p和q不会发生改变。算子 i)和 ii)与子图GI没有关联性，这意味着参数pi，qi，ri，ii将不会发生改变。算子 iii)和算子 iv)不可能改变QI中节点，因此，算子 iii)仅可能导致两种变化：第一种将PI_2中节点转换为RI节点，第二种将II中节点转换为PI_2节点。这两种变化都不会改变参数$pi+ri+ii$的值。算子 iv)导致的变化被限制在两种可能的情况中：或者PI_2中节点被转换为II节点，或者RI中节点被转换为PI_2节点。也就是说，参数$pi+ri+ii$将不会发生改变。因此，$stavalue = p-q+pi+ri-qi+ii$在上述四个图扰动算子的操作下将保持为一个不变的常量。

定义$AddSet$为上述算子 i)和 iii)中待增加的边构成的集合，并定义$DelSet$为上述算子 ii)和 iv)中待删除的边构成的集合。依据定理 3.1，当全部图扰动被限制在集合$AddSet$和$DelSet$内时，互联网拓扑的 Transit 和 Stub 域节点数不会发生改变。

设$W^t(u, v)$为从互联网拓扑$G=(V, E)$增加或删除一条边$(u, v) \in AddSet \cup DelSet$后所得图的$WSD^t$值。将$AddSet$所有边$(u, v)$按照两个标准，即$MC_1 = | d_u - d_v |$和$MC_2 = \max\{d_u, d_v\}$，进行排序。以表 3-1 的地理拓扑 RU 为例，分析这两个标准下增加$AddSet$中一条边后互联网拓扑的WSD^t数值变化情况，即$W^t(u, v)$曲线，如图 3-3 所示。

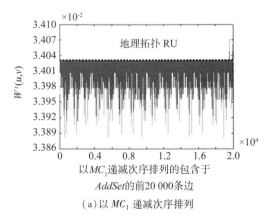

（a）以MC_1递减次序排列

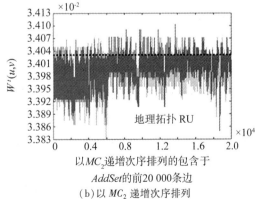

（b）以MC_2递增次序排列

图 3-3 在地理拓扑 RU 上增加一条边的效果

较大 MC_1 对应的边连接大度节点和小度节点，较小 MC_2 对应的边连接小度节点和小度节点。依据表 3-1 和图 3-3，增加连接大度节点和小度节点的一条边，将稳定地减小 WSD^t。因为 k-度节点 u 对应于至少 k^2 个 4-圈（即 u-vi-u-vj-u；i，$j=1$，2，$\cdots$，k），其中 v_1，v_2，$\cdots$，v_k 为被连接至节点 u 的所有节点，所以大度节点的 4-圈数将显著地大于小度节点的 4-圈数。由式（3-3）可知，WSD^t 由 4-圈数和节点度确定。对于一个大度节点，其度增加 1 将显著地减少该大度节点的所有 4-圈对应节点度倒数乘积的和。对于连接大度节点和小度节点的一条边，图 3-4(a) 显示了增加该边导致新增的 4-圈数与该边连接的两个节点的原始 4-圈数的比率，其中非常小的比率值为图 3-3(a) 现象提供了证据。对于连接小度节点和小度节点的一条边，增加该边导致新增的 4-圈数和该边连接的两个节点的原始 4-圈数都十分地小，这将导致增加该边时 WSD^t 变化的不确定性，如图 3-3(b) 所示。

删除一条边是增加一条边的相反过程。也就是说，删除一条连接大度节点和小度节点的边，将趋向于增加 WSD^t，如图 3-4(b) 所示。依据互联网拓扑的偏好连接规则[3]，小度节点趋向于连接度较大的节点，从而导致 $DelSet$ 中连接小度节点和小度节点的边数十分少。因此，在图 3-4(b) 中 $DelSet$ 的所有边都被包含在内。

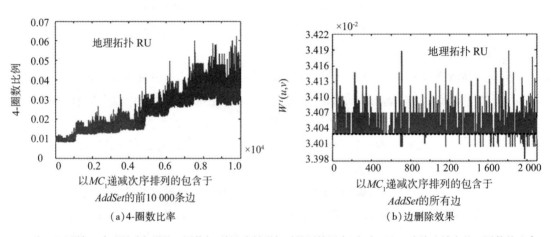

（a）4-圈数比率　　　　　　　　（b）边删除效果

注：（a）增加一条边导致新增的 4-圈数与（该边未被增加时的原始图中）包含至少一个该边端点的 4-圈的比率；（b）删除一条边的 $W^t(u, v)$ 曲线。

图 3-4　地理拓扑 RU 的 4-圈数比率和边删除效果

定义 $AddSet(T_A)$ 为 $AddSet$ 中以 MC_1 递减次序排列的前 T_A 条边组成的集合，将这些边以 $W^t(u, v)$ 的递增次序重新排列，并定义式（3-10）。

$$AddSet(T_A)=\{e_i^a\}_{i=1}^{T_A}=\{e_1^a, e_2^a, \cdots, e_{T_A}^a\}, \tag{3-10}$$

式中，$W^t(e_1^a)\leqslant W^t(e_2^a)\leqslant\cdots\leqslant W^t(e_{T_A}^a)$。相似地，定义 $DelSet(T_D)$ 为 $DelSet$ 中以 MC_1 递减次序排列的前 T_D 条边组成的集合，并定义式（3-11）。

$$DelSet(T_D)=\{e_i^d\}_{i=1}^{T_D}=\{e_1^d, e_2^d, \cdots, e_{T_D}^d\}, \tag{3-11}$$

式中，$W^t(e_1^d)\geqslant W^t(e_2^d)\geqslant\cdots\geqslant W^t(e_{T_D}^d)$。定义 $\overline{W}_A(s)$ 为互联网拓扑 G 中增加边序列 e_1^a，

e_2^a, $\cdots$, e_s^a 之后得到的图的 WSD^t 值，并定义 $\overline{W}_D(s)$ 为图 G 中删除边序列 e_1^d, e_2^d, $\cdots$, e_s^d 之后得到的图的 WSD^t 值。

注意：连续删除边不应改变 P 和 QI 的节点；否则 $stavalue$ 可能不再是常量。

若边 e_s^d 的删除变更 P 或 QI 中的节点，则将该边再次增加至图 G，并设 $\overline{W}_D(s) = \overline{W}_D(s-1)$。$\overline{W}_A(s)$ 和 $\overline{W}_D(s)$ 的演变曲线在图 3-5 展示，其证明 WSD^t 具有单调递减或单调递增的特征。

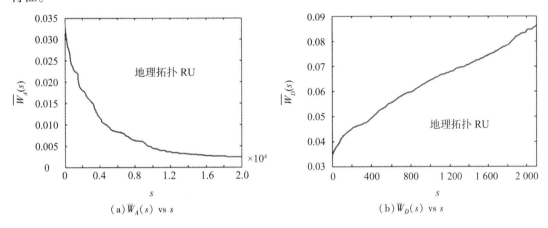

注：（a）对应于连续增加边导致的 $\overline{W}_A(s)$ 曲线；（b）对应于连续删除边导致的 $\overline{W}_D(s)$ 曲线。

图 3-5　在地理拓扑 RU 的 $\overline{W}_A(s)$ 和 $\overline{W}_D(s)$ 曲线

定义 $\overline{M}_A(s_A)$ 为图 G 增加一系列边 $\{e_i^a\}_{i=1}^{s_A}$ 之后生成图的 $stavalue = p-q+pi+ri-qi+ii$ 值，并定义 $\overline{M}_D(s_D)$ 为图 G 删除一系列边 $\{e_i^d\}_{i=1}^{s_D}$ 之后生成图的 $stavalue$ 值。

注意：连续地删除边不应改变 P 和 QI 的节点数。

对于所有的 $s_A \in \{1, 2, \cdots, \|AddSet\|\}$ 且 $s_D \in \{1, 2, \cdots, \|DelSet\|\}$，表 3-2 列出了 $\overline{M}_A(s_A)$ 和 $\overline{M}_D(s_D)$ 的统计量，其验证了 $stavalue$ 在特定边增加或删减时稳定不变。

表 3-2　连续增加（或删除）AddSet（或 DelSet）中边对应 stavalue 的统计量

地理拓扑	$\|AddSet\|$	均值	方差	$\|DelSet\|$	均值	方差
RU	586 015	1 908	0	2 098	1 908	0.2
US. 6765	344 873	1 805	0	4 044	1 805	5.9
DE	88 153	1 029	0	791	1 029	0.1

一般地，无须对图 G 的 WSD^t 数值做显著变动。因此实际应用中参数 T_A 的取值要远小于图 3-5（a）的数值。图 3-6 显示，如果给定 T_A 的下界 T_{low}（地理拓扑 RU 和 DE 分别设定为 5 000 和 1 000），则随着 T_A（$\geq T_{low}$）的减小，$\overline{W}_A(s)$ 曲线将表现出更快的下降速度，因为 MC_1 值较大的边更容易被排在边集 $\{e_1^a, e_2^a, \cdots, e_{T_A}^a\}$ 的前列。更快的下降速度是指，给定 WSD^t 目标值的情况下，拓扑图 G 的扰动程度将会更小。

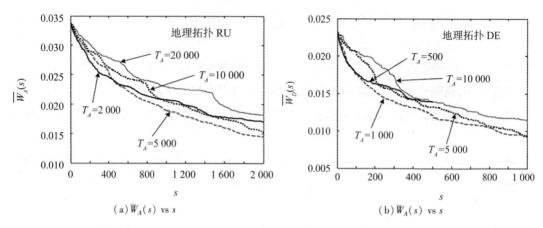

注：(a) 表 3-1 的地理拓扑 RU；(b) 表 3-1 的地理拓扑 DE。

图 3-6　不同 T_A 取值对应的 $\overline{W}_A(s)$ 曲线

3.2.4　加权谱分布与互联网拓扑结构

依据第 3.2.3 节的图扰动策略，在互联网拓扑 Transit 域和 Stub 域的节点数保持不变的前提条件下，随着连接 Transit 域（大度）节点和 Stub 域（小度）节点的边的累积增加，*WSD* 呈现单调递减的特征；相反地，随着连接 Transit 域（大度）节点和 Stub 域（小度）节点的边的累积删除，*WSD* 呈现单调递增的特征。如图 3-1 所示，从(a) 到(b) 的 single-homed 向 multi-homed 转换过程，互联网拓扑的 Transit 域和 Stub 域节点都没有发生改变，仅有连接 Transit 域（大度）节点和 Stub 域（小度）节点的 multi-homed 边在不断地累积增加。因此，本书在理论分析的基础上证明四圈 WSD 在互联网拓扑的物理意义：其定量指示该拓扑从 single-homed 向 multi-homed 网络的转换过程。

依据 WSD 物理意义的解释，本书将面向任意给定的 WSD 目标值，设计互联网拓扑 $G = (V, E)$ 的图扰动算法，如算法 3.1 所示。

算法 3.1　面向 WSD 的互联网拓扑扰动算法

输入：互联网拓扑 $G = (V, E)$，给定的 WSD^t 目标值 W_{obj}，阈值 T_{low} 和 T_{upper}。

输出：满足目标值 W_{obj} 属性要求的互联网拓扑。

步骤 1　设 W_{org} 为拓扑图 G 的 WSD^t 值。如果 $W_{obj} > W_{org}$，则计算边集 $DelSet(T_D) = \{e_i^d\}_{i=1}^{T_D}$，其中 $W^t(e_1^d) \geqslant \cdots \geqslant W^t(e_{T_D}^d)$ 且 $T_D = \|DelSet\|$，并采用二分法 [因为 $\overline{W}_D(s)$ 具有单调递增特征] 计算：

$$s_{obj} = \arg_s \min_{s=1,\cdots,T_D} | \overline{W}_D(s) - W_{obj} | \, 。 \tag{3-12}$$

计算得到式 (3-12) 之后，从拓扑图 G 中删除边 $\{e_i^d\}_{i=1}^{s_{obj}}$，并结束算法。

如果 $W_{obj} < W_{org}$，则计算边集 $AddSet$，设 $T_A := T_{low}$，并转步骤 2。

步骤 2　计算 $AddSet(T_A) = \{e_i^a\}_{i=1}^{T_A}$，其中 $W^t(e_1^a) \leqslant \cdots \leqslant W^t(e_{T_A}^a)$。如果 $\overline{W}_A(T_A) < W_{obj}$，则采用二分法 [因为 $\overline{W}_A(s)$ 具有单调递减的特征] 计算式 (3-13)。

$$s_{obj} = \arg_s \min_{s=1,\cdots,T_A} | \overline{W}_A(s) - W_{obj} | \, 。 \tag{3-13}$$

续表

然后，向拓扑图 G 增加边 $\{e_i^a\}_{i=1}^{t_{\min}}$，并结束算法。

如果 $\overline{W}_A(T_A) \geqslant W_{\text{obj}}$ 且 $T_A \leqslant T_{\text{upper}}$，设 $T_A := T_A + 1\,000$，并转步骤 2。如果 $T_A > T_{\text{upper}}$，则结束算法（此时，无法通过对 G 的扰动达到给定 W_{obj} 的要求）。

注：算法 3.1 的相关符号都已在第 3.2.3 节定义。

该算法的时间复杂性决定于 $W^t(e_i^a)(i=1, 2, \cdots, T_A)$ 或 $W^t(e_i^d)(i=1, 2, \cdots, T_D)$ 的计算，其正比于参数 T_A 或 T_D。式(3-12)和式(3-13)的二分法，仅需要 $\overline{W}_D(s)$ 和 $\overline{W}_A(s)$ 分别被计算 $\log_2(T_D)$ 和 $\log_2(T_A)$ 次。

表 3-3 列出了地理拓扑 RU 上的统计值，其验证算法 3.1 对 $stavalue = p-q+pi+ri-qi+ii$ 的极小影响，并证实给定 WSD^t 目标值的情况下图扰动的有效性以及对扰动程度的可控性：可以最大限度地减少扰动引起增加或删除的边数。

表 3-3　地理拓扑 RU 的图扰动分析

$W_{\text{obj}} \times 10^2$	1.0	1.5	2.0	2.5	3.0	4.0	5.0	6.0	7.0
$W_{\text{per}} \times 10^2$	1.000 3	1.500 1	2.001 4	2.498 2	3.000 2	3.998 1	5.000 7	5.999 8	7.002 4
R^{WSD}	0.706 1	0.559 2	0.411 9	0.265 9	0.118 4	0.174 9	0.469 5	0.763 1	1.057 7
R^{Edges}	0.747 4	0.341 1	0.166 7	0.078 9	0.026 0	0.014 7	0.073 1	0.134 0	0.219 3
$T_A(T_D)$	5 000	5 000	5 000	5 000	5 000	2 098(T_D)	2 098(T_D)	2 098(T_D)	2 098(T_D)
$stavalue$	1 908	1 908	1 908	1 908	1 908	1 908	1 908	1 908	1 913

注：其中 W_{obj} 对应于九个给定的 WSD^t 数值。定义 W_{per} 为被扰动后图的 WSD^t 数值，定义 R^{WSD} 为 $|W_{\text{per}} - W_{\text{org}}|$ 与 W_{org} 的比率，并定义 R^{Edges} 为 m_{alter} 与 m_{org} 的比率，其中 m_{alter} 表示扰动过程增加（或删除）的边数，且 W_{org} 和 m_{org} 分别表示原始拓扑图 RU 的 WSD^t 数值和边数。

图 3-7 以表 3-1 的地理拓扑 RU 为例，展示了算法 3.1 输入不同 W_{obj} 值对应扰动结果图在其他图属性的行为。这些图属性的数学定义详见第 2.2 节。图 3-7 显示随着四圈 WSD 的改变，最短路径长度分布的变化最为明显；进一步地，本书第 6 章将证明四圈 WSD 是平均路径长度的良好指示器。图 3-7 中图属性的变化较大，是因为 WSD 目标值的变化明显。算法 3.1 将被用于第 3.6 节的互联网拓扑结构优化方法，该方法以 Inet-3.0 模型仿真拓扑为被优化的结构图，并以真实探测拓扑的 WSD 属性值为优化目标，因此 WSD 目标值的变化在优化过程不会像图 3-7 那么显著。第 3.6 节将证明算法 3.1 可在达到 WSD 属性优化效果的同时，最大限度地降低对其他图属性的影响。

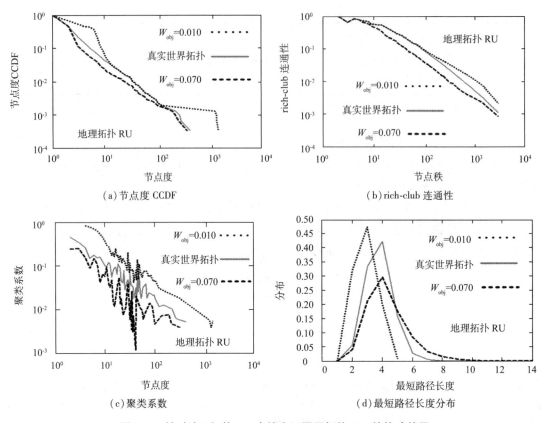

图 3-7　针对地理拓扑 RU 在给定不同目标值 W_{obj} 的扰动效果

3.3　特征值 1 重复度与互联网拓扑结构

第 3.2 节证明在互联网拓扑 Transit/Stub 域节点保持不变的条件下四圈 WSD 定量指示该拓扑从 single-homed 向 multi-homed 的转换过程。若互联网拓扑的节点规模恒定，则由 Transit 域与 Stub 域节点数之差的数值可以唯一确定 Transit 域和 Stub 域的节点数。本节将从理论上证明正规 Laplacian 图谱的另一个属性 ME1 等于互联网拓扑 Transit 域与 Stub 域的节点数之差。

注意：ME1 记录正规 Laplacian 图谱中全部特征值 1 的总数，WSD 对应该图谱中远离 1 特征值的加权和，因此 ME1 和 WSD 覆盖了该图谱的全部特征值。

3.3.1　数学理论分析

第 3.1 节将互联网拓扑分解为 P，Q，PI，QI，RI，BI，II 和噪声共八类节点，其中 Q，QI 和 BI 的一半组成了 Transit 域节点集，同时 P，PI，RI，II 和 BI 的另一半组成了 Stub 域节点集。因此，本书可以统计 Transit 域与 Stub 域节点数之差为式(3-14)。

$$stavalue = \left(p+pi+ri+ii+\frac{bi}{2}\right) - \left(q+qi+\frac{bi}{2}\right) \qquad (3-14)$$
$$= p-q+pi+ri-qi+ii,$$

式中，p，q，pi，qi，ri，bi，ii 分别为节点集 P，Q，PI，QI，RI，BI，II 的势。

Sylvester's law of inertia[56]　设 A'，$B' \in \mathbf{R}^{n \times n}$ 为两个对称矩阵，则 A' 与 B' 一致当且仅当 A' 与 B' 存在相同的 inertia（定义为正、负和零特征值的个数）。若存在至少一个非奇异矩阵 S，使得 $B' = S \cdot A' \cdot S^T$，则方阵 A' 与 B' 一致。

定理 3.2　设 $G = (V, E)$ 为简单无向图，$P = \{v \in V \mid d_v = 1\}$，$Q = \{v \in V \mid \exists w, (v, w) \in E, w \in P\}$ 和 $R = \dfrac{V}{(P \cup Q)}$ 为图 G 全部节点的一个分类，设 G_I 为由节点集 R 诱导的图 G 子图，定义 A_I 为子图 G_I 的邻接矩阵，定义 $rank(A_I)$ 为矩阵 A_I 的秩，定义 p，q，r 分别为集合 P，Q 和 R 的势，并定义 $ME1$ 为图 G 正规 Laplacian 矩阵的特征值 1 总数，则式（3-15）成立。

$$ME1 = p - q + r - rank(A_I)。 \qquad (3-15)$$

证明　将图 G 的全部节点标记为 v_1，v_2，$\cdots$，v_n，其中 v_1，$\cdots$，$v_r \in R$；v_{r+1}，$\cdots$，$v_{r+q} \in Q$；v_{r+q+1}，$\cdots$，$v_n \in P$。由于每个 Q 节点至少与一个 P 节点相邻，可以假设 $(v_{r+i}, v_{r+q+i}) \in E$，$i = 1, 2, \cdots, q$。设 I 为单位矩阵[若 $i = j$，则 $(I)_{i,j} = 1$，否则 $(I)_{i,j} = 0$]，设 A 为图 G 的邻接矩阵[若 $(v_i, v_j) \in E$，则 $a_{ij} = 1$，否则 $a_{ij} = 0$]，并设 D 为对角度矩阵（即 $d_{ii} = d_{v_i}$），则图 G 的正规 Laplacian 矩阵可以表达为 $NL(G) = I - D^{-\frac{1}{2}} \cdot A \cdot D^{-\frac{1}{2}}$，其中

$$I = \begin{pmatrix} I_r & 0 & 0 \\ 0 & I_q & 0 \\ 0 & 0 & I_p \end{pmatrix}, \quad D^{-\frac{1}{2}} = \begin{pmatrix} D_r^{-\frac{1}{2}} & 0 & 0 \\ 0 & D_q^{-\frac{1}{2}} & 0 \\ 0 & 0 & D_p^{-\frac{1}{2}} \end{pmatrix}, \quad A = \begin{pmatrix} A_I & * & 0 \\ * & * & C_{qp} \\ 0 & C_{qp}^T & 0 \end{pmatrix}, \qquad (3-16)$$

且 $C_{qp} = (I_q, \mathbf{0}_{q,p-q})$ [$\mathbf{0}_{q,p-q}$ 为一个 $q \times (p-q)$ 阶 $\mathbf{0}$ 矩阵]，如式（3-16）所示。

设 $D_p^{-\frac{1}{2}} = [D_{p1}^{-\frac{1}{2}}, 0; 0, D_{p2}^{-\frac{1}{2}}]$，其中 $D_{p1}^{-\frac{1}{2}}$ 为一个 $q \times q$ 阶对角矩阵，则式（3-17）成立。

$$I - NL(G) = \begin{pmatrix} D_r^{-\frac{1}{2}} \cdot A_I \cdot D_r^{-\frac{1}{2}} & \vdots & 0 & 0 \\ \vdots & \vdots & D_q^{-\frac{1}{2}} \cdot D_{p1}^{-\frac{1}{2}} & 0 \\ 0 & D_{p1}^{-\frac{1}{2}} \cdot D_q^{-\frac{1}{2}} & 0 & 0 \\ 0 & 0 & 0 & 0 \end{pmatrix}。 \qquad (3-17)$$

依据 $(I - NL(G)) \cdot x = 0$ 和 Sylvester's law of inertia，可以得到 $ME1 = n - rank(I - NL(G)) = n - 2q - rank(A_I) = p - q + r - rank(A_I)$。

下面采用定理 3.2 分析 ME1 在互联网拓扑 $G = (V, E)$ 的物理意义：

由图 3-1(b)的 multi-homed 模型可知，定理 3.2 的节点集 $R = \dfrac{V}{(P \cup Q)}$ 等于式(3-18)。

$$R = \frac{V}{(P \cup Q)} = PI \cup QI \cup RI \cup BI \cup II, \tag{3-18}$$

因此，定理 3.2 的子图 G_l 是由节点集 $PI \cup QI \cup RI \cup BI \cup II$ 诱导生成的子图。由图 3-1(b)可知，删除全部 P 和 Q 节点之后，剩余的子图 G_l 中 II 变成了孤立节点，PI 变成了度为 1 的节点且其有唯一的相邻 QI 节点，BI 变成了度为 1 的节点且其有唯一的相邻 BI 节点(两个 BI 节点相互连接)，RI 的全部相邻节点都属于 QI。对于子图 G_l 的邻接矩阵 A_l，其每一行是一个行向量且对应子图 G_l 中一个节点的相邻节点信息，其中 II 节点对应行向量为零向量(这些向量的秩为零)，全部 PI 节点对应行向量的秩为 qi(因为全部 PI 节点被连接至 qi 个 QI 节点)，全部 QI 节点对应行向量的秩也为 qi(因为任意两个 QI 节点相邻的 PI 节点集的交集为空，所有它们对应的两个行向量一定线性无关)，全部 BI 节点对应行向量的秩为 bi(因为每个 BI 节点仅与另外一个 BI 节点相邻)。通过上述分析可知，子图 G_l 的邻接矩阵 A_l 的秩为 $rank(A_l) = 2qi + bi$。因为定理 3.2 中 $r = pi + qi + ri + bi + ii$，所以由定理 3.2 得到 $ME1 = p - q + pi + ri - qi + ii$。

通过与式(3-14)的对比，可知式(3-19)成立。

$$ME1 = stavalue。 \tag{3-19}$$

因为真实世界探测得到的互联网拓扑在图 3-1(b)的 multi-homed 模型之外还存在通常低于 4% 的噪声节点，所以本书得出式(3-20)成立。

$$ME1 \approx p - q + pi + ri - qi + ii。 \tag{3-20}$$

式(3-20)给出了 ME1 的物理意义：该图谱属性定量指示互联网拓扑的 Stub 域节点数减去 Transit 域节点数。该结论可由真实探测的 ITDK 数据集验证，如表 3-4 所示。

表 3-4　由 ITDK(2010 年 7 月至 2013 年 4 月)分解得到的地理拓扑上 *ME1* 与
stavalue=p-q+pi+ri-qi+ii 之间关系的统计分析

地理拓扑	2010 年 7 月		2011 年 4 月		2011 年 10 月		2012 年 7 月		2013 年 4 月	
	ME1	*Stavalue*	*ME1*	*Stavalue*	*ME1*	*Stavalue*	*ME1*	*Stavalue*	*ME1*	*Stavalue*
US. 6765	875	856	929	921	946	943	1 692	1 680	1 804	1 790
US. 4242	1 118	1 109	1 185	1 172	1 349	1 344	1 236	1 219	1 851	1 845
RU	721	719	929	927	1 021	1 019	1 784	1 778	1 902	1 901
DE	646	644	687	686	708	707	999	999	1 025	1 024
BR	206	206	283	282	374	374	654	652	832	832

3.3.2　快速计算与时间复杂性

正规 Laplacian 图谱的两个属性 WSD 和 ME1 可以采用特征值计算的方式得到。然而，特征值计算的高昂时间复杂性限制了图谱属性仅能够被应用于三万以内互联网拓扑的结构对比[11]，无法满足拓扑优化、仿真、采样等更深层的应用需求。互联网拓扑节点规模具有快速的增长趋势，目前已超过五万。也就是说，即使简单的对比分析，特征值计算也无法满足当前网络的规模需求。因此，迫切需要开发 WSD 和 ME1 的快速计算方法。

WSD 快速计算方法及时间复杂性分析将作为本书第 4 章的重点论述。本节将从 ME1 在互联网拓扑的物理意义视角，设计相应的快速近似计算方法。

算法 3.2　ME1 在互联网拓扑结构的快速计算方法

输入：互联网拓扑 $G = (V, E)$。

输出：$ME1$ 数值。

步骤 1　计算 $P = \{v \in V \mid d_G(v) = 1\}$，其中 $d_G(v)$ 表示节点 v 在图 G 的度。

步骤 2　计算 $Q = \{v \in V \mid \exists w, (v, w) \in E, w \in P\}$。

步骤 3　将全部 P 和 Q 节点从图 G 中删除，设删除后剩余节点和边构成的子图为 $G_1 = (V_1, E_1)$。

步骤 4　设 $d_{G_1}(v)$ 表示节点 v 在子图 G_1 的度，计算以下节点集，如式(3-21)。

$$
\begin{cases}
PI = \{v \in V_1 \mid d_{G_1}(v) = 1 \text{ 且 } \forall (v, w) \in E_1, d_{G_1}(w) > 1\}, \\
QI = \{v \in V_1 \mid \exists w, (v, w) \in E_1, w \in PI\}, \\
II = \{v \in V_1 \mid d_{G_1}(v) = 0\}, \\
BI = \{v \in V_1 \mid d_{G_1}(v) = 1 \text{ 且 } \forall (v, w) \in E_1, d_{G_1}(w) = 1\}, \\
RI = \{v \in V_1 \mid d_{G_1}(v) \geqslant 2 \text{ 且 } \forall (v, w) \in E_1, w \in QI\}.
\end{cases}
\tag{3-21}
$$

步骤 5　计算节点集 P, Q, PI, QI, RI, BI, II 的势 p, q, pi, qi, ri, bi, ii，并采样式(3-20)计算 $ME1$ 的近似值。

算法 3.2 实现了互联网拓扑上 $ME1$ 的近似计算。因为算法 3.2 在计算过程仅需要有限次地访问图 G 中每个节点的相邻节点集，所以该算法的时间复杂性为 $O(n^2)$，其中 n 表示图 G 包含节点的总数。算法 3.2，即使是五万左右节点数量的互联网拓扑也仅需要几十秒的计算时间，为 ME1 在大规模网络的深层应用奠定了重要的理论基础。

3.4　面向图谱属性的互联网拓扑扰动

依据第 3.2 节和第 3.3 节的物理意义分析，图 3-1(b) 的互联网拓扑 multi-homed 模型可由正规 Laplacian 图谱的 WSD 和 ME1 两个属性精确地表征。具体地，WSD 指示该拓扑从 single-homed 向 multi-homed 网络的转换过程，ME1 区分该拓扑的 Transit 域节点和 Stub

域节点。上述物理意义解释的一个应用价值，是以 WSD 和 ME1 为目标函数优化经典的互联网拓扑仿真模型，从而更精确地捕获真实网络的 Transit-Stub 和 multi-homed 结构特征。面向图谱属性的拓扑扰动，是以原始拓扑扰动程度最小化为目标，实现 WSD 和 ME1 的特征优化。第 3.2.4 节的算法 3.1 已给出了面向 WSD 的拓扑扰动算法，因此本节重点设计面向 ME1 的拓扑扰动策略。由式(3-20)可知，面向 ME1 的扰动可以通过拓扑连接关系的扰动而调整 $stavalue = p-q+pi+ri-qi+ii$ 的方式实现。一般地，参数 p 和 q 依赖于互联网拓扑 $G = (V, E)$ 中度为 1 节点的比率和偏好连接规则，它们是经典仿真模型 Inet-3.0 和 PFP 的设计重点[3,23]。因此，本节将图扰动的范围限制在子图 G_I，由第 3.3.1 节可知 G_I 是由节点集 $PI \cup QI \cup RI \cup BI \cup II$ 诱导生成的图 G 的一个子图。

在子图 G_I 中，将噪声节点集 OI 分解为式(3-22)。

$$\begin{cases} OI_1 = \left\{ v \in OI \,\middle|\, \left\| \dfrac{Nr(v)}{QI} \right\| = 1 \right\}, \\ OI_2 = \dfrac{OI}{OI_1}, \end{cases} \quad (3-22)$$

式中，$Nr(v)$ 表示所有被连接至节点 v 的节点集，符号 $\| \cdot \|$ 表示集合的势。①

定理 3.3 如果增加一条边 (v_1, v_2)，其中 $v_1, v_2 \in II$，则 $stavalue \leftarrow stavalue - 2$。

证明 增加满足上述条件的一条边 (v_1, v_2) 后的参数变化为 $ii \leftarrow ii-2$，且其他参数 p，q，pi，qi，ri 不改变；也就是说，$stavalue = p-q+pi+ri-qi+ii$ 将被减小 2。

定理 3.4 如果增加一条边 (v_1, v_2)，其中 $v_1 \in II$，$v_2 \in PI_2$，则 $stavalue \leftarrow stavalue - 2$。

证明 如果增加上述的一条边 (v_1, v_2)，则发生变化的参数仅有 $ii \leftarrow ii-1$、$qi \leftarrow qi+1$，即 p，q，pi，ri 不发生改变，因此，$stavalue = p-q+pi+ri-qi+ii$ 将被减小 2。

定理 3.5 如果增加一条边 (v_1, v_2)，其中 $v_1 \in II$ 且 $v_2 \in \{v \in OI \,|\, \|Nr(v) \cap OI_1\| = l\}$，则 $stavalue \leftarrow stavalue + l - 1$。

证明 增加上述的一条边，将导致的参数变化有以下四种情况：$ii \leftarrow ii-1$、$pi \leftarrow pi+1$、$qi \leftarrow qi+1$、$ri \leftarrow ri+l$。同时其他参数 p 和 q 不改变，因此，当 l 取值为 0 时，则 $stavalue = p-q+pi+ri-qi+ii$ 被减小 1；当 $l \geqslant 2$ 时，则 $stavalue$ 被增加 $l-1$。

定理 3.6 如果增加一条边 (v_1, v_2)，其中 $v_1 \in PI_2$，$v_2 \in OI$，则 $stavalue \leftarrow stavalue - 1$。

证明 该边的增加将导致的状态变化为 $pi \leftarrow pi-1$ 且其他参数 p，q，qi，ri，ii 不发生改变；也就是说，$stavalue = p-q+pi+ri-qi+ii$ 将被减小 1。

定理 3.7 如果执行以下三个算子：

i) 删除一条边 (v_1, v_2)，其中 $v_1, v_2 \in BI$ 且 $v_2 = Nr(v_1)$；

ii) 如果 $\|\{(v_1, w) \in E \,|\, w \in Q\}\| = 1$，则增加一条边 (v_1, w_1)，其中 $(v_1, w_1) \notin E$ 且 $w_1 \in Q$；

---

① 本节所用的符号都已在第 3.1 节至第 3.3 节被定义。

iii)如果$\|\{(v_2, w) \in E \mid w \in Q\}\| = 1$，则增加一条边$(v_2, w_2)$，其中$(v_2, w_2) \notin E$且$w_2 \in Q$。

则 $stavalue \leftarrow stavalue + 2$。

证明　算子 ii)和算子 iii)的目标是阻止节点v_1和节点v_2的度被转换为 1，因此，这两个算子确保参数p和q不改变；算子 i)导致的状态变化为$ii \leftarrow ii + 2$且pi，qi，ri不会发生改变。也就是说，$stavalue = p - q + pi + ri - qi + ii$将被增加 2。

定理 3.8　如果执行以下四个算子：

i)对于一个节点$v_1 \in OI$，删除所有边$\{(v_1, v_2)\}$，其中$v_2 \in Nr(v_1) \setminus QI$；

ii)如果算子 i)将v_1转变为PI节点且$\|\{(v_1, w) \in E \mid w \in Q\}\| = 0$，则增加一条边$(v_1, w_1)$，其中$(v_1, w_1) \notin E$且$w_1 \in Q$；

iii)如果算子 i)将v_1转变为II节点且$\|\{(v_1, w) \in E \mid w \in Q\}\| < 2$，则增加一条或两条边以确保$\|\{(v_1, w) \in E \mid w \in Q\}\| = 2$；

iv)如果算子 i)将v_2转变为$PI \cup BI$节点且$\|\{(v_2, w) \in E \mid w \in Q\}\| = 0$，则增加一条边$(v_2, w_2)$，其中$(v_2, w_2) \notin E$且$w_2 \in Q$。

则 $stavalue \leftarrow stavalue + l$，其中$l \geq 1$。

证明　因为节点v_1，$v_2 \in OI$，所以算子 i)不可能改变属于集合PI，RI，II，BI和QI的节点分类；算子 ii)至 iv)保证节点v_1和v_2不可能被转换为度为 1 的节点。也就是说，参数p和q将不发生改变，节点v_2不可能被转换为II节点。如果节点v_2被转换为PI节点，则集合QI中新增加的节点数不可能超过集合PI中新增加的节点数。也就是说，参数$pi - qi$将不可能减小。依据不同的$Nr(v_1) \cap QI$取值，节点v_1必定被转换为II，PI或RI节点，即$stavalue = p - q + pi + ri - qi + ii$将会被增加。因此，$stavalue \leftarrow stavalue + l (l \geq 1)$。

定理 3.3 至定理 3.8 给出了调整 Transit 域与 Stub 域节点数比例的一些直观方法，这为依据目标函数进行 ME1 的有效扰动提供了理论支撑。

3.5　互联网拓扑的特征值表示模型

本节将从互联网拓扑$G = (V, E)$的正规 Laplacian 图谱包含全部特征值的分布函数入手，分析 WSD 和 ME1 所对应图谱中特征值的分布特征，从而构建这两个图谱属性的特征值表示模型。该模型将为互联网拓扑演化过程正规 Laplacian 图谱特征值分布及 WSD 和 ME1 稳定性的认知奠定基础，同时将为第 3.6 节的互联网拓扑结构优化方法提供与规模无关的图谱属性输入参数。具体地，本节将以真实世界的探测数据集 ITDK（2010 年 7 月至 2013 年 4 月）分解得到的一系列地理拓扑 RU 为例[43]构建该模型。

互联网拓扑$G = (V, E)$是一个简单无向图，其正规 Laplacian 矩阵$\boldsymbol{NL}(G)$的全部特征值被定义为正规 Lapalcian 图谱 $0 = \lambda_1 \leqslant \lambda_2 \leqslant \cdots \leqslant \lambda_n \leqslant 2$。为了给出该图谱的图形化展示，本书将 $\lambda_i (i = 1, 2, \cdots, n)$ 以坐标点 (x_i, y_i) 的形式描述，其中 $x_i = (i-1)/(n-1)$ 且 $y_i = \lambda_i$。通过这种方式，该图谱的全部特征值都被限定在矩形 $[0, 1] \times [0, 2]$ 的范围内。ITDK（2013 年 4 月）分解得到地理拓扑 RU 的正规 Lapalcian 图谱图形化展示如图 3-8(a) 所示。其中特征值 1 重复度 ME1 和趋向于 0 与 2 的特征值，描述了该矩形框内图形的主要结构特征。

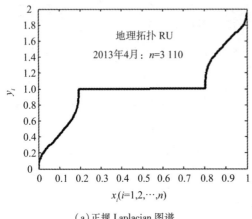
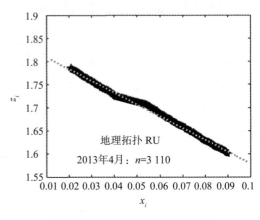

（a）正规 Laplacian 图谱   （b）前 2% 至 9% 的局部最大特征值

注：(a) 和 (b) 的横坐标 $x_i = (i-1)/(n-1)$，其中 n 等于图谱中特征值的总数；(a) 的纵坐标 $y_i = \lambda_i$，其表示图谱中第 i 个最小特征值；(b) 的纵坐标 $z_i = \lambda_{n-i+1}$，其表示图谱中第 i 个最大特征值。注意：前 2% 至 9% 的局部最大特征值在线性坐标系下可以近似地采用一条直线描述。

图 3-8　地理拓扑 RU 的正规 Laplacian 图谱及其前 2% 至 9% 的局部最大特征值

由第 2.5 节可知，WSD 的定义为式 (3-23)[11]。

$$WSD(G, N) = \sum_{i=1}^{n} (1 - \lambda_i)^N, \tag{3-23}$$

式中，$\lambda_i (i = 1, 2, \cdots, n)$ 为正规 Laplacian 图谱的全部特征值。Cetinkaya 等[9] 指出在连通的通信网络上正规 Laplacian 图谱具有围绕 1 的准对称性，如图 3-8(a) 所示。此外，WSD 主要由远离 1 的特征值确定：由式 (3-23) 可知，当 $\lambda_i \to 1$ 时，$(1-\lambda_i)^N$ 趋向于 0。因此，通过观察图 3-8(a) 的曲线特征可以发现，ME1（对应特征值 1 的总数）和 WSD（对应局部最大特征值）表征正规 Lapalcian 图谱的主要图形结构。

Trajkovic 等[57] 指出，互联网拓扑的正规 Laplacian 图谱的局部最大特征值 λ_{n-i+1} vs 秩 i（表示特征值按递减次序排列的序号）服从幂律分布。该分布可以表达为式 (3-24)。

$$\lambda_{n-i+1} = e^C \cdot i^O \Leftrightarrow \log(\lambda_{n-i+1}) = O \cdot \log(i) + C。 \tag{3-24}$$

因此幂律分布可以被转换为一个在 log-log 坐标系下的线性关系。然而，该幂律属性仅适用于前 2% 的局部最大特征值，如图 3-9 所示。由图 3-9(b) 可知，前 9% 的局部最大特征值不能够在 log-log 坐标系下采用线性关系进行表达。

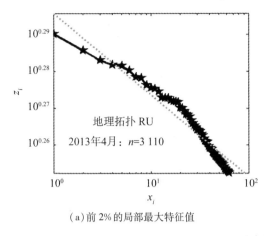

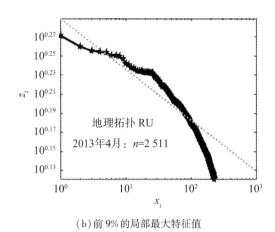

（a）前 2% 的局部最大特征值　　　　　　　　　　（b）前 9% 的局部最大特征值

注：（a）（b）横坐标 $x_i = i$，其中 i 为特征值按递减次序排列的序号，纵坐标 $z_i = \lambda_{n-i+1}$（第 i 个最大特征值）。通过（a）与（b）对比可发现：前 2% 的局部最大特征值在 log-log 坐标系下更接近于一条直线。

图 3-9　地理拓扑 RU 的正规 Laplacian 图谱在 log-log 双对数坐标系下局部最大特征值的幂律属性

由图 3-8（a）和式（3-23）可知，所有前 9% 的局部最大特征值对于 WSD 的计算十分重要。为了建模正规 Laplacian 图谱更多的特征值，本书将前 2% 至 9% 的局部最大特征值以坐标点 (x_i, z_i) 的形式表示，其中 $x_i = (i-1)/(n-1)$ 且 $z_i = \lambda_{n-i+1}$，如图 3-8（b）所示，其显示特征值 λ_{n-i+1} vs 秩 i 在线性坐标系下可以采用一个线性关系进行建模。

依据上述的分析，正规 Laplacian 图谱的特征值模型，可采用 $ME1/n$、一个幂律关系和一个线性关系表示。由图 3-8（a）可知，该模型覆盖了正规 Laplacian 图谱的大多数特征值。幂律和线性关系可以分别采用式（3-24）和式（3-25）表示，其中两个二元组 (O, C) 和 (k, b) 可以被用于表示这两个关系。

$$\lambda_{n-i+1} = k \cdot x_i + b_\circ \tag{3-25}$$

依据 ITDK 提供的从 2010 年 7 月到 2013 年 4 月的拓扑数据，本书可以计算不同地理拓扑对应正规 Laplacian 图谱特征值模型的五个参数 $ME1/n$，O，C，k 和 b。这五个参数的均值和方差在表 3-5 给出。此外，以地理拓扑 RU 为例，这五个参数随着拓扑规模增长而表现出的演化特征（随时间推进而表现出的变化情况）在图 3-10 给出。依据表 3-5 的统计分析，可以发现这五个参数在跨越四年的时间里表现相对稳定（因为它们具有较小的方差）。通过图 3-10 的演化曲线分析，这五个参数可采用（斜率系数较小的）近似的线性关系进行表征。为了描述这五个参数 $ME1/n$，O，C，k 和 b 随时间演变过程的线性关系，本书采用式（3-26）的五个二元组 (k^L, b^L) 进行建模。

表 3-5　地理拓扑 US. 6765、RU 和 DE 对应五个参数在跨越 2010 年 7 月至 2013 年 4 月的五个历史拓扑的均值和方差

地理拓扑	$ME1/n$		O		C		k		b	
	均值	方差	均值	方差	均值	方差	均值	方差	均值	方差
US. 6765	0.667 7	0.001 5	−0.038 2	1.287 1e⁻⁵	0.626 2	1.763 9e⁻⁴	−3.662 5	0.071 4	1.665 8	5.720 4e⁻⁴

续表

地理拓扑	$ME1/n$		O		C		k		b	
	均值	方差	均值	方差	均值	方差	均值	方差	均值	方差
RU	0.573 1	0.001 0	−0.023 8	4.581 3e⁻⁶	0.663 6	1.695 4e⁻⁴	−2.391 5	0.037 1	1.815 9	1.425 4e⁻⁴
DE	0.680 8	0.000 5	−0.027 5	1.076 2e⁻⁶	0.644 4	1.895 1e⁻⁴	−3.337 7	0.063 4	1.804 7	8.654 3e⁻⁴

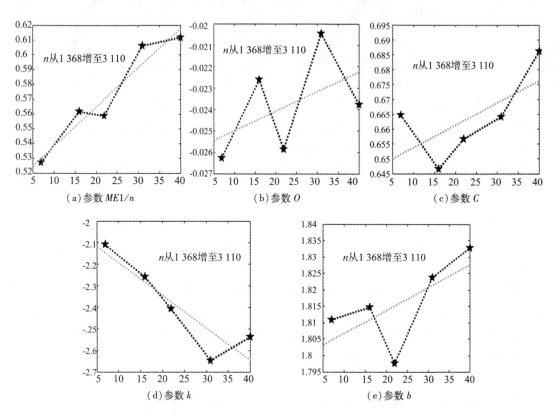

注：在线性坐标系中，横坐标表示起始于 2010 年 1 月的月份(2010 年 7 月对应 7、2011 年 4 月对应 16、2011 年 10 月对应 22、2012 年 7 月对应 31 且 2013 年 4 月对应 40)，纵坐标分别表示相应的五个参数 $ME1/n$，O，C，k 和 b。

图 3-10　地理拓扑 RU 对应五个参数在跨越 2010 年 7 月至 2013 年 4 月的演变趋势

$$y_i^L = k^L \cdot x_i^L + b^L, \quad L \in \{m, O, C, k, b\}。 \tag{3-26}$$

表 3-6　不同地理拓扑对应正规 Laplacian 图谱的特征值模型

地理拓扑	$ME1/n$		O		C		k		b	
	k^m	b^m	k^O	b^O	k^C	b^C	k^k	b^k	k^b	b^b
US. 6765	0.003 3	0.591 2	0.000 1	−0.041 4	0.001 0	0.603 4	−0.019 3	−3.214 8	0.001 4	1.633 0
US. 4242	0.001 2	0.713 7	0.000 4	−0.069 4	−0.000 6	0.642 1	−0.009 4	−3.289 8	0.001 4	1.523 9
RU	0.002 7	0.511 4	0.000 1	−0.025 9	0.000 8	0.646 2	−0.015 2	−2.039 9	0.000 7	1.799 7
DE	0.001 7	0.640 6	0.000 05	−0.028 5	0.000 8	0.625 3	−0.016 1	−2.964 8	0.001 5	1.770 2

续表

地理拓扑	$ME1/n$		O		C		k		b	
	k^m	b^m	k^O	b^O	k^C	b^C	k^k	b^k	k^b	b^b
BR	0.001 6	0.594 8	0.000 1	-0.025 7	0.002 2	0.558 7	-0.018 7	-2.604 7	0.003 4	1.702 8
UA	0.002 9	0.502 1	-0.000 1	-0.013 2	0.000 2	0.674 5	0.000 5	-2.332 5	-0.001 8	1.968 9

对于 ITDK 数据集分解得到的不同地理拓扑，本书在表 3-6 计算相应的二元组 (k^L , b^L)，其中 $L \in \{m, O, C, k, b\}$。这些二元组可以被认为是不同地理拓扑对应正规 Laplacian 图谱的特征值表示模型。通过表 3-6 可以观察发现，五个参数 ($ME1/n$, O , C , k 和 b) 在历史演进拓扑上线性关系的斜率系数都十分地小。这些正规 Laplacian 图谱的稳定性特征将在本书的第 5 章进行详细的理论分析与验证。

3.6　基于扰动策略的互联网拓扑结构优化

第 2.3 节指出 Inet-3.0[3] 和 PFP[23] 是当前常用的互联网拓扑仿真模型。然而，这两个模型的设计阶段没有考虑正规 Laplacian 图谱属性，它们在 WSD 和 ME1 的表征上存在一定不足。第 3.5 节的特征值表示模型能够精确地表征真实互联网拓扑的正规 Laplacian 图谱，其为 WSD 和 ME1 优化目标值的计算提供了支撑。因此，本节将面向 WSD 和 ME1 的目标值，以 Inet-3.0 仿真图为原始拓扑，设计拓扑结构的优化算法。该算法可以在维持其他拓扑属性近似不变的条件下实现正规 Laplacian 图谱属性的优化。

选择 Inet-3.0 仿真图为原始拓扑的原因体现在：该模型以一个拓扑图的度分布、度 1 节点比率等统计参数为输入，能够生成更接近于一个给定地理拓扑的仿真图；反之，PFP 模型更适合于建模拓扑图随规模增长的演化过程；本节的拓扑结构优化方法面向给定的地理拓扑，这些地理拓扑不属于同一演化系统，更适合 Inet-3.0 模型仿真。

本节将首先设计面向 ME1 和 WSD 目标值的优化算法，然后给出 ITDK[43] 分解地理拓扑的仿真与优化实验对比。

3.6.1　特征值 1 重复度的优化

算法 3.3　面向 ME1 目标值的互联网拓扑结构优化算法

输入：仿真图 G 及其包含的节点总数 n；阈值 T；$k=30$；$t=10$；$N=4$；无穷小数 $eps=10^{-6}$。

ME1 目标值 $ME1_{obj}$：正规 Laplacian 图谱中特征值 1 的总数。

特征值分布目标值 w_{obj}^1 , w_{obj}^2 , … , w_{obj}^t：$w_{obj}^i (i=1, 2, …, t)$ 表示正规 Laplacian 图谱落入子区间 Ω_{k-i+1} 的特征值数与 n 的比率，其中 $\Omega_{k-i+1} = [2(k-i)/k, 2(k-i+1)/k]$ 是 $[0, 2]$ 划分成 k 等份后的第 $k-i+1$ 子区间；易知，$w_{obj}^i (i=1, 2, …, t)$ 可由第 3.5 节前 9% 的局部最大特征值进行统计计算。

四圈 WSD 目标值 $W_{obj} = \sum_{i=1}^{t} \left(1 - \dfrac{2k-2i+1}{k}\right)^N \cdot w_{obj}^i$：依据特征值围绕 1 的准对称性近似计算。

续表

输出：图谱属性 ME1 优化后的仿真图。

步骤 1 计算图 G 的属性值 $ME1 \approx n-2 \cdot (1-eps)^-$ 和 WSD^t，其中 $(1-eps)^-$ 是采用 Sylvester's law of inertia 计算得到小于 $1-eps$ 的特征值数量，WSD^t 在第 3.2 节定义。依据第 3.1 至第 3.4 节说明的方法，分解图 G 的节点集为 P，Q 和 $R = \dfrac{V}{(P \cup Q)}$，分解子图 G_t 为 $PI = PI_1 \cup PI_2$，QI，RI，II，BI 和 $OI = OI_1 \cup OI_2$。如果 $ME1 > ME1_{obj} + 2$，则转步骤 2。如果 $ME1 < ME1_{obj} + 2$，则转步骤 3。否则结束优化算法。

步骤 2 计算 $AltSet = \{(v_1, v_2) \mid v_1 \in OI, v_2 \in PI_2\} \cup \{(v_1, v_2) \mid v_1 \neq v_2, v_1 \in II \cup PI_2 \cup Set, v_2 \in II\}$，其中 $Set = \{\bar{v} \in OI \mid \|Nr(\bar{v}) \cap OI_1\| = 0\}$。如果 $\|AltSet\| = 0$，则结束算法。如果 $\|AltSet\| > 0$，则做以下的处理：

如果 $WSD^t \geqslant W_{obj}$，则将集合 $AltSet$ 的全部边按照 $MC_1 = |d_u - d_v|$ 递减的次序排列，并抽取其中前 T 条边构成集合 $AltSet(T) = \{e_i\}_{i=1}^T$；如果 $WSD^t < W_{obj}$，则将集合 $AltSet$ 的全部边按照 $MC_2 = \max\{d_u, d_v\}$ 递增的次序排列，并抽取其中前 T 条边构成集合 $AltSet(T) = \{e_i\}_{i=1}^T$。

定义 G_i 为图 G 中被增加一条边 e_i 后生成的图。计算式（3-27）。

$$D^t(G_i, N) = \sum_{l=1}^t \left(1 - \frac{2k - 2l + 1}{k}\right)^N \cdot |w_{G_i}^l - w_{obj}^l|, \tag{3-27}$$

式中，$w_{G_i}^l$ 表示落入等分子区间 Ω_{k-l+1} 的特征值分布。然后，计算式（3-28）。

$$i^* = \arg_i \min_{i=1,\cdots,T} D^t(G_i, N), \tag{3-28}$$

并将边 e_{i^*} 增加至图 G，并转步骤 1。

步骤 3 计算 $AltSet_1 = \{(v_1, v_2) \mid v_1 \in II, v_2 \in Set\}$，其中 $Set = \{\bar{v} \in OI \mid \|Nr(\bar{v}) \cap OI_1\| \geqslant 2\}$。如果 $\|AltSet_1\| > 0$，则采用类似于式（3-28）的方法计算 i^*，并增加边 $e_{i^*} \in AltSet_1$ 至图 G。如果 $\|AltSet_1\| = 0$，则转步骤 4。

步骤 4 计算 $AltSet_2 = \{(v_1, v_2) \mid v_1, v_2 \in BI, v_2 \in Nr(v_1)\}$。如果 $\|AltSet_2\| > 0$，则做以下操作：

如果 $WSD^t \leqslant W_{obj}$，则定义 $AltSet_2(T) = \{e_i\}_{i=1}^T$ 为集合 $AltSet_2$ 中以 MC_1 递减次序排列的前 T 条边组成的集合；如果 $WSD^t > W_{obj}$，则定义 $AltSet_2(T) = \{e_i\}_{i=1}^T$ 为集合 $AltSet_2$ 中以 MC_2 递增次序排列的前 T 条边组成的集合。

定义 G_i 为从图 G 中删除一条边 e_i 诱导的图。然后，计算式（3-29）。

$$i^* = \arg_i \min_{i=1,\cdots,T} D^t(G_i, N), \tag{3-29}$$

并从图 G 中删除边 e_{i^*}。此外，定理 3.7 中算子 ii) 和 iii) 描述的某些边被增加至图 G［请注意，类似于式（3-28）的方法被用于这些边的增加］。

如果 $\|AltSet_2\| = 0$，则转步骤 5。

步骤 5 选择一个节点 $v_1 = \arg_v \min_{v \in OI} \left(\left\|\dfrac{Nr(v)}{QI}\right\|\right)$ 并删除所有的边 (v_1, v_2)，其中 $v_2 \in \dfrac{Nr(v_1)}{QI}$。此外，定理 3.8 中算子 ii) 至 iv) 描述的某些边被增加至图 G。如果找不到 v_1，则结束算法，否则转步骤 1。

互联网拓扑两个图谱属性 ME1 和 WSD 的优化，严格要求 ME1 优化在前 WSD 优化在后。因为，ME1 表征 Transit 域与 Stub 域节点的分类，WSD 表征 Transit-Stub 域节点分类保持不变的条件下 Single-homed 向 multi-homed 网络的转换过程。第 3.4 节的定理 3.3 至定理 3.8 给出了 ME1 优化的图扰动算子，基于这些算子可以实现面向 ME1 目标值的互联网拓扑结构优化(见算法 3.3)。算法 3.3 的输入参数阈值 T 可以被设定为一个较小的值，以实现算法的快速计算(默认选取 $T=5$)。阈值 T 的选取通常会影响 WSD 的优化，但是面向 WSD 目标值的优化是第 3.6.2 节的主要工作。

3.6.2　加权谱分布的优化

由第 3.2 节可知，WSD 的优化应当在保持 ME1 不变的条件下开展。因此，本节算法应当在第 3.6.1 节算法之后运行。WSD 可被用于两个拓扑图 G_1 和 G_2 之间结构差异的度量。Fay 等[11]定义了相关的差异性度量尺度，如式(3-30)。

$$D(G,\ N) = \sum_{\theta \in \Omega} (1-\theta)^N \cdot |f_1(\lambda = \theta) - f_2(\lambda = \theta)|, \qquad (3-30)$$

式中，f_1 和 f_2 分别为拓扑图 G_1 和 G_2 的特征值分布，Ω 为 $[0,\ 2]$ 的等分子区间。因为第 3.2 节指出 WSD 可以采用 WSD^t 进行更快地计算，所以式(3-30)定义的 $D(G,\ N)$ 可以被 $D^t(G,\ N)$ 替代，其中 $\Omega \in \{(2(i-1)/k,\ [2i/k]\}_{i=1}^t$，$\theta = (2i-1)/k$，$k=30$ 且 $t=10$。

注意：子区间 Ω 的范围也可以与式(3-27)保持一致，它们分别对应于小于 1 的特征值区间和大于 1 的特征值区间，因为正规 Laplacian 图谱在互联网拓扑具有围绕 1 的准对称性。

特别地，$D(G,\ N) \approx 2 \cdot D^t(G,\ N)$。相对于 WSD^t，$D^t(G,\ N)$ 包含更多的信息。因此，为了在 ME1 优化之后进一步地优化互联网仿真拓扑的 WSD 属性，应当关注 $D^t(G,\ N)$ 度量尺度，其测量仿真图 G 与相应真实世界网络之间的差异性。

定义 $Dis^t(e_i)$ 为互联网拓扑 G 增加或删除一条边 e_i 之后生成图的 $D^t(G,\ N)$ 值，并定义 $AddSet(T_A)$ 为集合 $AddSet$(在第 3.2 节定义)中按 $MC_1 = |d_u - d_v|$ 递减次序排列的前 T_A 条边构成的集合。设 $AddSet(T_A) = \{e_1^a,\ e_2^a,\ \cdots,\ e_{T_A}^a\}$，其中 $Dis^t(e_1^a) \leqslant Dis^t(e_2^a) \leqslant \cdots \leqslant Dis^t(e_{T_A}^a)$。同时，定义 $DelSet(T_D)$ 为集合 $DelSet$(在第 3.2 节定义)中以 MC_1 递减次序排列的前 T_D 条边组成的集合。设 $DelSet(T_D) = \{e_1^d,\ e_2^d,\ \cdots,\ e_{T_D}^d\}$，其中 $Dis^t(e_1^d) \leqslant Dis^t(e_2^d) \leqslant \cdots \leqslant Dis^t(e_{T_D}^d)$。定义 $\overline{W}_A(s)$ 和 $\overline{D}_A(s)$ 分别表示从图 G 中增加边集 $\{e_1^a,\ e_2^a,\ \cdots,\ e_s^a\}$ 后生成图的 WSD^t 值和 $D^t(G,\ N)$ 值，并定义 $\overline{W}_D(s)$ 和 $\overline{D}_D(s)$ 分别表示从图 G 中删除边集 $\{e_1^d,\ e_2^d,\ \cdots,\ e_s^d\}$ 后生成图的 WSD^t 值和 $D^t(G,\ N)$ 值。如果删除边 e_s^d 将导致节点集 P 和 QI 改变，则将该边重新增加至图 G，并设 $\overline{W}_D(s) = \overline{W}_D(s-1)$ 且 $\overline{D}_D(s) = \overline{D}_D(s-1)$。以 ITDK 数据集[43]分解得到的地理拓扑 US(2011 年 10 月)和 RU(2013 年 4 月)为例，图 3-11 可以验证：i)$\overline{W}_A(s)$ 和 $\overline{D}_A(s)$ 之间[以及 $\overline{W}_D(s)$ 和 $\overline{D}_D(s)$ 之间]存在某些关系[这是由特征值分布对应的不同权值 $(1-\theta)^N(\theta \in [2(i-1)/k,\ 2i/k])$ 导致]；ii)相对于第 3.2.4 节的算法 3.1，参数 T_A(或 T_D)可以被设定为更小的数值。

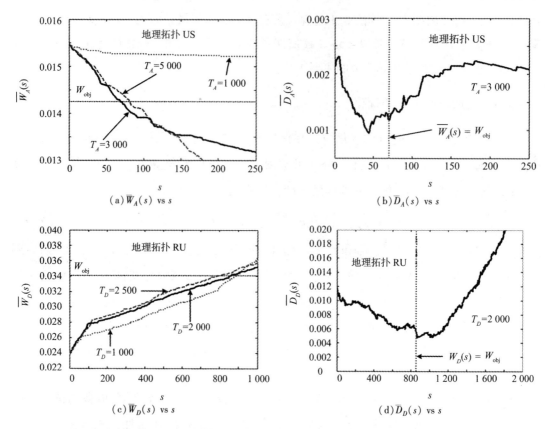

注：Inet-3.0 仿真图的输入，是依据真实世界地理拓扑计算得到；其中，(a)(b)对应 2011 年 10 月的地理拓扑 US，(c)(d)对应 2013 年 4 月的地理拓扑 RU。(a)至(d)中 W_{obj} 表示真实世界地理拓扑的 WSD^t 数值。

图 3-11   优化 ME1 属性后结果图的 $\overline{W}_A(s)$，$\overline{D}_A(s)$，$\overline{W}_D(s)$ 和 $\overline{D}_D(s)$ 曲线

为了优化 $D^t(G, N)$ 尺度，第 3.2.4 节的算法 3.1 需要做以下的调整：

i)阈值 T_A 和 T_D 可以被设定为恒定且较小的数值(例如，对 2011 年 10 月的地理拓扑 US，设定 $T_A = T_D = 3\,000$；对 2013 年 4 月的地理拓扑 RU，设定 $T_D = 2\,000$)。

ii)$W^t(e_i)$ 尺度被 $Dis^t(e_i)$ 尺度所替代，其中 $Dis^t(e_i)$ 尺度被用于对集合 $AddSet(T_A)$ 和 $DelSet(T_D)$ 中的边进行排序。

iii)当由式(3-12)和式(3-13)计算得到 s_{obj} 时，计算式(3-31)式(3-32)。

$$s_{obj}^* = \arg{}_s\min_{s \in Set}\overline{D}_A(s), \tag{3-31}$$

$$s_{obj}^* = \arg{}_s\min_{s \in Set}\overline{D}_A(s), \tag{3-32}$$

式中，$Set = \{s \mid s = s_{obj} - i \cdot T^*; i = 1, 2, \cdots; s \geqslant 1\}$ 且 T^* 被设定为较小的数值(例如，1、2 或 3)。然后，在图 G 中增加(或删除)一系列边 $\{e_i^a\}_{i=1}^{s_{obj}}$(或 $\{e_i^d\}_{i=1}^{s_{obj}}$)，并结束算法。

3.6.3   仿真图结构优化实验分析

本节将应用第 3.6.1 节和第 3.6.2 节的 ME1 与 WSD 优化算法，对 Inet-3.0 仿真生成的拓扑图结构进行优化。"优化"的核心问题在于价值函数的选择，其反映用户对图结构最关心的方面。本书选择两个图谱属性 ME1 和 WSD 作为价值函数。那么"优化"就是调整仿真拓扑，使其在最小改变的条件下最优地匹配给定的价值函数。

依据六个真实地理拓扑的图谱属性目标值，本节对 6×100 个仿真图结构进行优化。针对每个真实拓扑，Inet-3.0 仿真生成 100 个实例，并对每个实例，依据真实拓扑的 ME1 和 WSD 属性进行优化，得到 6×100 个优化图。实验数据见表 3-7 和图 3-12。这些数据可以验证拓扑结构优化的有效性，并可以证明本书图扰动算法能够在保证图谱属性优化效果的基础上，最小化对原始拓扑结构的扰动程度。

表 3-7　六个真实世界地理拓扑和相应 6×100 个仿真与优化拓扑数据的对比分析

地理拓扑		US	US. 6765	RU	DE	BR	UA
真实 世界 拓扑	节点数	6 331	2 511	3 110	1 469	1 282	1 200
	边数	13 147	6 689	5 225	2 321	2 340	1 637
	ME1	4 497	1 805	1 908	1 029	836	722
Inet-3.0 仿真 生成图	边数	12 103 6 049	6 218 2 011	5 352 2 311	2 296 549. 36	2 293 167. 62	1 683 32. 150
	ME1	4 715 3 706	1 789 1 095	1 941 414. 354	1 082 240. 098	863. 08 221. 634	757. 62 83. 015 6
	$D^t(G, N) \times 10^3$	2. 834 0 0. 236 5	3. 655 8 0. 292 4	10. 186 0 0. 659 4	4. 644 3 1. 919 7	7. 555 7 1. 324 3	12. 762 0 2. 112 1
依据 正规 Laplacian 图谱特 征的优 化图	边数	12 218 9 083	6 229 1 958	5 167 9 135	2 318 795. 94	2 272 1 322	1 679 618. 32
	ME1	4 497 0	1 805 0	1 908 0	1 029 0	836 0	722 0
	$D^t(G, N) \times 10^3$	1. 568 0 0. 182 3	2. 218 9 0. 266 8	5. 625 6 1. 310 6	2. 813 3 1. 419 4	5. 102 6 1. 686 2	9. 271 1 2. 628 2
	ratio	0. 012 7 0. 000 03	0. 006 7 0. 000 03	0. 060 5 0. 001 5	0. 016 0 0. 000 1	0. 022 3 0. 000 6	0. 025 5 0. 000 4

注：定义指标 *ratio* 为 $\left\| \left(\frac{E_{\text{Inet}}}{E_{\text{our}}} \right) \cup \left(\frac{E_{\text{our}}}{E_{\text{Inet}}} \right) \right\| / \| E_{\text{Inet}} \|$，其中 E_{Inet} 表示 Inet-3.0 仿真图的边集且 E_{our} 表示依据真实世界拓扑的正规 Laplacian 图谱特征对 Inet-3.0 仿真图进行优化后得到图的边集。第 5 行至第 11 行每个单元格的两个数据分别为均值（上方）和方差（下方）。地理拓扑 US 的快照时间为 2011 年 10 月，且地理拓扑 US. 6765、RU、DE、BR 和 UA 的快照时间均为 2013 年 4 月。

依据第 3.2 节和第 3.3 节，本书对 WSD 和 ME1 的物理意义展开了详细的解释：WSD 指示互联网拓扑从 single-homed 向 multi-homed 的转换程度，其反映拓扑的故障容忍能力；ME1 量化该拓扑的 Transit 域与 Stub 域节点分类属性，其反映网络的分层结构。在本书后续章节将进一步理论分析 WSD 的线性计算时间复杂性以及 WSD 和 ME1 与拓扑节点规模的无关性，这些工作将为本书选择 WSD 和 ME1 为价值函数提供有力支撑。

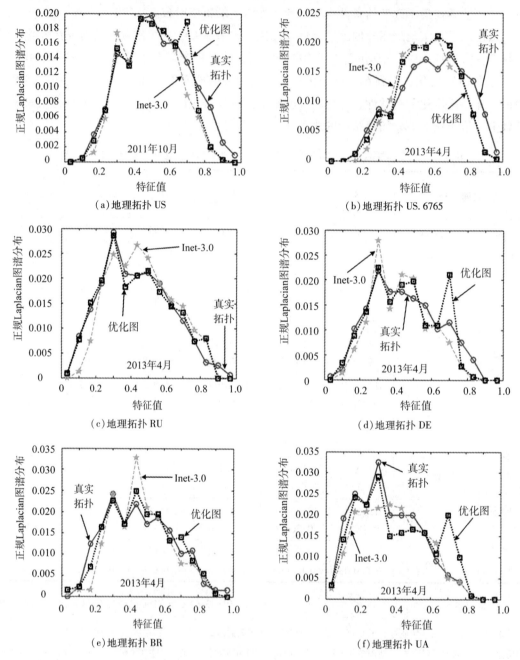

注：依据正规 Laplacian 图谱在互联网拓扑具有围绕 1 的准对称特征，(a) 至 (f) 的横坐标仅选取了 0 至 1 之间的特征值。(a) 至 (f) 的横坐标表示 [0，1] 等分子区间的中心点，纵坐标表示正规 Laplacian 图谱落入等分子区间的特征值分布（落入的特征值数占全部特征值的比率）。依据 WSD 对不同特征值分布 $f(\lambda = \theta)$ 分配的权值 $(1-\theta)^N$，当 $N = 4$ 时，越接近于 0 的特征值对于 WSD 的计算越重要。

图 3-12　图谱属性 WSD 在真实拓扑、Inet-3.0 仿真图和相应优化图的对比

3.7 本章结论

本章首先基于 Transit-Stub 模型的演化趋势分析提出了互联网拓扑的节点分类模型；其次结合节点分类模型理论分析四圈 WSD 在互联网拓扑的物理意义，其在 Transit 与 Stub 节点分类不变的条件下定量指示互联网拓扑从 single-homed 向 multi-homed 的转换过程；再次结合节点分类模型理论证明 ME1 等于互联网拓扑的 Stub 节点数减去 Transit 节点数，并设计了 ME1 的线性时间复杂性快速计算方法；然后基于正规 Laplacian 图谱在通信网络围绕特征值 1 的准对称性和 WSD 强相关于远离 1 特征值的性质，构建了互联网拓扑上该图谱的特征值表示模型（涵盖特征值 1 总数和前 9% 的局部最大特征值），并建立 ME1 和 WSD 与该模型的关联性；最后基于物理意义分析提出了面向 ME1 和 WSD 目标值的互联网拓扑结构优化方法，其可在最小化拓扑扰动率（更改边数最少）的条件下实现 Inet-3.0 仿真图正规 Laplacian 图谱属性的优化。

ME1 和 WSD 分别等于正规 Laplacian 图谱的特征值 1 总数和特征值分布加权和，其中 WSD 为离 1 越远的特征值分配更大的权值。因此，它们覆盖了该图谱在互联网拓扑的全部特征值。本章建立了正规 Laplacian 图谱与互联网拓扑结构的紧密关联性，对该拓扑的全部节点分类及相互关联性有了全新的认知。进一步地，本书将在后续四章完善互联网拓扑上的正规 Laplacian 图谱理论，解决快速计算、演化稳定性及与其他图属性关联性等难点问题，为互联网测试床拓扑结构的大比例规模缩减奠定理论基础。

4 加权谱分布的快速计算

依据图谱理论，特征值计算的高昂时间复杂性，使得图谱相关度量工具通常仅能够被应用于小规模的网络环境。相对于邻接和 Laplacian 图谱，正规 Laplacian 图谱在捕获演化系统稳定性上具有显著的优越性。然而，演化系统的网络规模，通常处于不断的膨胀过程。应用范围限制在数百或数千的节点规模环境，将使正规 Laplacian 图谱理论的科学与工程价值大打折扣。本章回避特征值计算的高昂时间复杂性，从 WSD 表征简单无向图上随机圈游走分布的结构属性出发，探索四圈 WSD 的精确与快速计算方法，并采用互联网拓扑的经典模型 BA(Barabasi-Albert) 和 PFP，理论分析算法的时间复杂性为 $O(m^2 n^2)$，其中 m 表示边数与节点数的比率，n 表示拓扑规模(即节点总数)。通过与基于 Sylvester's law of inertia 法则的特征值分布计算方法对比，验证本章算法时间效率的显著优越性，因为本章将把 WSD 的应用范围从三万以下节点规模推广到百万级以上节点的大规模网络系统。①

4.1 Sylvester's law of inertia 法则

由第 2.5 节可知，WSD 近似地等于特征值分布的加权和[11]，如式(4-1)和式(4-2)。

$$W(G, N) = \sum_{i=1, 2, \cdots, n} (1 - \lambda_i)^N, \qquad (4-1)$$

$$W(G, N) \approx \sum_{\theta \in \Omega} (1 - \theta)^N \cdot f(\lambda = \theta), \qquad (4-2)$$

式中，$\Omega \in \{(2(i-1)/k, 2i/k]\}_{i=1}^k$ 是 $[0, 2]$ 内等分的一系列子区间且等分子区间的个数 k 随着精度要求的提升而增大。$\forall \theta \in \Omega$，当 $k \rightarrow +\infty$ 时，式(4-2)趋向于式(4-1)。在子区间 $\Omega = (2(i-1)/k, 2i/k]$ 内，θ 通常被设定为中间点 $(2i-1)/k$。

由式(4-1)知通过精确计算全部特征值可得到 WSD。但是，在 Win 7+CPU3.20 GHz+内存 8 GB+MATLAB 7.6.0 R2008a 的运行环境，对于一万节点的网络，该方法的计算需要一个半小时左右的时间，且该方法通常难以被用于更大规模的网络。为了解决这一问题，Fay 等[11]将式(4-1)转换为式(4-2)，通过落入给定子区间的特征值数量的计算得到 WSD。该方法的理论基础是 Sylvester's law of inertia 法则：

Sylvester's law of inertia[56] 设 A', $B' \in \mathbf{R}^{n \times n}$ 为两个对称矩阵，则可知 A' 和 B' 是相互一致的，当且仅当 A' 和 B' 拥有相同正、负和零特征值的数量。方阵 A' 和 B' 一致，当且仅当，存在某些非奇异矩阵 S 使得 $B' = S \cdot A' \cdot S^T$。

对于互联网拓扑的正规 Laplacian 矩阵 $NL(G)$，Sylvester's law of inertia 法则可被用于

---

① 互联网拓扑上 ME1 的计算方法与时间复杂性分析已在第 3.3 节给出。

计算落入给定区间［α，β）（α<β）的特征值个数：MATLAB 的"LDL"函数[58]（针对稀疏矩阵）的功能是，输入一个矩阵 $NL(G)-\lambda \cdot I$，其中 λ 是一个常量且 I 为单位矩阵，则输出一个与输入矩阵 $NL(G)-\lambda \cdot I$ 一致的块对角矩阵 $ET(\lambda)$，其对角线是由 1×1 和 2×2 的方块矩阵组成。因为 $NL(G)-\lambda \cdot I$ 与 $ET(\lambda)$ 一致，所以 Sylvester's law of inertia 法则证明矩阵 $ET(\lambda)$ 小于零的特征值数量就是矩阵 $NL(G)$ 小于 λ 的特征值数量。当 $\lambda=\alpha$，β 时，依据 $ET(\lambda)$ 可以计算得到 α^- 和 β^-［分别被定义为矩阵 $NL(G)$ 的特征值中小于 α 或 β 的数量］。因此，落入给定区间［α，β）的特征值总数可被计算为 $\beta^-\alpha^-$。

注意：相对于原始矩阵 $NL(G)$，块对角矩阵 $ET(\lambda)$ 的特征值计算十分快速。

基于 Sylvester's law of inertia 法则的计算方法，可以将 WSD 的应用范围推广到三万节点的互联网拓扑[11]。然而，在 Win 7+CPU3. 20 GHz+内存 8 GB+MATLAB 7.6.0 R2008a 环境，该方法被用于三万节点互联网拓扑的计算需要十个小时左右的时间，对更大节点规模的拓扑其计算时间通常达到了无法忍受的程度。依据 ITDK 数据集[43]，2019 年真实世界的互联网拓扑节点规模已超过了五万，因此基于 Sylvester's law of inertia 法则的计算方法已无法被应用于当前状态的互联网拓扑结构。

4.2　加权谱分布的精确与快速计算

Fay 等[11]指出 WSD 表征旅行者在简单无向图 G 的 N-圈游走分布特征，如式(4-3)。

$$\sum_{i=1}^{n}(1-\lambda_i)^N = \sum_c \frac{1}{d_{u_1}d_{u_2}\cdots d_{u_N}}, \tag{4-3}$$

式中，$\dfrac{1}{d_{u_1}d_{u_2}\cdots d_{u_N}}$ 表示旅行者沿圈 $c=u_1$，u_2，…，u_N 从 u_1 出发随机游走 N 步后返回至 u_1 的概率，d_{u_i} 表示节点 u_i 在图 G 的度。因此，本书将从 N-圈枚举的角度，设计 WSD 的快速计算方法。圈搜索是图论领域的一个研究方向，相关算法可以被划分为四类：圈向量空间（circuit vector spaces）、搜索算法（search algorithms）、邻接矩阵幂律（powers of adjacency matrices）和边有向图（edge-digraphs）[59,60]。然而，现有的圈搜索算法的目标是搜索出图中任意长度的所有圈且这些圈中节点不能够重复出现。由式(4-1)和式(4-3)可知，WSD 需要搜索图中长度为 N 的所有圈（N 是预先给定的一个自然数）且 N-圈中节点可以多次重复出现。也就是说，现有的圈搜索算法无法满足 WSD 的计算需求。

第 3.2.1 节指出 WSD 在互联网拓扑结构上参数 N 的取值为 4 最优。因此，本章设计四圈 WSD 的快速计算方法 FWSD(fast weighted spectral distribution)。

注意：三圈 WSD 的计算方法比四圈 WSD 的计算方法简单，可以模仿本章的原理展开设计；五圈 WSD 的计算方法相对复杂，因为五圈 WSD 的应用价值有待挖掘，所以本书不将其作为重点内容。下面将详细地分析四圈 WSD 在任意简单连通无向图的计算方法 FWSD 的原理与步骤。

如图 4-1 所示，以某一给定节点 A 为起点的 4-圈的所有模式有四类。

注意：包含 4 个节点的完全图可以被用于验证这四个模式的完备性。

图 4-1 中两节点之间的多重边，仅被用于描述 4-圈的旅行路径。也就是说，这些多重边在简单无向图对应于一条边。许多 4-圈对应于一个模式，但是这些 4-圈包含的节点(允许多次重复出现)并不改变。以图 4-1(a) 的模式 1 为例子，以 A 为起始节点的所有 4-圈为 $A—B—A—C—A$ 和 $A—C—A—B—A$，但是它们包含四个相同的节点(A、B、A 和 C)。

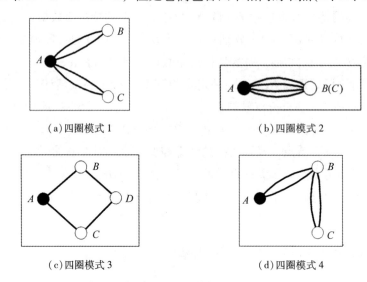

(a) 四圈模式 1   (b) 四圈模式 2

(c) 四圈模式 3   (d) 四圈模式 4

图 4-1　以 A 为起始节点的四圈(4-圈)的所有模式

定义 $\|S\|$ 为集合(或向量)S 的势。设 $\boldsymbol{R} = (r_1, r_2, \cdots, r_s)$ 为一个行向量，其中 $s = \|\boldsymbol{R}\|$。则，本章定义三个函数 f, g, φ 分别为式(4-4)、式(4-5)和式(4-6)。

$$f: \boldsymbol{R} \rightarrow \sum_{i=1}^{s-1} \sum_{j=i+1}^{s} r_i \cdot r_j, \tag{4-4}$$

$$g: \boldsymbol{R} \rightarrow \boldsymbol{R} \cdot \boldsymbol{R}^{\mathrm{T}} = \sum_{i=1}^{s} r_i^2, \tag{4-5}$$

$$\varphi: \boldsymbol{R}, p \rightarrow (r_1^p, r_2^p, \cdots, r_s^p), \tag{4-6}$$

式中，T 为转置符号，p 为一个常量，且 $(r_1^p, r_2^p, \cdots, r_s^p)$ 为包含元素 $r_i^p (i=1, 2, \cdots, s)$ 的一个向量。这些函数将被用于以下定理符号表达的简化。

定理 4.1　定义 $N(v) = \{v_1, v_2, \cdots, v_r\}$ 为节点 $v \in V$ 的相邻节点集，并定义 d_v 为节点 v 的度。设 $\boldsymbol{d}(N(v))$ 为 $N(v)$ 中节点的度的行向量，则对于以 v 为起始节点的模式 1 和 2 的所有实例，它们的 4-圈对应节点度倒数乘积的和，可以采用式(4-7)计算。

$$WSD_1^4 = (4 \cdot f(\varphi(\boldsymbol{d}(N(v)), -1)) + 2 \cdot g(\varphi(\boldsymbol{d}(N(v)), -1))) \cdot \varphi(d_v, -2)。 \tag{4-7}$$

证明　以图 4-2(a) 为例子进行说明，其中 $v_i - v - v_j (i<j)$ 和 $v_i - v (i=1, 2, \cdots, r)$ 分别是模式 1 和模式 2 的所有实例。设节点度向量 $\boldsymbol{d}(N(v)) = (d_{v_1}, d_{v_2}, \cdots, d_{v_r})$，其中 $r = \|d(N(v))\|$，则依据式(4-4)、式(4-5)和式(4-6)，式(4-7)左边的 WSD_1^4 的值可以被转换为式(4-8)。

$$WSD_1^4 = 4 \cdot \sum_{i<j} (d_{v_i}^{-1} \cdot d_{v_j}^{-1} \cdot d_v^{-2}) + 2 \cdot \sum_{i=1}^{r} (d_{v_i}^{-2} \cdot d_v^{-2})。 \tag{4-8}$$

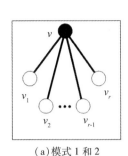
（a）模式1和2

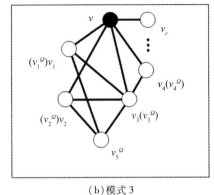
（b）模式3

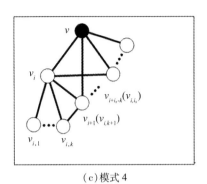
（c）模式4

图4-2　以 v 为起始节点的模式1、2、3和4的实例分析

在图4-1（a），四个4-圈 $A—B—A—C—A$、$A—C—A—B—A$、$B—A—C—A—B$ 和 $C—A—B—A—C$ 对应于模式1，且节点 A、B、A 和 C 被包含于这些所有的4-圈。此外，在图4-1（b），两个4-圈 $A—B—A—B—A$ 和 $B—A—B—A—B$ 对应于模式2，且节点 A、B、A 和 B 被包含于这些所有4-圈。因此，对于模式1和2的每个实例，可以确定它对应的4-圈数和4-圈中包含的节点。进一步地，对于模式1和2，WSD_1^4 等于所有4-圈（不仅仅是那些以 v 为起始节点的4-圈，还包含了不以 v 为起始节点的4-圈）对应节点度倒数乘积的和。

定理4.2　定义 $N(v)=\{v_1,\ v_2,\ \cdots,\ v_r\}$ 为节点 $v\in V$ 的相邻节点集，并定义 $N(v_i)=\{v_{i,1},\ v_{i,2},\ \cdots,\ v_{i,i_s}\}$ 为节点 $v_i(i=1,\ 2,\ \cdots,\ r)$ 的相邻节点集（删除节点 v）。对于域 $\Omega=\cup_{i=1}^r\{v_{i,k}\}_{k=1}^{i_s}$，设 $\overline{\Omega}=\{V_l^\Omega\}_{l=1}^t$ 为所有等价类的集合，其中等价关系被定义为：如果 Ω 中两个元素 v_{i_1,k_1} 和 v_{i_2,k_2} 等价，当且仅当它们属于同一个节点。特别地，$\cup_{l=1}^t V_l^\Omega=\Omega$，且所有的等价元素都被包含于同一个集合 V_l^Ω。设 v_l^Ω 为集合 $V_l^\Omega=\{v_{i_1,k_1},\ v_{i_2,k_2},\ \cdots,\ v_{i_z,k_z}\}$ 中所有元素对应的唯一节点。换句话说，元素 $v_{i_j,k_j}(j=1,\ 2,\ \cdots,\ z)$ 属于同一个节点 v_l^Ω。设 $V_l=\{v_{i_1},\ v_{i_2},\ \cdots,\ v_{i_z}\}$，其中 $\forall j\in\{1,\ 2,\ \cdots,\ z\}$，$v_{i_j}\in N(v)\wedge v_{i_j,k_j}\in V_l^\Omega\cap N(v_{i_j})$，则 V_l 是一个节点集 $[v_{i_j}(j=1,\ 2,\ \cdots,\ z)$ 属于 z 个不同的节点]。请注意，$r=\|N(v)\|$，$i_s=\|N(v_i)\|$，$t=\|\overline{\Omega}\|$ 且 $z=\|V_l^\Omega\|$。

证明　节点集 $N(v_i)=\{v_{i,1},\ v_{i,2},\ \cdots,\ v_{i,i_s}\}$ 拥有 i_s 个不同的节点，因此 $\{v_{i,k}\}_{k=1}^{i_s}$ 中的任意两个元素不可能被分配到同一个等价类 $V_l^\Omega=\{v_{i_1,k_1},\ v_{i_2,k_2},\ \cdots,\ v_{i_z,k_z}\}(l=1,\ 2,\ \cdots,\ t)$。对于任意两个元素 $v_{i_u},\ v_{i_v}\in V_l$，存在两个不同的元素 $v_{i_u,k_u},\ v_{i_v,k_v}\in\Omega$ 满足：$v_{i_u,k_u}\in V_l^\Omega\cap N(v_{i_u})$ 且 $v_{i_v,k_v}\in V_l^\Omega\cap N(v_{i_v})$，其中 $v_{i_u},\ v_{i_v}\in N(v)$。如果 $i_u=i_v$，则将导致矛盾，因为不同的元素 v_{i_u,k_u} 和 v_{i_v,k_v} 被分配到了相同的等价类 V_l^Ω。因此，$i_u\neq i_v[v_{i_u}$ 和 v_{i_v} 是 $N(v)$ 中的两个不同节点]。

以图4-2（b）为例子说明，其中 $N(v_1)=\{v_3,\ v_5^\Omega\}$，$N(v_2)=\{v_3,\ v_5^\Omega\}$，$N(v_3)=\{v_1,\ v_2,\ v_4,\ v_5^\Omega\}$ 且 $N(v_4)=\{v_3\}$。因此，图4-2（b）中存在五个等价类 [分别对应于节点 $v_l^\Omega(l=1,\ 2,\ \cdots,\ 5)$]，且可以得到 $V_1=\{v_3\}$，$V_2=\{v_3\}$，$V_3=\{v_1,\ v_2,\ v_4\}$，$V_4=\{v_3\}$ 和 $V_5=\{v_1,$

v_2，v_3｝。

定理 4.3 在定理4.2的基础上，设 d_v 和 $d(v_l^\Omega)$ 分别为节点 v 和节点 $v_l^\Omega(l=1,2,\cdots,t)$ 的度，并定义 $\boldsymbol{d}(V_l)$ 为 $V_l(l=1,2,\cdots,t)$ 中节点的度组成的行向量，则对于以 v 为起始节点的模式3的所有实例，它们的4-圈对应节点度倒数乘积的和，可以采用式(4-9)计算。

$$WSD_2^4 = 8 \cdot \sum_{l=1}^{t} |_{|V_l|\geqslant 2} f(\varphi(\boldsymbol{d}(V_l),\ -1)) \cdot \varphi(d(v_l^\Omega),\ -1) \cdot \varphi(d_v,\ -1)。 \quad (4-9)$$

证明 设 $\|V_l\|=l_k$ 且 $\forall l\in\{1,2,\cdots,t\}$，$V_l=\{v_1^l,v_2^l,\cdots,v_{l_k}^l\}$，则模式3的所有实例为 $v-v_i^l-v_l^\Omega-v_j^l-v(i<j)$，其中 $l_k\geqslant 2$ 且 $i,j\in\{1,2,\cdots,l_k\}$ 且 v_l^Ω 为集合 V_l^Ω 中所有元素对应的唯一节点。以图4-2(b)为例子进行说明，模式3的所有实例为 $v-v_1-v_3^\Omega-v_2-v$、$v-v_1-v_3^\Omega-v_4-v$、$v-v_2-v_3^\Omega-v_4-v$、$v-v_1-v_5^\Omega-v_2-v$、$v-v_1-v_5^\Omega-v_3-v$ 和 $v-v_2-v_5^\Omega-v_3-v$。设 $\boldsymbol{d}(V_l)=(d_1^l,d_2^l,\cdots,d_{l_k}^l)$，依据式(4-4)至式(4-6)，$f(\varphi(\boldsymbol{d}(V_l),-1)) \cdot \varphi(d(v_l^\Omega),-1) \cdot \varphi(d_v,-1)$ 被转换为式(4-10)。

$$\sum_{i,j=1}^{l_k}{}_{i<j}(d_i^l \cdot d_j^l \cdot d(v_l^\Omega) \cdot d_v)^{-1}。 \quad (4-10)$$

在图4-1(c)，八个4-圈 $A-B-D-C-A$、$A-C-D-B-A$、$B-A-C-D-B$、$B-D-C-A-B$、$C-A-B-D-C$、$C-D-B-A-C$、$D-B-A-C-D$ 和 $D-C-A-B-D$ 对应于模式3，且节点 A、B、C 和 D 被包含于这些所有的4-圈。因此，对于模式3的每个实例，可以确定它对应的4-圈数和4-圈中包含的节点。进一步地，对于模式3，WSD_2^4 等于所有4-圈(不仅仅是那些以 v 为起始节点的4-圈，还包含了不以 v 为起始节点的4-圈)对应节点度倒数乘积的和。

定理 4.4 设节点 $v\in V$ 全部相邻节点的集合为 $N(v)=\{v_1,v_2,\cdots,v_r\}$，并设节点 v_i($i=1,2,\cdots,r$)的不包含节点 v 的相邻节点的集合为 $N(v_i)=\{v_{i,1},v_{i,2},\cdots,v_{i,i_s}\}$。设 d_v、d_{v_i} 和 $d_{i,j}$ 分别为节点 v、节点 v_i($i=1,2,\cdots,r$)和节点 $v_{i,j}\in N(v_i)$($j=1,2,\cdots,i_s$)的度，则对于以 v 为起始节点的模式4的所有实例，它们的4-圈对应节点度倒数乘积的和，可以采用式(4-11)计算。

$$WSD_3^4 = 4 \cdot \sum_{i=1}^{r}\sum_{j=1}^{i_s}(d_{v_i}^{-2} \cdot d_{i,j}^{-1} \cdot d_v^{-1})。 \quad (4-11)$$

证明 如图4-2(c)所示，对任意节点 $v_i\in N(v)$，节点 v_i 的每个邻居(删除节点 v)对应于模式4的一个实例。特别地，$v-v_i-v_{i,j}$($i=1,2,\cdots,r$；$j=1,2,\cdots,i_s$)是以 v_i 为中间节点的模式4的所有实例。图4-3显示图4-2(c)的两个子图，它们分别对应于节点 v 的两个不同邻居(即 v_i 和 v_{i+1})。依据图4-3，拥有不同中间节点 v_i($i=1,2,\cdots,r$)的实例互不相等。在图4-1(d)，四个4-圈 $A-B-C-B-A$、$B-A-B-C-B$、$B-C-B-A-B$ 和 $C-B-A-B-C$ 对应于模式4，且节点 A、B、B 和 C 被包含于这些所有4-圈。因此，对于模式4的每个实例，可以确定它对应的4-圈数和4-圈中包含的节点。进一步地，对于模式4，WSD_3^4 等于所有4-圈(不仅仅是那些以 v 为起始节点的4-圈)对应节点度倒数乘积的和。

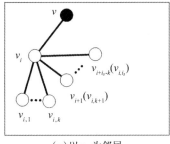

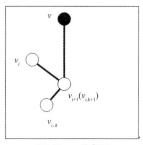

（a）以 v_i 为邻居 　　　　　　 （b）以 v_{i+1} 为邻居

图 4-3　节点 v 的不同邻居对应于模式 4 的不同实例

依据定理 4.1 至定理 4.4，FWSD 算法的伪代码流程，如算法 4.1 所示：

算法 4.1　FWSD

输入：一个简单无向复杂网络 $G=(V, E)$。

输出：加权谱分布（WSD），其中 $N=4$。

begin

　　将 V 中的节点以预先设定的顺序标号为 v^1，v^2，$\cdots$，v^n；

　　计算相邻节点集 $A(v^i)(i=1, 2, \cdots, n)$，其中包含所有与节点 v^i 相邻的节点；

　　计算节点 $v^i(i=1, 2, \cdots, n)$ 的度 d_{v^i}；

　　$WSD \leftarrow 0$。

　　for $i=1 \rightarrow n-1$ **do**

　　　　计算节点 v^i 的相邻节点集：

　　　　$N(v^i)=A(v^i) \cap \{v^{i+1}, v^{i+2}, \cdots, v^n\}$；

　　　　设 $N(v^i)=\{v_1, v_2, \cdots, v_r\}$，其中 $r=\|N(v^i)\|$；

　　　　计算节点 $v_j \in N(v^i)(j=1, 2, \cdots, r)$ 的相邻节点集：

　　　　$N(v_j)=A(v_j) \cap \{v^{i+1}, v^{i+2}, \cdots, v^n\}$；

　　　　设 $N(v_j)=\{v_{j,1}, v_{j,2}, \cdots, v_{j,j_s}\}$，其中 $j_s=\|N(v_j)\|$；

　　　　对于域 $\Omega=\bigcup_{j=1}^{r}\{v_{j,k}\}_{k=1}^{j_s}$，计算等价类 $\overline{\Omega}=\{V_l^{\Omega}\}_{l=1}^{t}$；

　　　　$(v_{j_1,k_1}, v_{j_2,k_2} \in \Omega$ 等价，当且仅当它们属于相同的节点）；

　　　　定义 v_l^{Ω} 为 V_l^{Ω} 中所有元素对应的唯一节点；

　　　　设 V_l 包含所有与节点 v_l^{Ω} 相邻且属于 $N(v^i)$ 的节点；

　　　　设 $V_l=\{v_1^l, v_2^l, \cdots, v_{l_s}^l\}$，其中 $l_s=\|V_l\|$。

　　　　计算 WSD_1^4，WSD_2^4 和 WSD_3^4：

$$WSD_1^4=2 \cdot d_{v^i}^{-2} \cdot \Big(\sum_{j=1}^{r} \sum_{k=1}^{r}(d_{v_j} \cdot d_{v_k})^{-1}\Big);$$

$$WSD_2^4=8 \cdot d_{v^i}^{-1} \cdot \sum_{l=1}^{t}{}_{|V_l| \geqslant 2}\Big(d_{v^i}^{-1} \cdot \sum_{j=1}^{l_s-1} \sum_{k=j+1}^{l_s}(d_{v_j^l} \cdot d_{v_k^l})^{-1}\Big);$$

$$WSD_3^4=4 \cdot d_{v^i}^{-1} \cdot \sum_{j=1}^{r} \sum_{k=1}^{j_s}(d_{v_j}^{-2} \cdot d_{v_{j,k}}^{-1})。$$

　　$WSD \leftarrow WSD+WSD_1^4+WSD_2^4+WSD_3^4。$

依据定理 4.1 至定理 4.4，可以设计一个新算法 FWSD（详见算法 4.1），以实现 WSD 在简单无向图 $G=(V, E)$ 的精确与快速计算：首先，将 V 中节点标记为 $v^1, v^2, \cdots, v^n$，并将变量 WSD 初始化为零。然后，迭代地访问节点 v^i，其中 i 从 1 增至 $n-1$。在每步的迭代过程，搜索图 G 中由节点集 $\{v^i, v^{i+1}, \cdots, v^n\}$ 诱导子图 G^i 中所有以 v^i 为起始节点模式 1，2，3 和 4 的实例。此外，依据图 G 中节点的度，在子图 G^i 中计算以 v^i 为起始节点的 WSD_1^4，WSD_2^4 和 WSD_3^4，并更新 $WSD \leftarrow WSD + WSD_1^4 + WSD_2^4 + WSD_3^4$。在 i 从 1 至 $n-1$ 迭代过程完成之后，输出的 WSD 就是图 G 上四圈 WSD 的精确值。

对于算法 FWSD，需要注意以下两个说明：

ⅰ）所有包含节点 v^i 的 4-圈（不仅仅是那些以 v^i 为起始节点的 4-圈）在 WSD_1^4，WSD_2^4 和 WSD_3^4 的计算中被考虑，因此节点 $v^1, v^2, \cdots, v^{i-1}$ 没有被包含于 WSD 计算过程中第 i 步的迭代过程（包含 $v^1, v^2, \cdots, v^{i-1}$ 的所有 4-圈已在前 $i-1$ 步迭代中被考虑）。

ⅱ）在 WSD 的计算过程，子图 $G^i(i=1, 2, \cdots, n-1)$ 中节点的度 $d_{v^i}, d_{v^{i+1}}, \cdots, d_{v^n}$ 被设定为该节点在原始图 G 的度，因此在 i 从 1 至 $n-1$ 的迭代过程，WSD 计算所采用的每个节点 $v^1, v^2, \cdots, v^n$ 的度 $d_{v^1}, d_{v^2}, \cdots, d_{v^n}$ 始终保持不变。

4.3 scale-free 网络上的时间复杂性

互联网拓扑具有稀疏、度幂律等结构特征，因此本书更关心 FWSD 在 scale-free 网络的计算时间复杂性。第 2.3 节介绍的 BA（Barabasi-Albert）和 PFP 是当前常用的演化系统网络模型，其中 BA[21] 被广泛地应用于社交网络、互联网拓扑等多样化网络的建模，PFP[3] 是建模互联网拓扑的经典模型。本节将采用这两个 scale-free 网络模型，分析 FWSD 的计算时间复杂性。BA 和 PFP 模型生成演化网络的基本步骤如下：

BA 模型[21]：起始于少数节点构成的随机图；在每步迭代中，增加一个新节点至随机图，并将该节点与已存在的 m 个旧节点相连接。特别地，连接方式采用的偏好连接规则为：新节点被连接至旧节点 i（度为 k_i）的概率为 $\Pi(i) = \dfrac{k_i}{\sum_j k_j}$。

PFP 模型[3]：起始于少数节点构成的随机图。在每步迭代过程：

ⅰ）以概率 $p \in [0, 1]$，增加一个新节点，并将该节点连接至一个旧节点，同时在该旧节点和另一个旧节点之间增加一条新的边；

ⅱ）以概率 $q \in [0, 1-p]$（p，q，$1-p-q$ 形成离散概率分布），增加一个新节点，并将该节点连接至一个旧节点，同时在该旧节点与另外两个旧节点之间共增加两条新的边；

ⅲ）以概率 $1-p-q$，增加一个新节点，并将该节点连接至两个旧节点，同时在这两个旧节点中的某一个节点与不同于这两个旧节点的另一个旧节点之间增加一条新的边。

在 PFP 模型中，新(旧)节点选择旧节点 i (度为 k_i)进行连接(增加一条新的边)的概率为 $\Pi(i) = \dfrac{k_i^{1+\delta\log_{10}k_i}}{\sum_j k_j^{1+\delta\log_{10}k_j}}$ ，其中 $\delta \in [0, 1]$ 。

选择 BA 和 PFP 分析 FWSD 的时间复杂性，是因为：i)这两个模型都是基于交互增长机制而设计；ii)BA 采用不同的输入参数 m 仿真不同类型的网络系统；iii)BA 生成网络包含的边数等于 m 乘以节点数，对 FWSD 的时间复杂性具有较强的影响；iv)PFP 是在 BA ($m=3$)基础上的改进模型，并适合于精确建模互联网拓扑结构。

4.3.1　节点预排序策略的选择

在 FWSD 算法中，将 $V=\{v^1, v^2, \cdots, v^n\}$ 包含的节点按照两种预排序策略进行排序：

策略 1　以节点度的非降次序对节点进行排序($d_{v^1} \leqslant d_{v^2} \leqslant \cdots \leqslant d_{v^n}$)。

策略 2　以节点度的非增次序对节点进行排序($d_{v^1} \geqslant d_{v^2} \geqslant \cdots \geqslant d_{v^n}$)。

对于特定的节点排序策略，在由节点集 $\{v^i, v^{i+1}, \cdots, v^n\}$ 诱导生成的子图 G^i 中，节点 v^i 对应于模式 1 至模式 4 相关的实例数，可以采用以下方式计算：将图 4-2 的节点 v 的标号替换为节点 v^i 。依据定理 4.1 和图 4-2(a)，节点 v^i 对应于模式 1 的实例数为 $(r-1) \cdot r/2$ ，且其对应于模式 2 的实例数为 r 。依据定理 4.2、定理 4.3 和图 4-2(b)，节点 v^i 对应于模式 3 的实例数，可以表达为式(4-12)。

$$\sum_{\substack{l=1 \\ \|V_l\| \geqslant 2}}^{t} \frac{(\|V_l\| - 1) \cdot \|V_l\|}{2}。 \tag{4-12}$$

依据定理 4.4 和图 4-2(c)，节点 v^i 对应于模式 4 的实例数为 $\sum_{i=1,2,\cdots,r} i_s$ ，其中 i_s 为节点集 $N(v_i)=\{v_{i,1}, v_{i,2}, \cdots, v_{i,i_s}\}$ 的势。

对于 BA($m=7$)和 PFP 模型生成网络，它们都包含 30 000 节点，采用上述的策略 1 和策略 2，以 i 从 1 增至 $n-1$ 的迭代方式访问节点 v^i 。当采用类似于 FWSD 算法的原理访问节点 v^i 时，可以得到模式 1，2，3 和 4 对应的所有实例数，如表 4-1 所示。

表 4-1　BA($m=7$)和 PFP 模型生成网络中模式 1 至模式 4 对应实例数

	实例数				总和
	模式 1	模式 2	模式 3	模式 4	
BA(策略 1)	652 395	209 973	223 893	7 602 288	8 688 549
BA(策略 2)	6 247 634	209 973	223 893	2 007 049	8 688 549
PFP(策略 1)	178 992	81 081	23 876 161	100 837 675	124 973 909
PFP(策略 2)	100 050 684	81 081	23 876 161	965 983	124 973 909

当采用不同的节点预排序策略时，节点 v^i 的实例数表现出明显的不同。这是因为不同策略导致子图 G^i 中被排除的节点 v^1，v^2，…，v^{i-1} 不一样，从而进一步导致节点 v^i 在子图 G^i 的相邻节点集不同。然而，对于一个特定的网络，所有节点的实例总数保持不变。依据表 4-1 的对比数据，对于模式 4，策略 1 对应的实例数显著地大于策略 2 对应的实例数。如图 4-2 所示，在计算模式 1 的所有实例时，仅有节点 v 的邻居被访问；然而，在计算模式 4 的所有实例时，节点 v 的邻居和节点 $v_i(i=1，2，…，r)$ 的邻居都必须被访问。因此，对于 BA 和 PFP 模型生成网络，采用策略 1 导致访问节点相邻节点集所耗费的时间将远大于采用策略 2 的情况。对于大规模网络，节点 $v^i(i=1，2，…，n)$ 的邻接列表 $A(v^i)$ 必不可少，其中包含所有与节点 v^i 相邻的节点。邻接列表的使用，将避免在大规模稀疏邻接矩阵中频繁地搜索相邻节点集。此外，邻接列表是一个满的(非稀疏的)向量。显而易见，非稀疏向量(或矩阵)的计算时间效率显著地高于稀疏情况。

采用算法 4.1(FWSD)计算 $BA(m=7)$ 和 PFP 模型生成网络的四圈 WSD(这两个网络都包含 30 000 节点)。在 BA 网络上的运行时间分别为 5.73 秒(采用策略 1)和 5.70 秒(采用策略 2)，而在 PFP 网络上的运行时间分别为 4.53 秒(采用策略 1)和 4.52 秒(采用策略 2)。

注意：本节算法的运行环境为 Win 7 + CPU3.20 GHz + 内存 8 GB + MATLAB 7.6.0 R2008a。

对于 30 000 节点规模的网络，将所有相邻节点集存储于满的(非稀疏的)邻接列表，可以使得访问节点相邻节点集的运行时间忽略不计。然而，对于更大规模的网络，应当在 FWSD 算法中采用策略 2(详见第 4.5 节)。

4.3.2　相对于模型参数 m 的时间复杂性

BA 模型的输入参数 m 表征网络中边数与节点数的比率。由于大多数复杂网络的稀疏特征，该比率通常比较小。以 Stanford 大网络数据池[41]提供的多种互联网拓扑数据为例，大多数简单无向复杂网络的该比率值都小于 9。因此，本节采用 FWSD 和 Sylvester's law of inertia 算法[56,58]分别计算具有 10 000 节点规模的 BA 模型($m=1$，3，5，7，9)生成网络的四圈 WSD，相应的运行时间效率对比在图 4-4(a)中显示。此外，计算得到这些 BA 模型生成网络的实例数在图 4-4(b)中显示。

式(4-1)采用正规 Laplacian 图谱全部特征值精确计算方式获得四圈 WSD。MATLAB 的"eig"函数[61]可被应用于式(4-1)的计算。在 BA 模型($m=1$，3，5，7，9)生成的所有 10 000 节点规模网络上，式(4-1)的运行时间保持在 4 554 秒与 4 572 秒之间。式(4-2)采用基于 Sylvester's law of inertia 法则[56,58]的四圈 WSD 计算方法，其中参数 k(定义为闭区间

[0，2]被等分的子区间个数)需要被合理地设定。采用式(4-1)、式(4-2)和FWSD计算得到的四圈WSD数值在表4-2中列出，其显示当 $k=30$ 时，基于Sylvester's law of inertia法则的算法更为精确。因此，本节对于该算法选择 $k=30$。

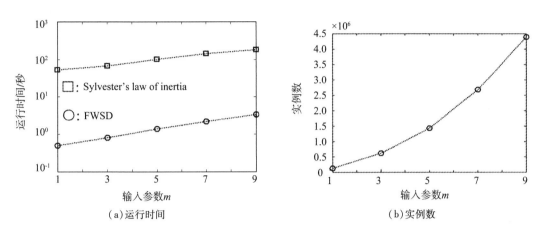

（a）运行时间　　　　　　　　　　　（b）实例数

注：（a）在10 000节点规模的BA网络上，FWSD和Sylvester's law of onertia算法的时间效率对比；（b）在10 000节点规模的BA网络上，对应于模式1、模式2、模式3和模式4的所有实例总数。

图4-4　BA模型($m=1$ ，3，5，7，9)生成网络(规模 $n=10\ 000$)

表4-2　具有10 000节点规模的BA($m=1$ ，3，5，7，9)模型仿真生成网络上四圈WSD的数值

BA网络	FWSD	式(4-1)	式(4-2)($k=10$)	式(4-2)($k=30$)
$m=1$	2 479	2 479	2 314	2 435
$m=3$	422.6	422.6	471.1	426.0
$m=5$	169.9	169.9	178.0	172.1
$m=7$	91.19	91.19	113.7	93.25
$m=9$	57.12	57.12	68.00	58.44

依据图4-4(a)(b)，FWSD的时间复杂性强依赖于模式1至模式4对应的所有实例数。如第4.3.1节所示，BA网络上实例总数与节点的预先排列顺序无关。因此，本节选择第4.3.1节给出的策略1，对BA网络上的实例数进行分析。当采用策略1时，依据类似于FWSD算法的原理，可以计算得到节点 $v^i(i=1，2，\cdots，n)$ 对应每个模式的实例数。对于BA网络($m=9$)，图4-5(a)给出了度小于 $k\cdot m$ 的所有节点的实例数(这些节点对应模式1，2，3和4的实例总数)占全部实例数的百分比。当采用策略1时，随着小度节点被访问量的增加，大度节点在子图 G^i 中的相邻节点数将快速地减少，因为这些被访问过

的小度节点将不再包含于子图 G^i 中。因此，小度节点的实例数占据了 BA 网络中实例总数的绝大多数。

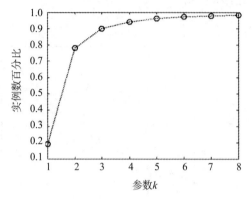 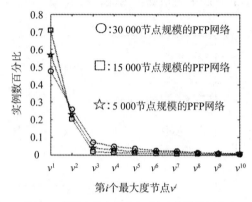

（a）BA 网络中度小于 $k \cdot m$ 的所有节点对应实例数的百分比　　（b）PFP 网络中最大度节点对应实例数的百分比

注：(a)在 10 000 节点规模的 BA 模型($m=9$)生成网络上，度小于 $k \cdot m$ 的所有节点对应模式 1、2、3、4 的实例数占网络上全部实例数的百分比；(b)在 PFP 模型生成的三个不同规模网络上，前 10 个最大度节点对应模式 1、2、3 和 4 的实例数占网络上全部实例数的百分比，其中，y 轴表示第 i 个最大度节点 v_i 的实例数百分比。

图 4-5　实例数百分比

假设 BA 网络中小度节点 v 的度为 $k \cdot m$ 且网络规模（节点个数）为 n。易知，网络中最大节点度不超过 $n-1$。依据第 4.3.1 节的分析，对于节点 v，其对应模式 1 和模式 2 的实例数分别为 $(k \cdot m-1) \cdot (k \cdot m)/2$ 和 $k \cdot m$；其对应模式 3 的实例数不超过 $(k \cdot m-1) \cdot (k \cdot m) \cdot (n-2)/2$；且其对应模式 4 的实例数不超过 $(k \cdot m) \cdot (n-2)$。进一步地，这些小度节点对应所有模式的实例数和不超过 $\dfrac{(k \cdot m+1) \cdot (k \cdot m) \cdot n \cdot (n-1)}{2}$，其中 n 是一个常量且 k 是一个较小的数值。因此，相对于 BA 网络的输入参数 m，FWSD 的时间复杂性为 $O(m^2)$。

4.3.3　相对于网络规模 n 的时间复杂性

本节采用 FWSD 和式(4-2)（基于 Sylvester's law of inertia 的算法[56,58]）分别计算在 BA 模型($m=7$)和 PFP 模型生成网络上的四圈 WSD，其中网络规模 n 从 5 000 增至 30 000。图 4-6(a)(b)给出了在这些网络上 FWSD 和基于 Sylvester's law of inertia 算法的时间效率对比。依据第 4.3.2 节的分析，当采用策略 1 时，在 BA 网络上全部小度节点对应所有模式的实例数和不超过 $\dfrac{(k \cdot m+1) \cdot (k \cdot m) \cdot n \cdot (n-1)}{2}$。因此，在输入参数 m 不变的情况下，FWSD 相对于 BA 网络规模 n 的时间复杂性为 $O(n^2)$。

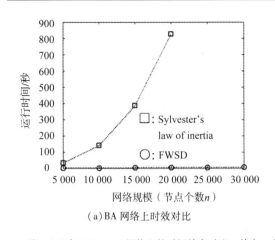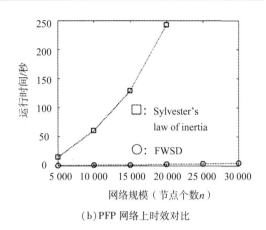

（a）BA 网络上时效对比　　　　　　　　　　（b）PFP 网络上时效对比

注：（a）在 BA（$m=7$）网络上的时间效率对比，其中，当 $n=25\,000$ 和 $30\,000$ 时，基于 Sylvester's law of inertia 算法出现"out of memory"；（b）在 PFP 网络上的时间效率对比，其中，当 $n=25\,000$ 和 $30\,000$ 时，基于 Sylvester's law of inertia 算法分别需要 $1.62×10^4$ 秒和 $3.15×10^4$ 秒的时间。

图 4-6　BA（$m=7$）模型和 PFP 模型生成网络时效对比

从另一个视角，选择第 4.3.1 节的策略 2 分析 PFP 网络的实例。当选策略 2 时，由 FWSD 的算法原理可知，节点 v^i（$i=1,2,\cdots,n$）对应四个模式的实例数都能够被计算。图 4-5（b）显示了 PFP 网络中有限大度节点的实例数百分比，并证实在 PFP 网络上这些有限的大度节点的实例数占据了全部实例数的绝大多数（因为网络中其他节点的度都比较小；并且在删除有限的大度节点之后，这些小度节点将以很大的概率被转换为孤立节点）。

PFP 模型拥有三种节点和边的增加机制。在每个机制，一个新节点被连接至一个或两个旧节点。同步地，这些旧节点的度将被进一步增大（因为它们将与网络中其他度较大的旧节点相连）。依据互联网拓扑的偏好连接规则[3]，新增加的小度节点趋向于连接度较大的旧节点，且大多数新增加的节点将以十分小的概率被未来新增加的节点连接。换句话说，随着网络规模的不断膨胀，PFP 网络中有限的大度节点将变得越来越重要。

在 PFP 模型，新增节点被连接至第 i 个最大度节点 v^i（$1\leqslant i\leqslant n$）的概率为式（4-13）[23]。

$$\varPi(i)=\frac{d_{v^i}^{1+\delta\cdot\log_{10}d_{v^i}}}{\sum_j d_{v^j}^{1+\delta\cdot\log_{10}d_{v^j}}}。 \tag{4-13}$$

依据式（4-13），针对特定规模的 PFP 网络，其中第 i 个最大度节点 v^i（$1\leqslant i\leqslant 5\,000$）被未来新增节点连接的概率可以被计算出来（PFP 网络规模从 $5\,000$ 增长至 $30\,000$）。因此，通过对一系列二元组（PFP 网络规模，第 i 个最大度节点被连接概率）的线性拟合，可以得到线性拟合对应直线的斜率系数，如图 4-7 所示。

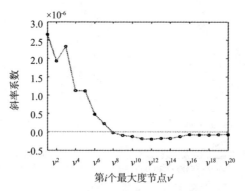

图 4-7　二元组的线性拟合直线的斜率系数

随着 PFP 网络规模的不断膨胀，仅有少数的最大度节点对应的斜率系数为正。也就是说，这些少数节点将被未来的新增节点以越来越大的概率连接。同步地，PFP 网络中其他的大多数节点的度将不会随着网络规模的膨胀而被无限地增加。

假设节点 v 是包含 n 个节点的 PFP 网络中的一个大度节点，$d_v \leqslant n-1$。依据第 4.3.1 节的分析，图 4-8(a) 显示了节点 v 的最大实例数对应的极端情况，其中 $N(v) = \{v_1, v_2, \cdots, v_{n-1}\}$，$N(v_i)_{1 \leqslant i \leqslant k} = \{v_1^\Omega, v_2^\Omega, \cdots, v_{n-2}^\Omega\}$ 且 $N(v_i)_{k+1 \leqslant i \leqslant n-1} = \{v_{n-1-L}^\Omega, v_{n-L}^\Omega, \cdots, v_{n-2}^\Omega\}$。定义 $N(v_i)$ 为节点 v_i 的相邻节点集(删除节点 v)，在图 4-8(a) 中，$\{v_i\}_{i=1}^k$ 是有限的度为 $n-1$ 的大度节点，且 $\{v_i\}_{i=k+1}^{n-1}$ 为一系列度为 L 的节点(这些节点的度不随着网络规模的膨胀而增长)。因此，对于图 4-8(a) 的节点 v，涉及模式 1 的实例数共有 $(n-1) \cdot (n-2)/2$，涉及模式 2 的实例数共有 $n-1$，涉及模式 3 的实例数共有 $L \cdot (n-1) \cdot (n-2)/2 + (n-2-L) \cdot k \cdot (k-1)/2$，涉及模式 4 的实例数共有 $k \cdot (n-2) + (n-1-k) \cdot L$。进一步地，图 4-8(a) 中节点 v 的实例总数不超过 $\dfrac{(L+1) \cdot n^2}{2} + \dfrac{(k^2+k-L-1) \cdot n}{2} - \dfrac{k \cdot (k+1) \cdot (L+2)}{2}$。在模式 3 实例的探寻过程，需要搜索所有的等价类。依据图 4-8(b) 的分析，仅需要对节点集 $\{v_{2,k}\}_{k=1}^{(n-1)(n-2)}$ 的一次遍历，即可实现所有等价类的搜索。依据图 4-5(b) 的分析，有限的最大度节点占据了演化 PFP 网络中绝大多数的实例。因此，FWSD 相对于 PFP 网络规模 n 的时间复杂性为 $O(n^2)$。

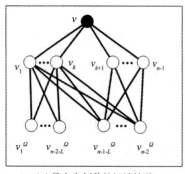

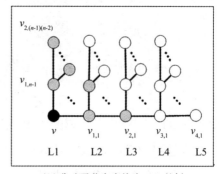

（a）最大实例数的极端情况　　　　　（b）非叶子节点度均为 $n-1$ 的树

图 4-8　PFP 网络实例分析

4.4 与经典圈搜索算法的时间效率对比

算法 4.1(FWSD)采用了一种基于圈枚举的方法计算四圈 WSD。虽然圈搜索算法的相关研究早已开展[59,60]，但是它们的设计目标是为了搜索图中任意长度的所有圈且这些圈包含的节点不能够重复出现。因此，现有的圈搜索算法无法满足四圈 WSD 的计算需求。然而，为了体现 FWSD 在时间效率上的优越性，本节将其与最著名的 Johnson 圈搜索算法[62]进行时间效率的对比。Johnson 算法的初衷是为了搜索任意长度的所有圈，因此该算法是 NP 完全问题[62]。为了体现与 FWSD 对比的公平性，本节对 Johnson 算法添加一个终止条件，从而限制该算法仅搜索图中长度为 4 的圈。

Johnson 算法[61]原理：将图中的节点标记为 v_1，v_2，$\cdots$，v_n，并采用一个节点堆栈记录当前正处理的路径 v_s，v_{k_1}，v_{k_2}，$\cdots$，$v_{k_c}(k_i>s, i=1, 2, \cdots, c)$。如果节点 v_s 是节点 v_{k_2} 的一个邻居，则一个圈被搜索到。堆栈中路径的节点被标记，以避免许多无价值的搜索过程。如果将该算法中节点堆栈包含的节点数进行限制，要求其不超过 4，则该受限的算法将能够被用于枚举对应于图 4-1 中模式 3 的所有 4-圈。

本节将 FWSD 和该受限的 Johnson 算法分别用于 BA($m=7$) 和 PFP 模型生成的网络，其中网络规模 n 从 5 000 增至 30 000。图 4-9 给出了这两个算法的运行时间对比，其显示 FWSD 的计算时间效率显著优于该受限的 Johnson 算法。对于图 4-8(b) 中五层的树状结构，为了搜索以 v 为起始节点的所有 4-圈，FWSD 仅需要遍历其中三层(L1 至 L3)；然而，受限的 Johnson 算法[61]必须遍历所有的五层(L1 至 L5)。因此，在图 4-8(b) 的树状结构中，FWSD 的时间复杂性为 $O(n^2)$，而受限的 Johnson 算法的时间复杂性为 $O(n^4)$。

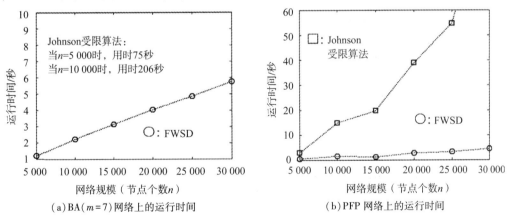

（a）BA($m=7$)网络上的运行时间　　　　（b）PFP 网络上的运行时间

图 4-9　在 BA($m=7$)和 PFP 模型生成网络上 FWSD 和 Johnson 受限算法运行时间的对比

4.5 大规模网络上的时间效率对比

Stanford 大网络数据池[41]提供了大量真实世界的复杂网络数据。本节选择其中五个典型的无向复杂网络进行四圈 WSD 计算时间效率的分析。这五个真实世界网络包含社交网络、合作网络、互联网拓扑等多样化的 scale-free 网络类型，如表 4-3 所示。

表 4-3　Stanford 大网络数据池提供的五个真实世界无向复杂网络的
四圈 WSD 的计算结果及其运行时间

编号	网络描述	节点数	边数	四圈 WSD	
				数值	运行时间/秒
1	Friendship network of Brightkite users	58 228	214 078	4.975 684e+003	1.374 750e+001
2	Friendship network of Gowalla users	196 591	950 327	1.137 826e+004	9.909 888e+001
3	DBLP collaboration network	317 080	1 049 866	2.223 298e+004	4.316 119e+001
4	Amazon product co-purchasing network	334 863	925 872	2.697 505e+004	4.381 000e+001
5	Autonomous systems by Skitter(AS-Skitter)	1 696 415	11 095 298	6.053 249e+004	1.642 765e+003

注：其中，$ue+v = u \times 10^v$。

当采用第 4.3.1 节的策略 1 时，FWSD 在表 4-3 中编号 5(AS-Skitter)对应网络上的运行时间为 1 722.786 秒。换句话说，当采用 4.3.1 节的策略 2 时，FWSD 在包含 1 696 415 个节点和 11 095 298 条边的网络结构，可以缩减 4.6% 的运行时间。

除了表 4-3 包含的编号 5，Stanford 大网络数据池提供了一系列互联网拓扑的数据集，如表 4-4 所示，其中 AS-733、Oregon、AS-Caida 为三个 AS(自治系统)级的域间拓扑，而 AS-Skitter 是一个 Router(路由)级的拓扑结构，因为域间拓扑在 2019 年的节点规模仍被限制在五万左右[43]，AS-Skitter 节点规模超过一百万的原因是其建模互联网路由节点之间的拓扑结构。表 4-4 验证 FWSD 显著优于 Sylvester's law of inertia 方法。

表 4-4　真实互联网拓扑数据集

网络	n	m	C	d	de	WSD/n	r	W_{SLI}	W_F	r_{SLI}/秒	r_F/秒
AS-733	6 474	13 895	0.25	9	4.6	0.039 6	0.37	256.6	258.6	12	0.40
Oregon	10 670	22 002	0.30	9	4.4	0.037 3	0.44	417.3	415.8	36	1.60
AS-Caida	26 475	106 762	0.21	17	4.7	0.039 6	0.54	1 049	1 044	18 322	3.49
AS-Skitter	1 696 415	11 095 298	0.26	25	6	0.035 7	0.39	—	60 532	—	1 643

注：对于这些网络，本节考虑了以下的统计量，即节点个数 n、边数 m、平均聚类系数 C、直径 d 和 90% 有效直径 de(定义为接近 90% 的节点对之间的最短路径长度不超过 de)。此外，本节进一步考虑四圈 WSD 与 n 的比率(WSD/n)、前 2% 最大度节点的度之和与所有节点度之和的比率 r、采用 Sylvester's law of inertia 方法($k = 30$)计算得到四圈 WSD 的数值 W_{SLI} 及运行时间 r_{SLI} 和采用 FWSD 计算得到四圈 WSD 的数值 W_F 及运行时间 r_F。

进一步地，本节采用节点度的余补累积分布函数(CCDF, complementary cumulative distribution Function)和基于 Sylvester's law of inertia 方法的特征值分布，对这些真实世界互联网拓扑的结构进行对比分析，如图 4-10 所示。

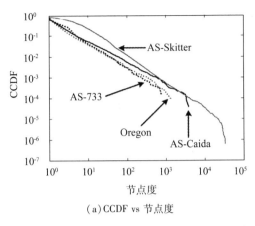 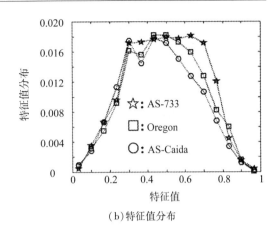

（a）CCDF vs 节点度　　　　　　　　　　（b）特征值分布

注：（b）基于 Sylvester's law of inertia 方法的特征值分布，其中 x 轴表示从 0 到 1 的特征值（因为正规 Laplacian 图谱的特征值被限定在[0，2]且其在互联网拓扑上具有围绕 1 的准对称特征），y 轴表示落入[0，1]等分子区间的特征值分布。

图 4-10　互联网拓扑结构的对比

依据图 4-10 的统计与对比，这些具有不同规模的真实世界互联网拓扑可能来源于同一个演化系统，因为它们拥有许多相似的结构特征。依据表 4-4 的数据，本节评估在这四个真实世界互联网拓扑上 r_F 与 n^2 的比率，得到的对应于 AS-733，Oregon，AS-Caida 和 AS-Skitter 的数值分别为 $9.543\,7\times10^{-9}$，$1.405\,4\times10^{-8}$，$4.979\,1\times10^{-9}$，$5.709\,2\times10^{-10}$。这一结论数值地验证了 FWSD 在大规模 scale-free 网络上的时间复杂性为 $O(n^2)$。

本章的工作进一步地增强了四圈 WSD 在大规模网络环境的重要性，因为许多真实世界网络的规模正处于不断地膨胀与演化过程。依据式（4.2.1）和表 4.2 的分析，采用 FWSD 计算得到的四圈 WSD 严格地精确。然而，基于 Sylvester's law of inertia 的算法，相对于 FWSD，可以提供更多的特征值分布信息。落入[0，2]等分子区间的特征值分布信息，可以提供 WSD 的二维展示，如图 4-10(b)所示。然而，对于更大规模的网络，特征值的分布信息不得不被忽略。依据图 4-6 的对比分析，基于 Sylvester's law of inertia 算法在规模大于 30 000 节点的复杂网络上的时间效率通常难以忍受。因此，基于 Sylvester's law of inertia 算法[56,58]是在 30 000 节点规模以内复杂网络上捕获特征值分布信息的重要工具；而本章算法 FWSD 将四圈 WSD 的应用范围扩展到百万以上节点规模的庞大网络环境。

4.6　本章结论

本章设计的 FWSD 是一种严格的精确计算方法，其理论依据是第 4.2 节证明的定理 4.1 至定理 4.4。通过将简单无向图上所有以某一特定节点为起点的四圈分解为四种模式，本章设计了基于起始节点诱导及起始节点按度非增次序遍历的四圈实例枚举方法，从而实现四圈 WSD 计算的线性时间复杂性。采用 BA 和 PFP 两种演化网络模型，本章理论证明 FWSD 在互联网拓扑及其他 scale-free 网络上的计算时间复杂性为 $O(m^2n^2)$，其中 m 表示边数与节点数的比率，n 表示网络规模（节点个数）。通过在社交网络、合作网络、互联拓扑等多样化真实世界探测网络数据上的对比分析，本章验证了 FWSD 能够突破传统 WSD 仅可被应用于 30 000 以内节点规模网络对比的限制，将 WSD 的应用范围推广到了百万以上节点的大规模网络系统，为该图谱属性在当前和未来互联网拓扑结构的应用奠定了基础。快速且精确的计算方法，将使得 WSD 不再被局限于不同拓扑结构之间的对比，而且可以被应用于计算量更大的拓扑仿真、优化与采样。

互联网拓扑正处于节点规模快速增长的演化过程，因此与规模无关的图属性对于研究该拓扑的结构具有更重要的意义。依据 WSD 的定义，其可以被转换为式(4-14)。

$$\frac{W(G,\ N)}{n} = \frac{\sum_{i=1,\ 2,\ \cdots,\ n}(1-\lambda_i)^N}{n} \approx \sum_{\theta \in \Omega}(1-\theta)^N \cdot \frac{f(\lambda=\theta)}{n}, \qquad (4-14)$$

式中，$f(\lambda=\theta)$ 表示落入子区间 Ω 的特征值个数，n 表示图 G 包含的节点总数(也表示该图矩阵的全部特征值的总数)。式(4-14)中 $\frac{f(\lambda=\theta)}{n}$ 表示特征值在不同子区间的分布比率，其通常不受图 G 节点规模的限制。因此，WSD 通常也采用式(4-14)的表现形式[11]。例如本书第 3 章为了对比不同地理拓扑，采用了特征值分布的 WSD 表示方法。但是，由 WSD 严格的定义，WSD/n 才可能是与规模无关的图谱属性。在下一章节，本书将理论证明四圈 WSD 与节点规模 n 的比率在 n 较大时趋向于恒定的常数，且该常数定量指示演化网络系统度较小节点之间的四边形连接关系。这一严格的证明结论将为 WSD 在互联网拓扑的物理意义解释提供更严格的理论支撑。

5　加权谱分布在演化网络的稳定性与图结构

互联网拓扑的规模缩减，需要以图属性的相似性作为评价标准。仅有在同一演化系统规模增长过程维持稳定不变或近似不变的图属性，才能够被用于规模差异较大的两个拓扑结构之间的对比。许多图属性不具有此特征，例如，代数连通性和 Laplacian 谱半径等。它们可被用于真实拓扑与同等规模仿真拓扑的相似性分析，但通常不适合大比例规模缩减的采样图与原始图之间的结构对比。度分布、聚类系数、路径长度等是常用的与规模相关弱的图属性。本章将从理论上严格地证明四圈 WSD 与节点规模 n 的比率随着 n 的增大而趋向于恒定的常数，因此 WSD/n 是一个与规模无关的图属性；同时将在证明过程理论分析该恒定的常数所表征的演化网络图结构信息：$WSD/n(N=4)$ 严格地指示演化系统中度较小节点之间的四边形连接关系且定位于给定度较大节点的 WSD 定量指示该节点与网络中度较小节点之间的连接关系。具体地，本章将首先构造一个确定型的节点度具有指数表达形式的 scale-free 演化网络模型，其次精确地计算四圈 WSD 在该演化模型的数学公式，再次分析 WSD/n 的稳定性及该数学公式与图结构之间的关联性，然后采用多样化的随机型演化网络模型，数值分析 WSD/n 在广泛的 scale-free 网络的稳定性，以及 $ME1/n$ 在互联网拓扑这一特定网络的稳定性。

5.1　确定型 scale-free 网络模型

本节将构造一种新的确定型 scale-free 网络模型，该模型包含全部节点的度具有规范、统一的指数表达形式，该指数的度表达形式为四圈 WSD 数学公式的理论分析奠定了基础。该模型的生成过程可以详细地描述为：

步骤 1　构建一个具有 $n+1$ 层的规则 m-叉树 $T_{m,n}$，其中每个非叶子节点（除了根节点）与一个父节点和 m 个子节点连接。根节点被标记为 1，且处于第 $i \in \{2, 3, \cdots, n+1\}$ 层的 m^{i-1} 个节点被标记为 $i_1^T, i_2^T, \cdots, i_{m^{i-1}}^T$。保持一般性，假设节点 $i_j^T(1 \leq j \leq m^{i-1})$ 的父节点和子节点分别为 $(i-1)_{\lceil j/m \rceil}^T$ 和 $\{(i+1)_k^T\}_{k=m \cdot (j-1)+1}^{m \cdot j}$，其中符号 $\lceil x \rceil$ 表示 x 取上整数，且式（5-1）成立。

$$\{(i+1)_k^T\}_{k=m \cdot (j-1)+1}^{m \cdot j} = \{(i+1)_{m \cdot (j-1)+1}^T, (i+1)_{m \cdot (j-1)+2}^T, \cdots, (i+1)_{m \cdot j}^T\}。 \quad (5-1)$$

步骤 2　$\forall i \in \{2, 3, \cdots, n\}$，增加 $u_i = m^{n-i+2}-m-1$ 个标记为 $i_j(j=1, 2, \cdots, u_i)$ 的节点，并将每个节点连接至第 i 层的所有节点 $i_1^T, i_2^T, \cdots, i_{m^{i-1}}^T$。此外，对于 $i=n+1$（对应叶子节点），增加 $u_{n+1}=m-1$ 个标记为 $(n+1)_j(j=1, 2, \cdots, u_{n+1})$ 的节点，并将每个节点连接至第 $n+1$ 层的所有节点 $(n+1)_1^T, (n+1)_2^T, \cdots, (n+1)_{m^n}^T$。特别地，在增加 $\sum_{i=2}^{n+1} u_i=$

$\dfrac{m^{n+1}-m^2}{m-1}-(m+1)\cdot n+2m$ 个节点之后，$\forall i \in \{2, 3, \cdots, n+1\}$，节点 $i_j^T(1\leqslant j\leqslant m^{i-1})$ 和节点 $i_j(1\leqslant j\leqslant u_i)$ 的度分别为 m^{n-i+2} 和 m^{i-1}。因此，这些节点度拥有一个规范的形式 $m^k(1\leqslant k\leqslant n)$。

设 $H_{m,n}$ 为上述新的确定型模型生成的网络，并设 $M_{m,n}$ 为上述步骤 2 过程中增加的所有节点的集合。当 $m=2$ 时，网络 $H_{m,n}$ 的图形结构在图 5-1 展示。在第 1 层，$H_{m,n}$ 中节点 1 的度为 m。此外，在第 $i\in\{2, 3, \cdots, n+1\}$ 层，$T_{m,n}$ 中 m^{i-1} 个节点 i_j^T 的度为 m^{n-i+2}，且 $M_{m,n}$ 中 u_i 个节点 i_j 的度为 m^{i-1}。

因此，$H_{m,n}$ 中节点的总数可以统计为式（5-2）。

$$N_{m,n}=\frac{2m^{n+1}-m^2-m}{m-1}-(m+1)\cdot n+2m+1。 \qquad (5-2)$$

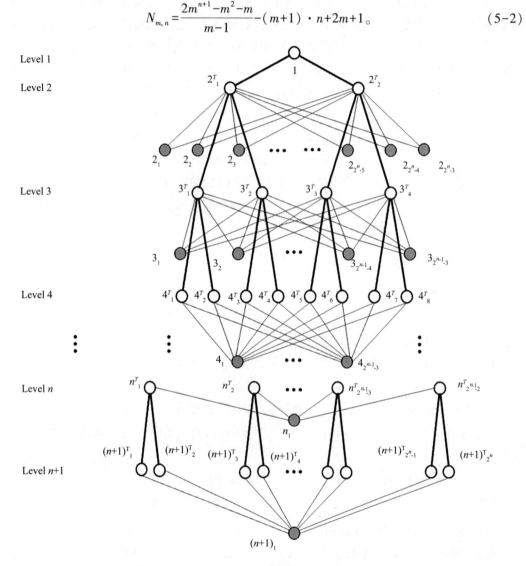

图 5-1　当 $m=2$ 时，确定型网络 $H_{m,n}$ 的图形结构

同时，$H_{m,n}$中度为$m^k(1 \leqslant k \leqslant n)$的节点总数可以表示为式（5-3）。

$$N_{m^k} = \begin{cases} 2m-1, & k=n, \\ 2m^{n-k+1}-m-1, & 2 \leqslant k \leqslant n-1, \\ 2m^n-m, & k=1。 \end{cases} \tag{5-3}$$

因此，当$n \to +\infty$时，可以得到$\dfrac{N_{m^k}}{N_{m,n}} \sim (m-1) \cdot (m^k)^{-1}$。换句话说，$H_{m,n}$是一个度指数$\gamma = 1$的scale-free网络。

依据层次构建规则，图5-1的确定型模型可以采用从$H_{m,n}(n \geqslant 1)$到$H_{m,n+1}$的迭代方式生成网络，具体的迭代步骤为：

步骤1 $\forall i \in \{2, 3, \cdots, n\}$，增加$m^{n-i+2} \cdot (m-1)$个节点，并将每个节点连接至第$i$层的所有节点$i_1^T, i_2^T, \cdots, i_{m^{i-1}}^T$。此外，增加$m \cdot (m-2)$个节点，并将每个节点连接至第$n+1$层的所有节点$(n+1)_2^T, \cdots, (n+1)_{m^n}^T$。

步骤2 对于第$n+1$层的每个节点$(n+1)_j^T(1 \leqslant j \leqslant m^n)$，增加标记为$\{(n+2)_k^T\}_{k=(j-1) \cdot m+1}^{j \cdot m}$的$m$个节点，并将每个节点连接至节点$(n+1)_j^T$。将这新增加的$m^{n+1}$个节点$(n+2)_1^T, (n+2)_2^T, \cdots, (n+2)_{m^{n+1}}^T$放置在第$n+2$层。此外，增加$m-1$个标记为$\{(n+2)_k\}_{k=1}^{m-1}$的节点，并将每个节点连接至所有的节点$\{(n+2)_k^T\}_{k=1}^{m^{n+1}}$。

5.2 加权谱分布的数学公式

WSD表征旅行者在简单无向图G的N-圈游走分布特征[11]，如式（5-4）。

$$W(G, N) = \sum_{i=1}^n (1-\lambda_i)^N = \sum_c \frac{1}{d_{u_1} d_{u_2} \cdots d_{u_N}}, \tag{5-4}$$

式中，d_{u_i}为节点u_i在图G的度，且$\dfrac{1}{d_{u_1} d_{u_2} \cdots d_{u_N}}$的值等价于一个旅行者沿圈$c = u_1, u_2, \cdots, u_N$从节点$u_1$出发随机游走$N$步后返回至节点$u_1$的概率。因此WSD强相关于$N$-圈和节点度。本节首先将4-圈结构分解为多种确定起始节点的连接模型，然后将这些连接模型应用于图5-1构造网络模型$H_{m,n}$上四圈WSD数学公式的精确计算。

5.2.1 连接模型及应用

第4章已将简单无向图的全部四圈分解成了四个模式，本节将继承这种思想。但是，相对于四圈WSD的数值计算，本节目标得到严格数学公式的难度更大。

四种以A为起始节点的连接模型（CM1，CM2，CM3和CM4）在图5-2（a）给出。这些模型的完整性可以采用图5-2（a）左上角的4节点完全图进行验证。

注意：这些模型中节点之间的多重边仅对应于简单无向图中的一条边。

本节构建图5-2（b）中的示意图来说明这些以A为起始节点的连接模型的应用。设$N(A) = \{1, 2, \cdots, r\}$为节点$A$的相邻节点集，并设$N(i) = \{A, i_1, i_2, \cdots, i_{s_i}\}$为节点$i$

$\in \{1, 2, \cdots, r\}$ 的相邻节点集，其中 s_i+1 表示集合 $N(i)$ 的势。在图 5-2(b) 中，一个节点可能被多次标记。例如，节点 2 被同时标记为 3_1 和 4_1，这是因为节点 2 既是节点 3 的邻居，又是节点 4 的邻居。

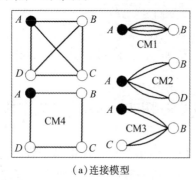 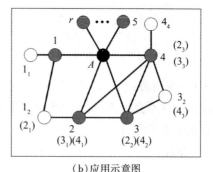

（a）连接模型　　　　　　　　　　（b）应用示意图

图 5-2　具有特定起始节点的 4-圈图结构

在图 5-2(b) 中，r 个连接关系 $A-i(i=1, 2, \cdots, r)$ 是 CM1 的所有实例，且 $\sum_{i=1}^{r} s_i$ 个连接关系 $A-i-i_j(i=1, 2, \cdots, r; j=1, 2, \cdots, s_i)$ 是 CM3 的所有实例。由表 5-1 知，CM1 和 CM3 分别对应于唯一的 4-圈。因此，在仅考虑 CM1 和 CM3 的情况下，起始于节点 A 的所有 4-圈对应的节点度倒数乘积的和可以采用式(5-5)计算。

$$WSD_{13} = \sum_{i \in N(A)} \sum_{j \in N(i)} \frac{1}{d_A \cdot (d_i)^2 \cdot d_j}。 \tag{5-5}$$

注意：相邻节点集 $N(i)$ 包含节点 A。因此，式(5-5)同时考虑到了 CM1 和 CM3。

表 5-1　连接模型和相应的 4-圈

连接模型	CM1	CM2	CM3	CM4
描述	AB	BAD	ABC	$ABCDA$
4-圈	$A—B—A—B—A$	$A—B—A—D—A$ $A—D—A—B—A$	$A—B—C—B—A$	$A—B—C—D—A$ $A—D—C—B—A$

设 $C(i, j) = \{A, c_1, c_2, \cdots, c_{t_{ij}}\}$ 为节点 i 和 $j(i, j=1, 2, \cdots, r; i \neq j)$ 的共有相邻节点集，其中 $t_{ij}+1$ 为共有相邻节点集 $C(i, j)$ 的势。在图 5-2(b) 中，$C(1, 2) = \{A, 1_2\}$，$C(1, 3) = \{A\}$，$C(1, 4) = \{A\}$，$C(2, 3) = \{A, 4\}$，$C(2, 4) = \{A, 3\}$ 且 $C(3, 4) = \{A, 2, 3_2\}$。

在图 5-2(b) 中，$\dfrac{r \cdot (r-1)}{2}$ 个连接关系 $i-A-j(i, j=1, 2, \cdots, r; i<j)$ 是 CM2 的所有实例，且 $\sum_{i=1}^{r-1} \sum_{j=i+1}^{r} t_{ij}$ 个连接关系 $A-i-c_k-j-A(i, j=1, 2, \cdots, r; k=1, 2, \cdots, t_{ij}; i<j)$ 是 CM4 的所有实例。由表 5-1 可知，CM2 和 CM4 分别对应于两个 4-圈。因此，对于 CM2 和 CM4，以 A 为起始节点的所有 4-圈对应节点度倒数乘积的和可以采用式(5-6)计算。

$$WSD_{24} = 2 \sum_{i=1}^{r-1} \sum_{j=i+1}^{r} \sum_{k \in C(i,j)} \frac{1}{d_A \cdot d_i \cdot d_j \cdot d_k}$$

$$= \sum_{\substack{i \neq j \\ i,j \in N(A)}} \sum_{k \in C(i,j)} \frac{1}{d_A \cdot d_i \cdot d_j \cdot d_k}, \tag{5-6}$$

式中，$C(i, j)$ 包含节点 A，且同时考虑到了 CM2 和 CM4。

因此，依据图 5-2，节点 A 的加权谱分布（等于以 A 为起始节点的所有 4-圈对应节点度倒数乘积的和）可以采用式（5-7）计算。

$$WSD(A) = WSD_{13} + WSD_{24}。 \tag{5-7}$$

此外，依据式（5-7），在简单无向图 $G = (V, E)$ 中，所有 4-圈对应节点度倒数乘积的和，可以被表示为式（5-8）。

$$WSD = \sum_{v \in V} WSD(v)。 \tag{5-8}$$

5.2.2 特定节点的加权谱分布

依据式（5-4）至式（5-8），对于 $H_{m,n}$ 中的每个节点 v，$WSD(v)$ 可以采用集合 $N(v)$，$N(i)$ 和 $C(i, j)$（$i, j \in N(v)$；$i \neq j$）进行推导。

在 $H_{m,n}$ 中，对于第 i（$4 \leqslant i \leqslant n-1$）层的节点 i_1^T，式（5-9）、式（5-10）、式（5-11）、式（5-12）成立。

$$N(i_1^T) = \{(i-1)_1^T, (i+1)_1^T, \cdots, (i+1)_m^T, i_1, \cdots, i_{u_i}\}, \tag{5-9}$$

$$N((i-1)_1^T) = \{(i-2)_1^T, i_1^T, \cdots, i_m^T, (i-1)_1, \cdots, (i-1)_{u_{i-1}}\}, \tag{5-10}$$

$$\forall 1 \leqslant j \leqslant m, \ N((i+1)_j^T) = \{i_1^T, (i+2)_{m \cdot (j-1)+1}^T, \cdots, (i+2)_{m \cdot j}^T, (i+1)_1, \cdots, (i+1)_{u_{i+1}}\}, \tag{5-11}$$

$$\forall 1 \leqslant j \leqslant u_i, \ N(i_j) = \{i_1^T, i_2^T, \cdots, i_{m^{i-1}}^T\}, \tag{5-12}$$

式中，$u_i = m^{n-i+2} - m - 1$（$2 \leqslant i \leqslant n$）。同时，式（5-13）、式（5-14）、式（5-15）、式（5-16）、式（5-17）成立。

$$\forall 1 \leqslant j \leqslant m, \ C((i-1)_1^T, (i+1)_j^T) = \{i_1^T\}, \tag{5-13}$$

$$\forall 1 \leqslant j \leqslant u_i, \ C((i-1)_1^T, i_j) = \{i_1^T, i_2^T, \cdots, i_m^T\}, \tag{5-14}$$

$$\forall 1 \leqslant s < t \leqslant m, \ C((i+1)_s^T, (i+1)_t^T) = \{i_1^T, (i+1)_1, \cdots, (i+1)_{u_{i+1}}\}, \tag{5-15}$$

$$\forall 1 \leqslant s < t \leqslant u_i, \ C(i_s, i_t) = \{i_1^T, i_2^T, \cdots, i_{m^{i-1}}^T\}, \tag{5-16}$$

$$\forall 1 \leqslant s \leqslant m, \ 1 \leqslant t \leqslant u_i, \ C((i+1)_s^T, i_t) = \{i_1^T\}。 \tag{5-17}$$

在 $H_{m,n}$ 的第 i（$2 \leqslant i \leqslant n+1$）层，$T_{m,n}$ 中节点 i_j^T（$1 \leqslant j \leqslant m^{i-1}$）的度和 $M_{m,n}$ 中节点 i_j（$1 \leqslant j \leqslant u_i$）的度分别为 m^{n-i+2} 和 m^{i-1}。

依据式（5-4）至式（5-17）可知，式（5-18）成立。

$$WSD(i_1^T) = m^{4i} \cdot m^{-4n-12} \cdot f_1(m) - m^{2i} \cdot m^{-3n-6} \cdot f_2(m)$$

$$+ m^i \cdot m^{-2n-4} \cdot f_3(m) + m^{-i} \cdot m - 2m^{-n-1} \cdot (m+1), \tag{5-18}$$

式中，$f_1(m)=m^{10}+m^8+2m^5+m^3-1$，$f_2(m)=m^9-2m^7+3m^4+3m^3+2m^2+3m+1$ 和 $f_3(m)=m^7-m^6+3m^3+3m^2+4m$。

在 $H_{m,n}$ 中，对于第 $i(4\leqslant i\leqslant n-1)$ 层的节点 i_1，式(5-19)、式(5-20)、式(5-21)、式(5-22)成立。

$$N(i_1)=\{i_1^T,\ i_2^T,\ \cdots,\ i_{m^{i-1}}^T\},\tag{5-19}$$

$$\forall\, 1\leqslant j\leqslant m^{i-1},\ N(i_j^T)=\{(i-1)^T_{\lfloor j/m\rfloor},\ (i+1)^T_{m\cdot(j-1)+1},\ \cdots,\ (i+1)^T_{m\cdot j},\ i_1,\ \cdots,\ i_{u_i}\},\tag{5-20}$$

$$\forall\, 1\leqslant j\leqslant m^{i-2},\ m\cdot(j-1)+1\leqslant s<t\leqslant m\cdot j,\ C(i_s^T,\ i_t^T)=\{(i-1)^T_j,\ i_1,\ \cdots,\ i_{u_i}\},\tag{5-21}$$

$$\forall\, 1\leqslant s<t\leqslant m^{i-1},\ \lfloor s/m\rfloor\neq\lfloor t/m\rfloor,\ C(i_s^T,\ i_t^T)=\{i_1,\ \cdots,\ i_{u_i}\}。\tag{5-22}$$

依据式(5-4)至式(5-8)和式(5-18)至式(5-22)可知，式(5-23)成立。

$$WSD(i_1)=m^{3i}\cdot m^{-3n-6}\cdot(m^2+1)-m^{2i}\cdot m^{-2n-4}\cdot(m+1)+m^i\cdot m^{-n-2}。\tag{5-23}$$

5.2.3　加权谱分布的表达式

在 $H_{m,n}$ 中，对于第 $i(4\leqslant i\leqslant n-1)$ 层的节点 i_1^T，式(5-24)成立(推导过程见第5.2.2节)。

$$\begin{aligned}WSD(i_1^T)=&\,m^{4i}\cdot m^{-4n-12}\cdot f_1(m)-m^{2i}\cdot m^{-3n-6}\cdot f_2(m)\\&+m^i\cdot m^{-2n-4}\cdot f_3(m)+m^{-i}\cdot m-2m^{-n-1}\cdot(m+1),\end{aligned}\tag{5-24}$$

式中，$f_1(m)=m^{10}+m^8+2m^5+m^3-1$，$f_2(m)=m^9-2m^7+3m^4+3m^3+2m^2+3m+1$ 且 $f_3(m)=m^7-m^6+3m^3+3m^2+4m$。

在 $H_{m,n}$ 中，对于第 $i(4\leqslant i\leqslant n-1)$ 层的节点 i_1，式(5-25)成立(推导过程见第5.2.2节)。

$$WSD(i_1)=m^{3i}\cdot m^{-3n-6}\cdot(m^2+1)-m^{2i}\cdot m^{-2n-4}\cdot(m+1)+m^i\cdot m^{-n-2}。\tag{5-25}$$

在 $H_{m,n}$ 的第 $i(2\leqslant i\leqslant n+1)$ 层，$T_{m,n}$ 中的 m^{i-1} 个节点 i_1^T，i_2^T，$\cdots$，$i_{m^{i-1}}^T$ 被以相同的方式连接至其他的节点，且这些现象同样存在于 $M_{m,n}$ 中的 u_i 个节点 i_1，i_2，$\cdots$，i_{u_i}。依据式(5-8)，$H_{m,n}$ 上的四圈 WSD 可以被表示为式(5-26)。

$$\begin{aligned}WSD=&\,WSD(1)+\sum_{i=4}^{n-1}(m^{i-1}\cdot WSD(i_1^T)+u_i\cdot WSD(i_1))\\&+\sum_{i=2,\ 3,\ n,\ n+1}(m^{i-1}\cdot WSD(i_1^T)+u_i\cdot WSD(i_1))。\end{aligned}\tag{5-26}$$

依据式(5-2)、式(5-24)和式(5-25)，当 $n\rightarrow+\infty$ 时，式(5-27)、式(5-28)成立。

$$\frac{\displaystyle\sum_{i=4}^{n-1}(m^{i-1}\cdot WSD(i_1^T))}{N_{m,n}}\longrightarrow\frac{m^{-14}\cdot(m-1)}{2(m^5-1)}f_1(m),\tag{5-27}$$

$$\frac{\displaystyle\sum_{i=4}^{n-1}(u_i\cdot WSD(i_1))}{N_{m,n}}\longrightarrow 0。\tag{5-28}$$

使用相似的方法，可以证明式(5-29)、式(5-30)成立。

$$\frac{\left(WSD(1) + \sum_{i=2,\ 3} (m^{i-1} \cdot WSD(i_1^T)) + \sum_{i=2,\ 3,\ n,\ n+1} (u_i \cdot WSD(i_1)) \right)}{N_{m,n}} \to 0, \quad (5\text{-}29)$$

$$\frac{\sum_{i=n,\ n+1} (m^{i-1} \cdot WSD(i_1^T))}{N_{m,n}} \to \frac{m^{-14} \cdot (m-1)}{2} f_4(m), \quad (5\text{-}30)$$

式中，$f_4(m) = 2m^8 + 3m^5 + m^3 + 1$。

因此，对于给定的 m，当 $n \to +\infty$（也就是，$N_{m,n} \to +\infty$）时，$\dfrac{WSD}{N_{m,n}}$ 趋向于一个常量，如式(5-31)所示。

$$\frac{WSD}{N_{m,n}} \to \frac{m^{-14} \cdot (m-1)}{2} \left(\frac{1}{m^5-1} f_1(m) + f_4(m) \right)。 \quad (5\text{-}31)$$

换句话说，$H_{m,n}$ 上的四圈 WSD 随着网络规模的膨胀而近似地线性增长。

5.3 加权谱分布的稳定性与图结构表征

在第 5.2 节四圈 WSD 数学公式推算的基础上，本节对该图谱属性的稳定性及其表征 scale-free 演化网络的图结构信息进行理论分析。具体地，第 5.3.1 节展示总体的分析结果，第 5.3.2 节和第 5.3.3 节对分析过程的部分细节展开详细论述。

5.3.1 稳定性与图结构

第一步，本节分析 $H_{m,n}$ 包含节点的度。对于 $i \in \{2,\ 3,\ \cdots,\ n+1\}$，$T_{m,n}$ 中第 i 层节点的度和 $M_{m,n}$ 中第 $n-i+3$ 层节点的度都是 m^{n-i+2}。依据式(5-2)，当 $n \to +\infty$ 时，

$$\frac{m^{n-i+2}}{N_{m,n}} \to \frac{1}{2} m^{-i+1} \cdot (m-1)。 \quad (5\text{-}32)$$

对于任意的无穷小量 ε，存在一个常量 $k = \left| 1 - \log_m \left(\dfrac{2\varepsilon}{(m-1)} \right) \right|$ 使得当 $i \geq k$ 时满足，式 (5-32)右边公式都趋向于一个不超过 ε 的量（也就是说，节点度 m^{n-i+2} 近似地与网络规模 $N_{m,n}$ 无关）。这种节点度可以被称为较小的度（称为小度）。进一步地，当 $i < k$ 时，节点度 m^{n-i+2} 可以被称为较大的度（称为大度），这种节点度能够以不可忽略的斜率系数近似地正比于网络规模 $N_{m,n}$。

因此，$H_{m,n}$ 中节点的度可以归纳为以下情况：在第 2 至 $k-1$ 层，$T_{m,n}$ 和 $M_{m,n}$ 中节点的度分别为大度和小度；在第 k 至 $n-k+3$ 层，$T_{m,n}$ 和 $M_{m,n}$ 中节点的度分别为小度和小度；在第 $n-k+4$ 至 $n+1$ 层，$T_{m,n}$ 和 $M_{m,n}$ 中节点的度分别为小度和大度。进一步地，可以计算第 k 至 $n-k+3$ 层所有节点的百分比为式(5-33)。

$$\lim_{n \to +\infty} \left(\frac{\sum_{i=k}^{n-k+3} (m^{i-1} + u_i)}{N_{m,n}} \right) = m^{-k+2} \approx \frac{2m \cdot \varepsilon}{m-1}, \quad (5\text{-}33)$$

式中，在第 i 层，m^{i-1} 是 $T_{m,n}$ 包含节点的个数，且 $u_i = m^{n-i+2} - m - 1$ 是 $M_{m,n}$ 包含的节点个数。基于无穷小量 ε，当 $n \to +\infty$ 时，式(5-33)的百分比将极端地小(也就是说，$H_{m,n}$ 中小度节点趋向于连接大度节点)。

第二步，本节分析式(5-31)右边公式表征的 $H_{m,n}$ 图结构信息。基于式(5-26)至式(5-30)，式(5-31)右边公式等于式(5-27)和式(5-30)右边公式的和。

式(5-27)左边公式的极限可以表示为式(5-34)和式(5-35)。

$$
\lim_{n \to +\infty} \left(\frac{\sum_{i=4}^{n-1} (m^{i-1} \cdot WSD(i_1^T))}{N_{m,n}} \right)
$$

$$
= \lim_{n \to +\infty} \left(\frac{\sum_{i=4}^{k-1} (m^{i-1} \cdot WSD(i_1^T))}{N_{m,n}} \right) + \lim_{n \to +\infty} \left(\frac{\sum_{i=k}^{n-k+3} (m^{i-1} \cdot WSD(i_1^T))}{N_{m,n}} \right)
$$

$$
+ \lim_{n \to +\infty} \left(\frac{\sum_{i=n-k+4}^{n-1} (m^{i-1} \cdot WSD(i_1^T))}{N_{m,n}} \right) \tag{5-34}
$$

$$
= 0 + \frac{m^{-5k+6} \cdot (m-1)}{2(m^5-1)} f_1(m) + \lim_{n \to +\infty} \left(\frac{\sum_{i=n-k+4}^{n-1} (m^{i-1} \cdot WSD(i_1^T))}{N_{m,n}} \right)
$$

$$
\approx \frac{16m \cdot \varepsilon^5}{(m^5-1) \cdot (m-1)^4} f_1(m) + \lim_{n \to +\infty} \left(\frac{\sum_{i=n-k+4}^{n-1} (m^{i-1} \cdot WSD(i_1^T))}{N_{m,n}} \right) 。 \tag{5-35}
$$

依据无穷小量 ε 可知，式(5-33)强依赖于式(5-35)的第二项。需要注意的是，式(5-35)的第二项等于式(5-24)中第一项表达的多项式 $g(m) = m^{4i} \cdot m^{-4n-12} \cdot f_1(m)$。因此，$g(m)$ 表达的图结构信息(见第 5.3.2 节)决定了式(5-27)右边的公式。

依据第 5.3.2 节的理论分析，式(5-27)右边公式表征：第 $n-k+4$ 至 $n-1$ 层，$T_{m,n}$ 包含的小度节点之间的连接关系。换句话说，第 $n-k+4$ 至 $n-1$ 层，$M_{m,n}$ 包含的大度节点的连接关系在式(5-27)中未得到体现。采用与式(5-27)相似的分析方法，我们可以验证式(5-30)右边公式表征：第 n 至 $n+1$ 层，$H_{m,n}$ 包含小度节点之间的连接关系。

如式(5-33)和式(5-35)的第一项所示，第 k 至 $n-k+3$ 层连接两个小度节点的边的总数可以被近似地忽略(归因于无穷小量 ε)。特别地，这些连接两个小度节点的边主要存在于第 $n-k+4$ 至 $n+1$ 层的 $T_{m,n}$。因此，对于给定的 m，当 $N_{m,n} \to +\infty$ 时，$\frac{WSD}{N_{m,n}}$ 的极限值提供了对 scale-free 网络 $H_{m,n}$ 中小度节点之间连接关系的敏感识别能力。

最后，本节分析四圈 WSD 聚焦于 $H_{m,n}$ 中大度节点的特征。这些大度节点主要存在于第 $n-k+4$ 至 $n+1$ 层的 $M_{m,n}$ 和第 2 至 $k-1$ 层的 $T_{m,n}$。

因此，大度节点的总数可以表达为式(5-36)。

$$N_H = \sum_{i=n-k+4}^{n+1} u_i + \sum_{i=2}^{k-1} m^{i-1} = \frac{2m \cdot (m^{k-2} - 1)}{m - 1} + (m + 1) \cdot (k - 2)_\circ \quad (5\text{-}36)$$

请注意，式(5-36)对网络规模 $N_{m,n}$ 不敏感。

依据第5.2.3节的理论分析，定位于大度节点的四圈 WSD，对多个小度节点被连接至该大度节点的方式具有敏感的识别能力。为了验证这一结论，本节构建了一个新的确定型模型，该模型生成的网络不包含任何连接两个小度节点的边。该模型生成网络的过程可以表述为：起始于两个相互连接的节点（将这两个节点视为网络的两个中心）；在每步的迭代过程，增加 $2p$ 个节点，并将每个节点连接至这两个中心节点；此外，对于每个中心节点，增加 q 个节点，并将每个节点连接至该中心节点。本节将 t 步迭代后生成的网络定义为 $R_{p,q}^t$，如图5-3所示。

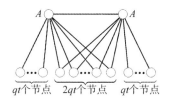

图5-3 在 t 步迭代后生成的 $R_{p,q}^t$

依据第5.2节的方法，可以计算获得 $R_{p,q}^t$ 上加权谱分布的精确公式为式(5-37)。

$$WSD_{p,q}^t = \frac{2}{((2p+q) \cdot t+1)^4} + \frac{8(p+q) \cdot t}{((2p+q) \cdot t+1)^3} + \frac{4((p+q)^2+p^2) \cdot t^2}{((2p+q) \cdot t+1)^2}_\circ \quad (5\text{-}37)$$

当 $t \to +\infty$ 时，$WSD_{p,q}^t$ 的极限可以表达为式(5-38)。

$$\lim_{t \to +\infty} WSD_{p,q}^t = 4 \frac{(p+q)^2+p^2}{(2p+q)^2}_\circ \quad (5\text{-}38)$$

将 $R_{p,q}^t$ 包含的两个中心节点标记为 A，如图5-3所示。依据式(5-5)至式(5-7)，定位于大度节点 A 的四圈 WSD 可以表达为式(5-39)。

$$\lim_{t \to +\infty} WSD(A) = \frac{(p+q)^2+p^2}{(2p+q)^2}_\circ \quad (5\text{-}39)$$

式(5-38)和式(5-39)之间的相似性，源自 $R_{p,q}^t$ 包含的小度节点之间不存在连接关系的事实。因此，随着网络规模的膨胀，定位于一个大度节点的加权谱分布趋向于一个常量，该常量对多个小度节点被连接至该大度节点的方式具有敏感的识别能力。依据式(5-36)，scale-free 网络 $H_{m,n}$ 包含的大度节点总数，相对于网络规模 $N_{m,n}$ 可以忽略不计。特别地，当 $n \to +\infty$ 时，定位于所有大度节点的 $\frac{WSD}{N_{m,n}}$ 趋向于 0，这解释了为什么式(5-31)右边公式仅表征了小度节点之间的连接关系。

5.3.2 $g(m)$ 表征的图结构

在第5.2.2节，式(5-23)是由式(5-9)至式(5-22)推导而得。

在第 $n-k+4$ 至 $n-1$ 层（对任意无穷小量 ε，$k=\left|1-\log_m\left(\dfrac{2\varepsilon}{(m-1)}\right)\right|$），从式（5-9）至式（5-22）中删除所有大度节点，也就是 $M_{m,n}$ 包含的节点 $\{(i-1)_j\}_{j=1}^{u_{i-1}}$、$\{i_j\}_{j=1}^{u_i}$ 和 $\{(i+1)_j\}_{j=1}^{u_{i+1}}$。然后，式（5-9）至式（5-22）将被简化为式（5-40）、式（5-41）、式（5-42）、式（5-43）和式（5-44）。

$$N(i_1^T)=\{(i-1)_1^T,\ (i+1)_1^T,\ \cdots,\ (i+1)_m^T\}, \tag{5-40}$$

$$N((i-1)_1^T)=\{(i-2)_1^T,\ i_1^T,\ \cdots,\ i_m^T\}, \tag{5-41}$$

$$\forall\,1\leqslant j\leqslant m,\ N((i+1)_j^T)=\{i_1^T,\ (i+2)_{m\cdot(j-1)+1}^T,\ \cdots,\ (i+2)_{m\cdot j}^T\}, \tag{5-42}$$

$$\forall\,1\leqslant j\leqslant m,\ C((i-1)_1^T,\ (i+1)_j^T)=\{i_1^T\}, \tag{5-43}$$

$$\forall\,1\leqslant s<t\leqslant m,\ C((i+1)_s^T,\ (i+1)_t^T)=\{i_1^T\}. \tag{5-44}$$

依据式（5-4）至式（5-8）和式（5-40）至式（5-43）可知，式（5-45）成立。

$$WSD(i_1^T)=g(m), \tag{5-45}$$

式中，$g(m)=m^{4i}\cdot m^{-4n-12}\cdot f_1(m)$。

因此，$g(m)$ 表征 $H_{m,n}$ 中第 $n-k+4$ 至 $n-1$ 层小度节点之间的连接关系。

5.3.3 大度节点的加权谱分布

本节分析定位于 $H_{m,n}$ 中大度节点的四圈 WSD 特征，其中大度节点主要存在于 $M_{m,n}$ 的第 $n-k+4$ 至 $n+1$ 层和 $T_{m,n}$ 的第 2 至 $k-1$ 层。

注意：由第 5.3.1 节的理论分析可知，对任意的无穷小量 ε，参数 $k=\left|1-\log_m\left(\dfrac{2\varepsilon}{(m-1)}\right)\right|$。

对于 $M_{m,n}$ 中定位于第 $i=n-\tau$ 层大度节点 i_1 的加权谱分布，其中 $\tau\in\{1,\ 2,\ \cdots,\ k-4\}$ 与参数 n 无关：式（5-9）至式（5-23）给出了节点 i_1 的连接关系。依据这些连接关系，以 i_1 为起始节点连接模型 CM1 至 CM4 的全部实例，可以被划分至六类，如图 5-4 所示。

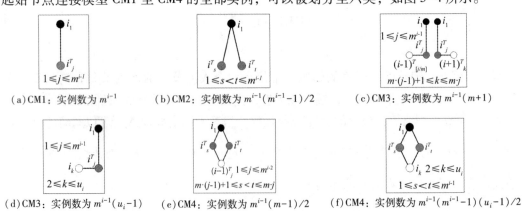

（a）CM1：实例数为 m^{i-1} 　（b）CM2：实例数为 $m^{i-1}(m^{i-1}-1)/2$ 　（c）CM3：实例数为 $m^{i-1}(m+1)$

（d）CM3：实例数为 $m^{i-1}(u_i-1)$ 　（e）CM4：实例数为 $m^{i-1}(m-1)/2$ 　（f）CM4：实例数为 $m^{i-1}(m^{i-1}-1)(u_i-1)/2$

图 5-4　以 i_1 为起始节点的连接模型 CM1 至 CM4 的全部实例（其中节点 i_1 和 i_k 拥有大度，而其他节点拥有小度）

依据第5.2.2节的理论分析，图5-4显示六类实例的四圈WSD，可以依次地被表达为式(5-46)、式(5-47)、式(5-48)、式(5-49)、式(5-50)和式(5-51)。

$$WSD_a(i_1) = m^{-n-\tau-3}, \tag{5-46}$$

$$WSD_b(i_1) = m^{-2\tau-4} - m^{-n-\tau-3}, \tag{5-47}$$

$$WSD_c(i_1) = m^{-3\tau-7} \cdot (m^3+1), \tag{5-48}$$

$$WSD_d(i_1) = m^{-n-1} - m^{-n-\tau-3} \cdot (m+2), \tag{5-49}$$

$$WSD_e(i_1) = m^{-3\tau-7} \cdot (m-1), \tag{5-50}$$

$$WSD_f(i_1) = m^{-\tau-2} - m^{-2\tau-4} \cdot (m+2) - m^{-n-1} + m^{-n-\tau-3} \cdot (m+2). \tag{5-51}$$

式(5-46)至式(5-51)的和等于式(5-23)，其中$i = n-\tau$。当$n \to +\infty$时，式(5-48)和式(5-51)趋向于0；然而，式(5-46)、式(5-47)、式(5-49)和式(5-50)趋向于一系列与参数τ相关的常量。依据图5-4，分类(b)、(c)、(e)和(f)表征多个小度节点被连接至一个大度节点的方式；也就是说，定位于这个大度节点的四圈WSD，对这些方式具有敏感的识别能力。采用与上述分析定位于$M_{m,n}$中大度节点相似的方法，可以验证，定位于$T_{m,n}$中第$i \in \{4, 5, \cdots, k-1\}$层大度节点$i_i^T$的四圈WSD具有相同的结论。

5.4 图谱属性稳定性的数值分析

确定型的演化网络模型可被用于精确计算四圈WSD的数学公式。然而，真实世界网络通常存在大量的随机不确定性因素。因此，相对于确定型，随机型的网络模型更适合于真实网络的精确建模。本节首先选择能够表征真实网络的"局部世界""节点删除"和"社团演化"等结构特征的四种随机型演化网络模型，验证第5.1节至第5.3节对WSD理论分析的正确性，然后选择建模互联网拓扑的经典随机型拓扑模型PFP，数值分析两个图谱属性——WSD和ME1的演化稳定性及它们与模型参数的关联性。

5.4.1 加权谱分布稳定性的数值分析

Barabasi-Albert(BA)模型[21]是scale-free演化网络的经典随机型模型(详见第2.3.2节)。该模型采用节点和边的增长方式仿真生成scale-free网络。特别地，在每步迭代过程，增加一个新节点，并将该节点连接至已存在于系统的m个旧节点。此外，Li等[63]和Deng等[64]分别对BA模型的局部世界(LW, local world)和节点删除(ND, node deleting)效果进行了研究，且Xie等[65]构建了一个基于社团演化(CBE, community-based evolving)的scale-free网络模型，该模型的特点在于：生成的网络可以跨越协调(assortative)网络和非协调(disassortative)网络。LW、ND和CBE模型的仿真原理如下：

LW模型：起始于一个小规模的随机图，然后在每步的迭代过程，该模型从已存在于系统的旧节点中均等分布地随机选择M个节点(被定义为即将增加新节点的局部世界)，并连接新增加的一个节点至它的局部世界中的 m 个节点。局部世界中 m 个节点的连接偏好与 BA 模型相同。Li 等[63]指出 $m \leq M \leq N(t)$，其中 $N(t)$ 为仿真网络在 t 步迭代后的节点总数。当 $M = N(t)$ 时，LW 模型将被退化成 BA 模型。

ND 模型：起始于一个小规模的随机图，然后在每步的迭代过程，该模型或者以概率 $p_a(0.5 < p_a \leq 1)$ 新增加一个节点，或者以概率 $p_d = 1 - p_a$ 随机选择一个旧节点删除。Deng 等[64]指出，当 $p_a = 1$ 时，ND 模型将被退化至 BA 模型。

CBE 模型：起始于一个小规模的随机图，然后在每步的迭代过程，该模型或者以概率 p 增加一个包含 n_0 个节点且相互全连接的新社团（并在该新社团随机选择一个节点连接至已存在其他旧社团中的 m 个节点），或者以概率 $1-p$ 增加一个新节点：首先 CBE 模型将该新节点加入一个随机选择的旧社团，然后该模型将该新节点连接至已存在系统中的 m 个旧节点；对于这 m 个旧节点中的每一个，或者以概率 q 从该新节点所处的社团中选择，或者以概率 $1-q$ 从其他社团中选择。此外，参数 α 被用于调整节点之间相互连接关系的偏好规则。Xie 等[65]发现当 p 从 0.01 增至 1 时，该模型生成网络的协调系数 r（定义详见第 2.2.4 节）单调递增。特别地，当 $p < 0.08$ 时，该模型生成网络是非协调的（对应 $r < 0$）；当 $0.08 < p \leq 1$ 时，该模型生成网络是协调的（对应 $r > 0$）。

本节将上述四种随机型网络模型（BA，LW，ND 和 CBE）应用于四圈 WSD 的分析，并与 Wu 等[66]提出的图谱属性、自然连通性，进行对比。因为 Wu 等[66]指出自然连通性具有渐进式地与网络规模无关的特征。自然连通性是一个定义在邻接图谱的属性，设 λ_1，λ_2，$\cdots$，λ_n 是简单无向图 G 的邻接矩阵的全部特征值，则该属性被定义为式（5-52）[66]。

$$\eta = \ln\left(\frac{1}{n} \sum_{i=1}^{n} e^{\lambda_i}\right) 。 \tag{5-52}$$

通过对比分析，本节将验证自然连通性与网络规模渐进式无关的特征在 scale-free 网络不再成立：自然连通性的该特征仅存在于节点度均等分布的随机网络[66]。

由图 5-5、图 5-6、图 5-7 和图 5-8 的对比分析，在 BA，LW，ND 和 CBE 随机型 scale-free 模型上，四圈 WSD 随着网络规模的膨胀而具有近似的线性增长特征。这些实验结果，与本书在第 5.2 和 5.3 节的理论分析结论保持一致。特别地，依据图 5-6、图 5-7 和图 5-8，WSD 的稳定性特征，在多种演化系统的扰动因素下仍然有效（例如，局部世界、节点删除和协调系数调整）。相反地，自然连通性的稳定性特征，仅局限于规则图（所有节点度的期望值均等），而在 scale-free 演化网络系统中失效。需要指出的是，规则图通常出现于早期对网络结构的简单假设，scale-free 网络在现实世界中更为普遍。

注意：图 5-5 至 5-11 中每个数值是 10 个仿真图（相同输入参数）上的统计均值。

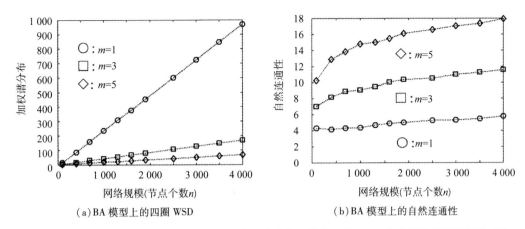

（a）BA 模型上的四圈 WSD

（b）BA 模型上的自然连通性

图 5-5 在 **BA** 模型（不同的输入参数 **m**）仿真生成演化网络上四圈 WSD 和自然连通性的行为对比

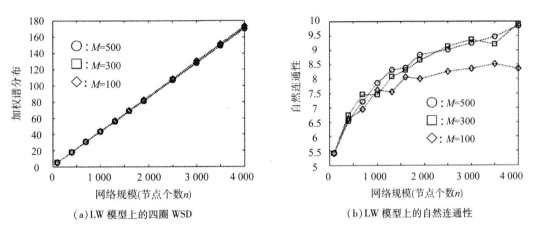

（a）LW 模型上的四圈 WSD

（b）LW 模型上的自然连通性

图 5-6 在 **LW** 模型（不同的输入参数 **M**，但另一个输入参数确定，即 $m=3$）仿真生成演化网络上四圈 WSD 和自然连通性的行为对比

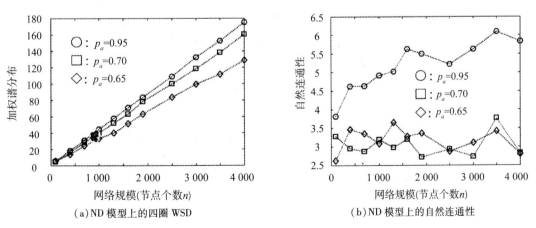

（a）ND 模型上的四圈 WSD

（b）ND 模型上的自然连通性

图 5-7 在 **ND** 模型（不同的输入参数 **p_a**，但另一个输入参数确定，即 $m=3$）仿真生成演化网络上四圈 WSD 和自然连通性的行为对比

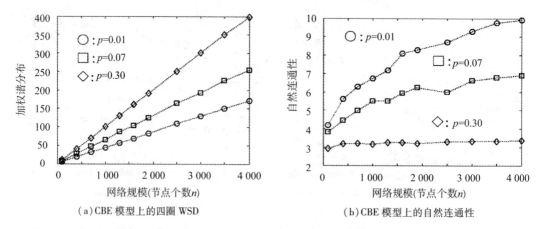

（a）CBE 模型上的四圈 WSD　　　　　　（b）CBE 模型上的自然连通性

图 5-8　在 CBE 模型（不同的输入参数 p，但其他输入参数确定，即 $n_0=4$，$m=3$，$q=0.9$，$\alpha=-1$）仿真生成演化网络上四圈 WSD 和自然连通性的行为对比

依据式（5-6）至式（5-8），定位于给定节点 A 的四圈 WSD［定义为 $WSD(A)$，其等于以 A 为起始节点的所有 4-圈对应节点度倒数乘积的和］可以采用集合 $N(A)$、$N(i)$ 和 $C(i,j)$（$i,j\in N(A)$，$i\neq j$）计算获得。对于给定的一个常量 κ，定义定位于节点 A 的一个新的 WSD 度量尺度，$WSD(A,\kappa)$，其仍然可以采用式（5-6）至式（5-8）进行计算，但附加条件是，要求将 $N(A)$、$N(i)$ 和 $C(i,j)$ 中所有度大于 κ 的节点全部删除。也就是说，仅仅那些度不大于 κ 的节点和这些节点之间的连接关系被用于 $WSD(A,\kappa)$ 的计算。

本节将定位于度不大于 κ 的全部节点的四圈 WSD 定义为式（5-53）。

$$WSD_\kappa = \sum_{v\in\{w|d_w\le\kappa\}} WSD(v,\kappa)。 \qquad (5-53)$$

式（5-53）表征小度节点之间的连接关系，因为参数 κ 不随着网络规模 n 的膨胀而增加。在 BA，LW，ND 和 CBE 模型仿真生成具有 4 000 节点的网络上，图 5-9 给出了 $WSD_{k\cdot m}$ vs k 的数值实验结果。其显示，当 $k=10$ 时，$WSD_{k\cdot m}$ 与采用特征值方法计算得到的四圈 WSD 精确值［计算公式为式（4-1）］十分地相近。换句话说，该实验结果验证了，在上述随机型模型上的四圈 WSD 强依赖于小度节点之间的连接关系。

下一步，本节将使用小度节点之间的连接关系分析图 5-5(a) 至图 5-8(a) 中渐进式直线的斜率系数。依据式（5-53），WSD_κ 取决于两个因素：节点 v 的总数和 $WSD(v,\kappa)$ 的平均值。对于一个给定的 $\kappa=k\cdot m$，其中 $k=10$，图 5-10 显示了在 BA，LW，ND 和 CBE 模型生成的演化网络中度不大于 κ 的节点总数。

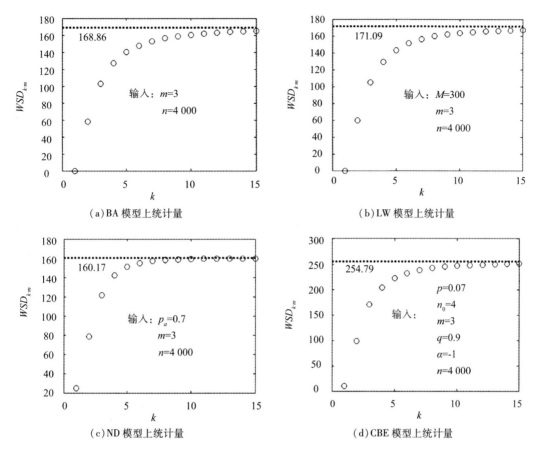

（a）BA 模型上统计量

（b）LW 模型上统计量

（c）ND 模型上统计量

（d）CBE 模型上统计量

注：其中 m 是 BA，LW，ND 和 CBE 模型每步迭代中新增的一个节点连接的旧节点数。这些模型的输入分别在（a）至（d）中给出。此外，采用式（4-1）的特征值方法计算得到的四圈 WSD 的精确值分别在（a）至（d）中紧邻虚线的下方给出。

图 5-9　$WSD_{k \cdot m}$ vs k 的数值实验结果

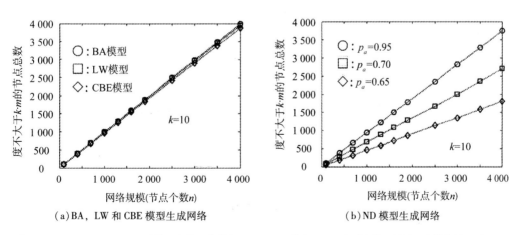

（a）BA，LW 和 CBE 模型生成网络

（b）ND 模型生成网络

注：BA，LW，ND 和 CBE 四个模型的输入参数与图 5-5（a）至图 5-8（a）中对应模型的输入参数保持一致。

图 5-10　在演化网络中，度不大于 $\kappa = k \cdot m$ 的节点总数，其中 $k = 10$

依据 scale-free 网络中节点度分布的幂律属性，大度节点的总数相对于不断膨胀的网络规模可以忽略不计。因此，小度节点的数量近似地等于网络规模，如图 5-10(a) 所示（BA，LW 和 CBE 模型生成演化网络具有相似现象）。然而，ND 模型以概率 $p_d = 1 - p_a$ 随机选择一个旧节点删除。当旧节点被删除后，与该旧节点相邻的所有边同时被删除。也就是说，随着 p_a 的变大，网络中孤立节点的比率将会提升，从而导致小度节点的比率下降，如图 5-10(b) 所示。

注意：依据式(2-26)，孤立节点（即度为 0 的节点）对四圈 WSD 的计算没有影响（进一步地，任意 4-圈不可能包含一个孤立节点）。换句话说，与四圈 WSD 计算相关的小度节点，不包含那些孤立节点。

对于一个给定的 $\kappa = k \cdot m$，其中 $k = 10$，图 5-11 给出了 BA，LW，ND 和 CBE 模型生成演化网络上 $WSD(v, \kappa)$ 的平均值，即 $\overline{WSD(v, \kappa)}$。

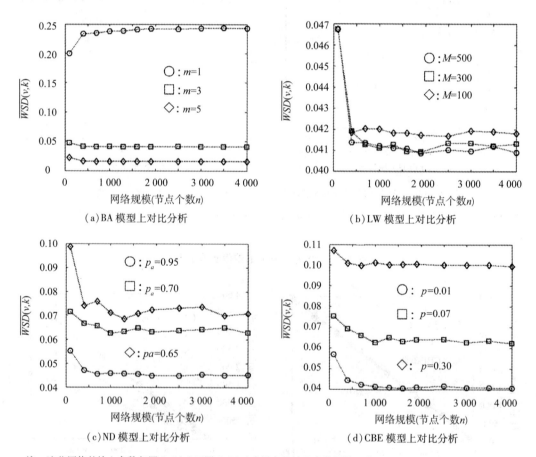

（a）BA 模型上对比分析   （b）LW 模型上对比分析

（c）ND 模型上对比分析   （d）CBE 模型上对比分析

注：这些网络的输入参数与图 5-5(a) 至图 5-8(a) 中设定的输入参数保持一致。

图 5-11　在演化网络上 $WSD(v, \kappa)$ 的平均值

假设集合 $\{w \mid 0 < d_w \leq \kappa\}$ 包含小度节点的平均度为 $\bar{\kappa}$，其不随网络规模的膨胀而增长。依据表 5-1 和图 5-12，本节粗略地评估 $WSD(v, \kappa)$ 的平均值为式(5-54)。

$$\overline{WSD}(v,\ \kappa) \approx \frac{\overline{\kappa} + \overline{\kappa}(\overline{\kappa}-1) + \overline{\kappa}(\overline{\kappa}-1) + \overline{\kappa}(\overline{\kappa}-1)^2}{\overline{\kappa}^4}。 \tag{5-54}$$

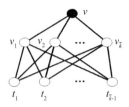

注：上述的实例都是以 v 为起始节点。依据第 5.2 节的分析，v-v_i($i=1, 2, \cdots, \overline{\kappa}$) 是 CM1 的所有实例，$v_i$-$v$-$v_j$ ($i, j=1, 2, \cdots, \overline{\kappa}$; $i<j$) 是 CM2 的所有实例；v-v_i-t_j($i=1, 2, \cdots, \overline{\kappa}$; $j=1, 2, \cdots, \overline{\kappa}-1$) 是 CM3 的所有实例，$v$-$v_i$-$t_l$-$v_j$($i, j=1, 2, \cdots, \overline{\kappa}$; $i<j$; $l=1, 2, \cdots, \overline{\kappa}-1$) 是 CM4 的所有实例。

图 5-12　以 v 为起始节点的 4-圈的最大数量（其中所有的节点拥有相同的度 $\overline{\kappa}$）

依据式（5-54），随着 $\overline{\kappa}$ 的增长，$\overline{WSD}(v,\ \kappa)$ 渐进式地减小。对于图 5-11（a）的 BA 模型生成网络，随着 m 的增长，$\overline{\kappa}$ 单调递增［即 $\overline{WSD}(v,\ \kappa)$ 渐进式地减小］。在 LW 模型生成网络中，$\overline{\kappa}$ 强依赖于输入参数 M。对于图 5-11（b）的 LW 模型生成网络，随着 M 的减小，$m=3$ 保持不变［即 $\overline{WSD}(v,\ \kappa)$ 也近似地保持不变］。在 ND 模型生成网络中，当一个旧节点被删除时，与该节点相连的所有边同时被删除。进一步地，当该模型新增一个节点时，与该新增节点相邻的边数为 m；但是，当该模型删除一个节点时，与该删除节点相邻的边数通常大于 m。因此，在 ND 模型生成网络中，随着旧节点被删除概率 $p_d = 1-p_a$ 的增加，未被删除节点的平均度将会被减小。对于图 5-11（c）的 ND 模型生成网络，随着 p_a 的减小，$\overline{\kappa}$ 单调减小［即 $\overline{WSD}(v,\ \kappa)$ 渐进式地增加］。CBE 模型或者以概率 p 增加一个包含 n_0 节点且相互全连接的新社团（并从新社团中随机选择一个节点，将其连接至 m 个旧节点），或者以概率 $1-p$ 增加一个新节点（并将其连接至 m 个旧节点）。也就是说，或者 n_0 个节点和 $\frac{n_0(n_0-1)}{2}+m$ 条边以概率 p 被增加，或者一个节点和 m 条边以概率 $1-p$ 被增加。节点度之和等于边数的两倍。因此，对于 CBE 模型，$\dfrac{2\left(\dfrac{n_0(n_0-1)}{2}+m\right)}{n_0}$ 和 $\dfrac{2m}{1}$ 分别代表调整其生成网络的平均节点度的两个速率。如果 $n_0 < 2m$，则推导出 $\dfrac{2\left(\dfrac{n_0(n_0-1)}{2}+m\right)}{n_0} < 2m$。对于图 5-11（d）的 CBE 模型生成网络，$n_0 = 4$ 且 $m=3$（即 $n_0 < 2m$）；因此，随着 p 的增加，相应 $\overline{\kappa}$ 单调减小［即 $\overline{WSD}(v,\ \kappa)$ 渐进式地增加］。

图 5-5（a）至图 5-8（a）中渐进式直线斜率系数的变化趋势，可以通过图 5-10 和图 5-11 的分析得到较好的解释。因此，可以推导出：四圈 WSD 对节点删除和相配性调整具有

敏感的识别能力，但是其对局部世界效果不敏感。

5.4.2 互联网拓扑上稳定性的数值分析

第 5.4.1 节采用的 BA，LW，ND 和 CBE 模型，被用于建模自然界普遍存在的 scale-free 网络现象，它们没有深入挖掘互联网拓扑与其他复杂网络之间的差异性。由第 2.3.4 节可知，PFP 是建模互联网拓扑结构的演化模型，其能够精确表征互联网拓扑的高密度内核和度为 1 至 3 节点的分布比率等特征[23]。因此，本节采用 PFP 演化模型数值分析四圈 WSD 和 ME1 两个图谱属性在拓扑规模增长过程的稳定性。第 3 章的图 3-1 给出互联网拓扑的 single-homed 和 multi-homed 结构模型，这种独有的结构特征使得 ME1（等于正规 Laplacian 图谱中特征值 1 的个数）成为表征该拓扑的一项重要属性。

由第 2.3.4 节可知，PFP 模型的输入参数 p^*，q^* 和 $1-p^*-q^*$ 分别为交互增长机制中选择三种增加节点和边的策略的概率，且 δ 被用于计算一个节点将连接至某个已存在节点的非线性偏好连接概率。

注意：为了区分式（3-2）分解得到互联网拓扑的两个节点集 P 和 Q 的势（分别采用 p 和 q 表示），本节将第 2.3.4 节描述 PFP 模型的输入参数 p 和 q 替换为 p^* 和 q^*。因此，p^*，q^* 和 δ 表征互联网拓扑在规模增长过程中与规模无关的演化特征。

在图 5-13、图 5-14、图 5-15 和图 5-16，本节采用 PFP 模型的不同输入参数，仿真生成一系列不同规模的人造拓扑。同时，采用这些人造拓扑对 ME1 和四圈 WSD 进行统计对比分析。

注意：对于特定规模 n 和特定输入参数（p^*，q^* 和 δ）的 PFP 仿真图，本节生成 10 个实例，且在仿真图上的度量值为在这 10 个实例上度量值的均值。图 5-13 至图 5-16 的纵坐标表示在不同规模仿真图的 10 个实例上 ME1 和四圈 WSD 的度量均值。

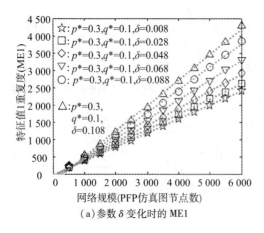
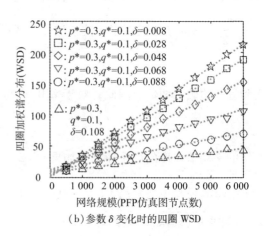

（a）参数 δ 变化时的 ME1　　　　　　　　（b）参数 δ 变化时的四圈 WSD

图 5-13　ME1 和四圈 WSD 在 PFP 模型（p^* 和 q^* 固定，δ 变化）仿真生成不同规模拓扑图上的统计对比

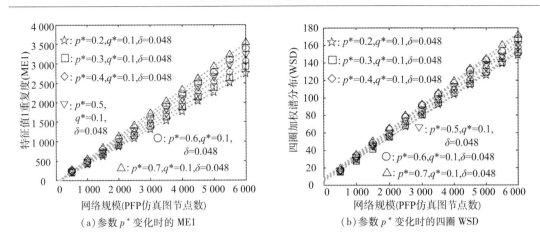

（a）参数 p^* 变化时的 ME1　　　　　　（b）参数 p^* 变化时的四圈 WSD

图 5-14　ME1 和四圈 WSD 在 PFP 模型（q^* 和 δ 固定，p^* 变化）仿真生成不同规模拓扑图上的统计对比

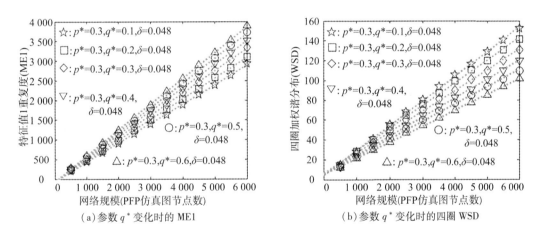

（a）参数 q^* 变化时的 ME1　　　　　　（b）参数 q^* 变化时的四圈 WSD

图 5-15　ME1 和四圈 WSD 在 PFP 模型（p^* 和 δ 固定，q^* 变化）仿真生成不同规模拓扑图上的统计对比

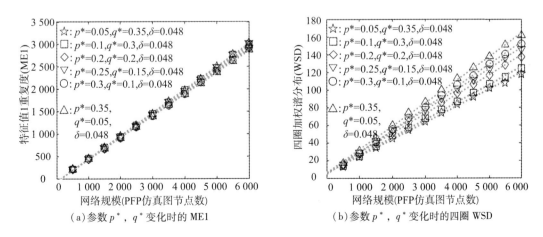

（a）参数 p^*，q^* 变化时的 ME1　　　　　（b）参数 p^*，q^* 变化时的四圈 WSD

图 5-16　ME1 和四圈 WSD 在 PFP 模型（p^*+q^* 和 δ 固定）仿真生成不同规模拓扑图上的统计对比

依据图 5-13 至图 5-16 的数值分析，可以发现 $\dfrac{ME1}{n}$ 和四圈 WSD 与 n 的比率与拓扑规模 n 近似地无关，且仅由 PFP 模型的输入参数 p^*、q^* 和 δ 决定（稳定性条件）。也就是说，如果互联网拓扑的演化特征（p^*，q^* 和 δ）不发生改变，则正规 Laplacian 图谱将保持其在规模增长过程的近似稳定性。

依据图 5-13 至图 5-16 可以发现，ME1 和四圈 WSD 演化直线的斜率随着输入参数 p^*、q^* 和 δ 的变化而单调变化。由第 3.3 节的数学证明，可知式（5-55）成立。

$$ME1 \approx p - q + pi + ri - qi + ii。 \tag{5-55}$$

由图 5-17 的数值分析可知，参数 p，q，pi，qi，ii 和 ri 是 ME1 在互联网拓扑稳定性的关键因素，且它们都近似地落入了经过原点的直线。在每步迭代过程，PFP 模型选择两种方法（分别以概率 p^* 和 q^*）增加悬挂节点（定义为度为 1 的节点）。依据互联网拓扑的偏好连接规则[23]，度较小的节点以十分小的概率被其他节点连接，因此以恒定的概率 $p^* + q^*$ 增加悬挂节点，是保持参数 p 稳定的关键因素。同时，在每步迭代，PFP 模型选择一种方法（以概率 $1-p^*-q^*$）增加一个度为 2 的节点。依据偏好连接规则，所有的新增节点趋向于连接相同的度比较大的节点。也就是说，度为 2 的新增节点趋向于连接两个或一个准悬挂节点（定义为被悬挂节点连接的节点），从而导致这些度为 2 的新增节点是集合 II 和 PI 的主要来源。这些度为 2 的新增节点更大可能地连接两个准悬挂节点，这导致 ii 要大于 pi。因此，以恒定的概率 $1-p^*-q^*$ 增加度为 2 的节点，是保持 ii 和 pi 稳定性的关键因素。参数 q 和 qi 分别强依赖于参数 p 和 pi；也就是说，p 和 pi 的稳定性是保持 q 和 qi 的稳定性的关键因素。相对于其他参数，参数 ri 十分地小。因此，图 5-17 中 p，q，pi，qi 和 ii 的稳定性，可以有效地解释正规 Laplacian 图谱中特征值 1 个数 $ME1$ 的稳定性。依据上述分析，

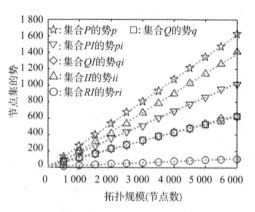

注：在线性坐标系下，横坐标表示 PFP 模型（输入参数 $p^* = 0.3$，$q^* = 0.1$ 和 $\delta = 0.048$）仿真生成图的节点个数（12 个离散值，以步长 500 从 500 增至 6 000），纵坐标表示第 3 章定义的六个参数 p，q，pi，qi，ii 和 ri（分别为节点集 P，Q，PI，QI，II 和 RI 的势）在 PFP 图的 10 个实例上的统计均值。

图 5-17　第 3 章式（3-2）分解互联网拓扑得到六个节点集的势 vs PFP 仿真图的拓扑规模（节点数）

悬挂节点个数 p 强相关于 PFP 模型的输入概率 $p^* + q^*$；同时，在互联网拓扑中 p 远大于 q、pi、qi、ii 和 ri，由式(5-55)可知 p 是计算 $ME1$ 的最重要因素。因此，图 5-14(a)和图 5-15(a)的直线斜率分别随着 p^* 和 q^* 的增加而单调递增；反之，图 5-16(a)的直线斜率近似地相互均等，因为它们对应 PFP 模型的输入概率 $p^* + q^*$ 保持不变。此外，准悬挂节点个数 q 强相关于 PFP 模型的参数 δ，因为随着 δ 的增加，新增加的节点趋向于被连接至度更大的节点(所有的悬挂节点将被连接至更少的准悬挂节点，从而导致参数 q 的减小)。因此，图 5-13(a)的直线斜率随着 δ 的增加而递增。

　　四圈 WSD 在图 5-13(b)至图 5-16(b)的近似稳定性与第 5.2 节和第 5.3 节的理论分析保持一致。这里"近似稳定性"指，当拓扑规模 n 增长到三十万时，PFP 模型生成网络的四圈 WSD 与 n 的比率值与图 5-13(b)至图 5-16(b)的相应数值之间存在显著的差异性(详见第 9 章)，这是由互联网拓扑的高密度内核特征导致：Winick 等[3]指出仅有删除前三个最大度节点时该拓扑的节点度分布才近似地服从幂律；当 n 非常大时，PFP 网络内核中比较大的节点度将更显著地偏离 scale-free 网络的节点度幂律分布特征。然而，2019 年互联网拓扑的自治系统节点数仅有五万左右[43]；因此，图 5-13(b)至图 5-16(b)的数值分析，仍可被用于验证四圈 WSD 在互联网拓扑演化过程的稳定性。由第 2.5 节可知式(5-56)成立。

$$WSD(G, N) = \sum_{i=1}^{n} (1 - \lambda_i)^N = \sum_c \frac{1}{d_{u_1} d_{u_2} \cdots d_{u_N}}, \tag{5-56}$$

式中，$c = u_1, u_2, \cdots, u_N$ 表示图 G 的全部 N-圈。因此，四圈 WSD 强依赖于图 G 的 4-圈数和 4-圈中包含的节点度。当节点的度变大时，包含该节点的 4-圈数将会增加。随着 PFP 模型输入参数 δ 的变大，新增节点趋向于连接度更大的节点，从而导致更多的 4-圈对应少数度更大的节点，由式(5-56)的分母($d_{u_1} d_{u_2} \cdots d_{u_N}$)可知 WSD 将变小。因此，图 5-13(b)中直线的斜率随着 δ 的增加而单调递减。随着 p^* 和 q^* 的增加，前 $x\%$ ($x \in \{5, 10, 30, 60, 100\}$)的最大度节点的平均度，分别在表 5-2 和表 5-3 中给出。

表 5-2　参数 p^* 变化情况下 6 000 节点规模 PFP 仿真图的统计参数

(p^*, q^*, δ)	前 $x\%$ 最大度节点的平均度				
	$x = 5$	$x = 10$	$x = 30$	$x = 60$	$x = 100$
(0.2, 0.1, 0.048)	56.96	33.55	14.42	8.36	5.61
(0.3, 0.1, 0.048)	55.86	32.77	13.97	8.11	5.40
(0.4, 0.1, 0.048)	54.84	32.19	13.64	7.91	5.21
(0.5, 0.1, 0.048)	53.56	31.30	13.24	7.66	5.00
(0.6, 0.1, 0.048)	52.09	30.31	12.81	7.32	4.79
(0.7, 0.1, 0.048)	50.96	29.76	12.44	7.01	4.61

表 5-3 　参数 q^* 变化情况下 6 000 节点规模 PFP 仿真图的统计参数

(p^*, q^*, δ)	前 $x\%$ 最大度节点的平均度				
	$x = 5$	$x = 10$	$x = 30$	$x = 60$	$x = 100$
$(0.3, 0.1, 0.048)$	55.86	32.77	13.97	8.11	5.40
$(0.3, 0.2, 0.048)$	58.18	34.00	14.29	8.23	5.40
$(0.3, 0.3, 0.048)$	60.33	34.87	14.53	8.31	5.40
$(0.3, 0.4, 0.048)$	62.24	35.89	14.81	8.32	5.40
$(0.3, 0.5, 0.048)$	64.07	36.92	15.04	8.32	5.40
$(0.3, 0.6, 0.048)$	65.90	37.80	15.20	8.33	5.40

　　在表 5-2 和表 5-3 中，对于特定输入 (p^*, q^*, δ) 的平均度为 6 000 节点规模 PFP 仿真图的 10 个实例上的统计均值。由表 5-2 可知 p^* 的增加将导致平均度的减小。由表 5-3 可知 q^* 的增加将导致度较大节点的平均度的增加。因此，依据式(5-56)，图 5-14(b)中直线的斜率随着 p^* 的增加而递增，且图 5-15(b)中直线的斜率随着 q^* 的增加而递减。同时，这一结论可以解释，图 5-16(b)中直线的斜率随着 p^* 的增加和 q^* 的减小而单调递增。

　　推论 5.1[67] 　设 $G = (V, E)$ 和 $G_e = (V, E \cup \{e\})$ 为两个简单无向图，其中它们拥有相同的节点集 V。设 E 和 e 分别为一个边集和一条不属于 E 的边。定义 $\lambda_2(G)$ 和 $\lambda_2(G_e)$ 分别为图 G 和图 G_e 的代数连通性(Laplacian 矩阵的第 2 个最小特征值)，则 $\lambda_2(G) \leq \lambda_2(G_e)$。

　　推论 5.1 使得代数连通性常被用于度量网络的全局连通性。但是，该推理在不同规模图之间的对比不再有效。正规 Laplacian 图谱的两个属性 ME1 和四圈 WSD 对互联网拓扑仿真模型 PFP 的输入参数 (p^*, q^*, δ) 具有敏感的识别能力，能够捕获不同规模拓扑结构之间的稳定性，且能够在线性时间复杂性条件下被快速地计算；因此，本书以正规 Laplacian 图谱为理论工具研究互联网拓扑结构，具有重要的科学意义。

5.5 　本章结论

　　本章从理论与数值两个方面证明了四圈 WSD 的 $\dfrac{WSD}{n}$ 值渐进式地与 scale-free 网络的节点规模 n 无关，并数值分析 $\dfrac{ME1}{n}$ 和 $\dfrac{WSD}{n}$ 与互联网拓扑节点规模的近似无关性。这一性质为正规 Laplacian 图谱属性 ME1 和 WSD 在不同规模图结构对比与互联网拓扑图采样方法设计等领域的应用奠定了理论基础。此外，本章通过确定型 scale-free 网络模型上四圈 WSD 的精确公式推导，证明 $\dfrac{WSD}{n}$ 严格地指示网络中度较小节点之间的四边形连接关系，且定位于一个给定度较大节点的 WSD 值指示网络中度较小节点与该度较大节点之间的连接关系。

进一步地，本章通过多种随机型网络模型，验证四圈 WSD 对节点删除和相配性调整具有敏感的识别能力，但是其对局部世界效果不敏感。这些性质探索了四圈 WSD 与演化网络拓扑结构特征之间的关联性。

在第 6 章和第 7 章，本书将进一步挖掘四圈和三圈 WSD 与小世界结构之间的关联性，因为小世界是复杂网络理论研究领域的一个重要属性，真实世界的复杂网络通常表现出高聚类系数和低路径长度的特征。第 3 章的物理意义分析，验证了四圈 WSD 是表征互联网拓扑结构的重要属性；后续第 6 和 7 章的研究将不局限于互联网拓扑，相关研究有利于更准确地认知互联网拓扑与其他复杂网络之间的差异值。

6 四圈加权谱分布与平均路径长度

早期研究人员采用节点度服从标准分布的随机图建模复杂网络[48]，其中随机图呈现较大的直径和较低的聚类系数。然而，Watts 等[4]发现真实世界网络普遍具有小世界特征：无论节点规模大小，它们都表现出较低的直径和较高的聚类系数。通常，平均路径长度和平均聚类系数(相关定义详见第 2.2 节)是衡量网络是否满足小世界的度量属性。这两个度量属性是复杂网络理论研究领域的常用工具。因此，本章和下一章将分别重点分析 WSD 与平均路径长度和平均聚类系数之间的关联性。

本章首先将采用正规 Laplacian 图谱在空间随机图上的半圆法则推算 WSD 的严格数学公式，并理论分析 WSD 与参数 N 的关联性，其中 N 对应拓扑图的全部 N-圈：当 N 为偶数(或奇数)时，WSD 具有相似的表现行为。特别地，4 和 3 分别是参数 N 的偶数集和奇数集的典型代表：四圈 WSD 和三圈 WSD 分别代表偶数圈 WSD 和奇数圈 WSD 且四圈 WSD 与三圈 WSD 分别表征复杂网络不同的结构属性。然后，将采用多样化的空间随机图和时序确定型/随机型图结构，分析四圈 WSD 与平均路径长度之间的关联性，并指出四圈 WSD 与节点规模 n 的比率是平均路径长度的良好指示器。最后，将采用真实世界的互联网拓扑演化数据集，验证上述关联性。进一步地，将通过数值实验验证四圈 WSD 相对于平均路径长度在计算时间效率方面的显著优越性。

6.1 正规 Laplacian 图谱的半圆法则

Erdos-Renyi 图 G_p 是早期的空间随机模型[48]，其中每条边相互独立地以一个给定的概率 p 被随机生成且 G_p 的全部节点度拥有完全相等的期望值。Chung 等[68-70]定义了一个拥有更一般节点度分布的扩展空间随机图模型 $G(w)$：对于一个度序列 $w = (w_1, w_2, \cdots, w_n)$，边被独立地以概率 $w_i w_j \delta$ 分配至每对节点 i 和 j，其中 $\delta = \dfrac{1}{\sum_{i=1, 2, \cdots, n} w_i}$。特别地，$G(w)$

中节点 i 的度的期望值为 w_i，且 $\bar{w} = \dfrac{\sum_{i=1, 2, \cdots, n} w_i}{n}$ 是平均度的期望值。显而易见，G_p 是当 $w = (pn, pn, \cdots, pn)$ 时 $G(w)$ 的一个特殊情况。设 $w_{min} = \min\{w_1, w_2, \cdots, w_n\}$。对于拥有任意给定节点度序列的空间随机图 $G(w)$(其中，节点度序列满足 $w_{min} \gg \sqrt{\bar{w}}$)，当 $n \to +\infty$ 时，空间随机图 $G(w)$ 的正规 Laplacian 矩阵的谱密度收敛于以下的半圆分布[69]，如式 (6-1)。

$$\rho(\lambda) = \begin{cases} \dfrac{2\sqrt{r^2-(1-\lambda)^2}}{\pi \cdot r^2}, & |1-\lambda| \leqslant r, \\ 0, & |1-\lambda| > r, \end{cases} \tag{6-1}$$

式中，$r = \dfrac{2}{\sqrt{w}}$ 表示正规 Laplacian 图谱的"主体"部分（包含该图谱中除了 $\lambda_1 = 0$ 以外的全部特征值）的半径。

6.2 空间随机图

本节首先采用 Chung 等构建的空间随机模型[68-70]严格地分析 WSD 与参数 N 的关联性、四圈 WSD（$N=4$）的稳定性以及四圈 WSD 与随机模型平均度之间的关联性。平均度强相关于平均路径长度。因此，由 Chung 等构建模型推导出的上述关联性，可以被用于佐证四圈 WSD 与平均路径长度之间的关联性。然后，采用 Watts-Strogatz 空间随机模型[4]，验证四圈 WSD 与平均路径长度之间的关联性（Watts-Strogatz 模型不仅可以调整平均度，而且可以在不改变平均度的情况下调整平均路径长度）。

6.2.1 Chung 等构建的模型

由第 2.5 节可知，Fay 等[11]定义 WSD 为式（6-2）。

$$WSD(G, N) = \sum_{i=1}^{n}(1-\lambda_i)^N = \sum_c \frac{1}{d_{u_1}d_{u_2}\cdots d_{u_N}}, \tag{6-2}$$

式中，λ_1，λ_2，$\cdots$，λ_n 表示图 G 的正规 Laplacian 图谱的全部特征值，$c = u_1$，u_2，$\cdots$，u_N 表示图 G 中的任意（节点可以重复出现）长度为 N 的圈。由式（6-2）可知，WSD 依赖于给定的输入参数 N 且 WSD 表征旅行者在图 G 的 N-圈游走分布特征，因为式（6-2）中 $\dfrac{1}{d_{u_1}d_{u_2}\cdots d_{u_N}}$ 表示旅行者沿圈 c 从 u_1 出发随机游走返回至 u_1 概率。

考虑满足 $w_{\min} \gg \sqrt{w}$ 的空间随机图 $G(w)$，当 $n \to +\infty$ 时，本节采用正规 Laplacian 谱密度的半圆法则，详见式（6-1），将 WSD 转换为式（6-3）。

$$W(G, N) = (1-\lambda_1)^N + \int_{1-r}^{1+r} n \cdot \rho(\lambda) \cdot (1-\lambda)^N d\lambda。 \tag{6-3}$$

采用替换函数 $x = \dfrac{(1-\lambda)}{r}$，可以得到式（6-4）。

$$W(G, N) = 1 + n \cdot \frac{2r^N}{\pi} \int_{-1}^{1} x^N \cdot \sqrt{1-x^2} dx。 \tag{6-4}$$

定理 6.1 设 k 为一个自然数，则式（6-5）成立。

$$\int_{-1}^{1} x^N \cdot \sqrt{1-x^2} dx = \begin{cases} \dfrac{\pi}{2^{N-1} \cdot (N+2)} \dbinom{N-1}{\frac{N}{2}}, & N = 2k, \\ 0, & N = 2k-1。 \end{cases} \tag{6-5}$$

证明 采用替换函数 $x = \cos\theta$，可以得到式(6-6)。

$$\int_{-1}^{1} x^N \cdot \sqrt{1-x^2}\, dx = \int_0^\pi \cos^N \theta d\theta - \int_0^\pi \cos^{N+2}\theta d\theta。 \tag{6-6}$$

因为式(6-7)成立，

$$\int_0^\pi \cos^N \theta d\theta = \int_0^\pi \cos^{N-1}\theta d\sin\theta$$

$$= \cos^{N-1}\theta\sin\theta \big|_0^\pi + (N-1)\int_0^\pi (1-\cos^2\theta)\cos^{N-2}\theta d\theta, \tag{6-7}$$

所以可以证明式(6-8)成立。

$$\int_0^\pi \cos^N \theta d\theta = \frac{N-1}{N}\int_0^\pi \cos^{N-2}\theta d\theta$$

$$= \begin{cases} \dfrac{(2k-1)!}{2^{2k-1}\cdot k!\,(k-1)!}\displaystyle\int_0^\pi \cos^0 \theta d\theta, & N = 2k, \\[3mm] \dfrac{(2^{k-1}\cdot (k-1)!)^2}{(2k-1)!}\displaystyle\int_0^\pi \cos^1 \theta d\theta, & N = 2k-1。 \end{cases} \tag{6-8}$$

依据式(6-6)和式(6-8)，容易证明定理 6.1 的正确性。

采用定理 6.1 的结论，式(6-4)可以被转换为式(6-9)。

$$W(G,\ N) = \begin{cases} 1 + n \cdot \dfrac{4}{\bar{w}^{\frac{N}{2}}\cdot(N+1)}\dbinom{N-1}{\frac{N}{2}}, & N = 2k, \\[4mm] 1, & N = 2k-1, \end{cases} \tag{6-9}$$

式中，$\bar{w} = \dfrac{\sum_{i=1}^n w_i}{n}$ 是图 $G(w)$ 的平均度期望值，$w = (w_1,\ w_2,\ \cdots,\ w_n)$ 是图 $G(w)$ 的节点度序列。

由式(6-9)可知，当参数 N 为偶数 $2k$（或奇数 $2k-1$）时，WSD 具有相似的表现行为：当 N 为偶数时，WSD/n 趋向于恒定的非零常数；当 N 为奇数时，WSD 恒等于 1。式(6-9)是在空间随机图 $G(w)$ 的 WSD 计算公式。虽然 $G(w)$ 不能精确表征真实世界网络，但是其从理论上给出了参数 N 的选择策略：考虑到第 4 章分析 N-圈枚举的计算时间复杂性，本书选择 4 和 3 作为偶数和奇数的典型代表。

如果期望平均度 $\bar{w}$ 是一个常量，则四圈 WSD 随着节点规模 n 渐进式的线性增长，且渐进式增长直线的斜率对参数 $\bar{w}$ 具有敏感的识别能力。在演化系统，当 $n \to +\infty$ 时，网络中随机选择一个度为 x 的节点的概率，通常趋向于一个高斯、指数或幂律分布，如式(6-10)。

$$P_G(x) \propto \frac{1}{\sqrt{2\pi}\,\sigma}e^{-\frac{(x-\mu)^2}{2\sigma^2}},\ P_E(x) \propto a^{-x} \text{或} P_{PL}(x) \propto x^{-\gamma}, \tag{6-10}$$

式中，$\sigma > 0$、$\mu > 0$、$a > 1$ 且 $\gamma > 0$，都是常量，符号 $\propto$ 表示"正比于"。

易知，$P_G(x)$ 的期望平均度为 $\bar{w} = \mu$。假设网络的最小度为 $c \geqslant 0$，则 $P_E(x)$ 和 $P_{PL}(x)$ 的期望平均度可以分别被计算为式(6-11)和式(6-12)。

$$\int_{c}^{+\infty} x P_{E}(x)\,\mathrm{d}x \propto \int_{c}^{+\infty} x \cdot a^{-x}\,\mathrm{d}x = a^{-c}\ln^{-1}a(c+\ln^{-1}a)\ , \tag{6-11}$$

$$\int_{c}^{+\infty} x P_{PL}(x)\,\mathrm{d}x \propto \int_{c}^{+\infty} x \cdot x^{-\gamma}\,\mathrm{d}x = \left.\frac{x^{2-\gamma}}{2-\gamma}\right|_{c}^{+\infty}\ 。 \tag{6-12}$$

对于许多大规模的 scale-free 网络，度指数 γ 主要落入 2.1 到 4 之间。当 $\gamma>2$ 时，式 (6-12) 右边公式等于 $\dfrac{c^{2-\gamma}}{(\gamma-2)}$。也就是说，当 $\gamma>2$ 且 $n\to+\infty$ 时，拥有高斯、指数或幂律度分布网络的期望平均度趋向于常量［在 $G(w)$ 上正规 Laplacian 矩阵谱密度的半圆法则似乎可以对四圈 WSD 的稳定性给出合理的理论解释］。

对于拥有期望幂律度序列且平均度严格地大于 1 的随机图 $G(w)$，Chung 等[68]证明了以下的结论：如果度指数 $\gamma>3$，则当 $n\to+\infty$ 时，$G(w)$ 的平均路径长度趋向于 $(1+o(1))\cdot\left(\dfrac{\log n}{\log\tilde{d}}\right)$，其中 $\tilde{d}=\dfrac{\sum_{i=1}^{n}w_{i}^{2}}{\sum_{i=1}^{n}w_{i}}$ 且 $o(1)\to0$（当 $n\to+\infty$ 时）；如果 $2<\gamma<3$ 且最大度 $d_{\max}$ 满足 $\log(d_{\max})>>\dfrac{\log n}{\log\log n}$，当 $n\to+\infty$ 时，$G(w)$ 的平均路径长度的极限最多是 $(2+o(1))\cdot\left(\dfrac{\log\log n}{\log\left(\dfrac{1}{(\gamma-2)}\right)}\right)$。依据式(6-10)和式(6-12)，当 $\gamma>3$ 时，可得到式(6-13)。

$$\tilde{d}=\frac{\displaystyle\int_{c}^{+\infty} x^{2} P_{PL}(x)\,\mathrm{d}x}{\displaystyle\int_{c}^{+\infty} x P_{PL}(x)\,\mathrm{d}x} \propto c\left(1+\frac{1}{\gamma-3}\right)\ 。 \tag{6-13}$$

依据式(6-12)，随着 γ 的减小，期望平均度 $\overline{w}$ 单调递增。随着 $\gamma\in(2,+\infty)$ 的减小，$G(w)$ 的平均路径长度渐进式地递减。由式(6-9)可知，当 N 是一个偶数时，WSD 随着 $\overline{w}$ 的增加而递减。因此，随着 γ 的减小，$G(w)$ 的四圈 WSD 和平均路径长度同时递减。此外，可以确定，当 $\overline{w}$ 增加时，γ 递减，并导致平均路径长度的缩减。简而言之，式(6-9)隐含着四圈 WSD 与节点规模 n 的比率是平均路径长度良好指示器的结论。

6.2.2　Watts-Strogatz 模型

第 6.1 节介绍的 Erdos-Renyi 模型 G_{p} 的节点平均度 $\overline{w}=p\cdot n$。也就是说，当 $n\to+\infty$ 且 $N=4$ 时，G_{p} 的四圈 WSD 趋向于常数 1。因此，G_{p} 的四圈 WSD 值对 p 不敏感。然而，物理演化系统更加关注于那些节点度分布渐进式地与节点规模无关的网络结构。

Watts 等[4]提出了一个小世界网络模型 $G_{k,p}$，其起始于一个包含 n 个节点的环形栅格，且每个节点被连接至它的 $2k$ 个邻居，如图 6-1(a) 所示。然后，对于每对相互连接的节点，它们之间的边以概率 p 被按照以下的方式进行重新连接：该边的起始端保持不变，但是终点端被切断并被重新连接至从整个网络随机选择的一个节点(要求避免自环和多重边)。当 $p=0$ 时，该图保持为原始的规则网络；然而，当 $p=1$ 时，该图包含的所有边都被

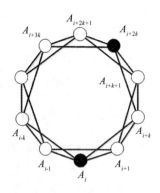

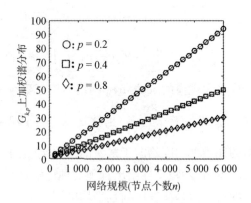

（a）环形栅格（$n=10$ 且 $k=2$）　　　　（b）Watts-Strogatz 网络 $G_{k,p}$ 的四圈 WSD vs 节点个数 n（$k=5$）

注：（b）中每个数值是 10 个仿真图（相同输入参数）上的统计均值。

图 6-1　Watts-Strogatz 模型的数值分析

随机地重新连接，且模型 $G_{k,p}$ 对应于一个拥有高斯度分布的随机图。依据确定型图结构上 WSD 的计算方法，当 $n \geqslant 4k+1$ 且 $N=4$ 时，本节得到四圈 WSD 在 $G_{k,p}$（$p=0$，即规则的环形栅格）的精确公式（推导过程详见第 6.2.3 节），即式（6-14）。

$$WSD(G_{k,p},\ N) = \frac{8k^3 - 6k^2 + 7k}{24k^4} \cdot n, \qquad (6-14)$$

式中，参数 p 是从 0 到 1 的值，表征了网络模型 $G_{k,p}$ 不同程度的无序状态，但是其不可能改变 $G_{k,p}$ 的平均度 $\bar{w}=2k$。Watts 等[4]采用平均路径长度 $L(p)$ 定量化 $G_{k,p}$ 的结构特征，并发现，当 $p \to 0$ 时，$L \propto \dfrac{n}{(2k)}$；且当 $p \to 1$ 时，$L \propto \dfrac{\ln n}{\ln k}$。特别地，随着参数 p 从 0 增加至 1，$L(p)$ 单调递减。式（6-14）严格地证明，当 $p=0$ 时，四圈 WSD 随着 n 的增加而线性递增。此外，图 6-1（b）的数值分析清晰地指出，当 $p \in (0,\ 1]$ 时，四圈 WSD 同样随着 n 的增加而渐进式地线性递增。另外，依据式（6-14）和 Watts 等的分析[4]，在 n 不变的情况下，随着参数 k 的增加，四圈 WSD 和平均路径长度都渐进式地减小。同时，由图 6-1（b）观察可知，在 n 不变的情况下，四圈 WSD 随平均路径长度的减小而单调递减。因此，四圈 WSD 与 n 的比率仍然保持渐进式地与规模无关，且该比率在 Watts-Strogatz 模型 $G_{k,p}$ 上仍然保持是平均路径长度的良好指示器。

　　严格地分析图 6-1（b）的现象，是一件十分复杂的工作。因此，本节仅考虑规则环形栅格在边重连过程的第一步，其是从规则图向随机图转换的起点，如图 6-2 所示。当 $k=1$ 时，依据式（6-14），图 6-2（a）的四圈 WSD 值为 $\dfrac{3}{8}n$。四圈 WSD 记录所有 4-圈包含节点的度倒数乘积的和（详见第 6.2.3 节）。对于图 6-2（b）的确定型图结构，本节可以枚举其包含的所有 4-圈。因此，图 6-2（b）的四圈 WSD 可以被严格地计算为式（6-15）。

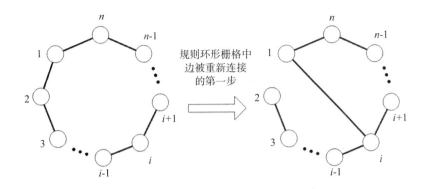

（a）规则环形栅格　　　　　　　　（b）第一条边被重新连接效果

图 6-2　规则环形栅格（$k=1$）上边被重连的第一步效果

$$WSD = \begin{cases} \dfrac{3}{8}n - \dfrac{11}{72}, & i=3, \\[2mm] \dfrac{3}{8}n - \dfrac{1}{12}, & i=4, \\[2mm] \dfrac{3}{8}n, & 5 \leqslant i << n。 \end{cases} \qquad (6-15)$$

依据式(6-15)，该重连步骤不可能增加四圈 WSD，但是在某些特殊的情况下可能严格地减小四圈 WSD。进一步地，当参数 p 从 0 增长至 1 时，该重连步骤将变得越来越频繁。因此，式(6-15)给出了图 6-1(b)现象的间接解释。

6.2.3　规则环形栅格的加权谱分布

本节的目标是推导图 6-1(a)中规则环形栅格的四圈 WSD 的数学公式。由式(6-2)可知，四圈 WSD 等于图中所有 4-圈包含节点的度倒数乘积的和。如图 6-3(a)所示，任意 4-圈必属于以 A 为起始节点的四种连接模型(CM1，CM2，CM3 和 CM4)的一个实例。这些模型的完备性，可以由包含四个节点的完全图[如图 6-3(a)左上角所示]进行验证。

连接模型 CM1，CM2，CM3 和 CM4 中两节点之间的多重边，被用于描述 4-圈上的旅行路径，且它们仅对应于简单无向图中的一条边。对于 CM1 至 CM4，以 A 为起始节点的相应 4-圈在表 6-1 中给出。CM1 和 CM2 的每个实例对应于一个 4-圈，而 CM3 和 CM4 的每个实例对应于两个 4-圈。因此，对于简单无向图中的任意一个节点，可以得到以该节点为起始节点的所有 4-圈。在图 6-1(a)的规则环形栅格中包含度为 $2k$ 的 n 个节点，且以每个节点为起始节点的 4-圈数相互均等。因此，依据式(6-2)，当 $p=0$ 时，图 6-1(a)中规则环形栅格 $G_{k,p}$ 的四圈 WSD 可以被计算得到式(6-16)。

$$WSD(G_{k,p}, N) = \frac{N_{4\text{-cycles}} \cdot n}{(2k)^4}, \qquad (6-16)$$

式中，$N_{4\text{-cycles}}$ 表示以某一特定节点为起始节点的所有 4-圈数。

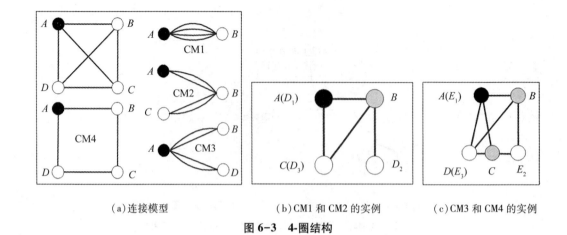

（a）连接模型　　　　（b）CM1 和 CM2 的实例　　　　（c）CM3 和 CM4 的实例

图 6-3　4-圈结构

表 6-1　连接模型及它们对应的 4-圈

连接模型	CM1	CM2	CM3	CM4
4-圈	$A—B—A—B—A$	$A—B—C—B—A$	$A—B—A—D—A$ $A—D—A—B—A$	$A—B—C—D—A$ $A—D—C—B—A$

　　因为规则环形栅格的环形结构，所以本节仅考虑节点 A_i，如图 6-1（a）所示。同时，节点 A_i 的左手边和右手边节点依次地分别被标记为 A_{i-1}，A_{i-2}，$\cdots$ 和 A_{i+1}，A_{i+2}，$\cdots$。本节约定规则环形栅格满足 $n \geqslant 4k+1$ 的条件，这样可以避免节点标记 A_{i-k} 和 A_{i+3k} 的相互重叠（保证节点 A_i 和 A_{i+2k} 仅拥有唯一的共有节点 A_{i+k}）。

　　如图 6-3（b）所示，节点 B 是节点 A 的一个邻居，且存在三个节点 D_1，D_2 和 D_3 与节点 B 相连接。特别地，节点 D_1 对应于 CM1 的一个实例（$A—B$），且节点 D_2 和 D_3 对应于 CM2 的两个实例（$A—B—D_2$ 和 $A—B—D_3$）。因此，对于节点 A 的任意一个邻居（节点 B），节点 B 的每个邻居对应于以 A 为起始节点的 CM1 和 CM2 的一个实例。在图 6-1（a）的规则环形栅格中，节点 A_i 拥有 $2k$ 个邻居，且它们中的每一个节点同样拥有 $2k$ 个邻居；因此，以 A_i 为起始节点的 CM1 和 CM2 的实例总数为式（6-17）。

$$N_{\mathrm{CM12}} = (2k)^2 。 \tag{6-17}$$

　　如图 6-3（c）所示，三个节点 E_1，E_2 和 E_3 同时与节点 A 的两个邻居（节点 B 和 C 相连）。进一步地，节点 E_1 对应于 CM3 的一个实例（$B—A—C$），且节点 E_2 和 E_3 对应于 CM4 的一个实例（$A—B—E_2—C—A$ 和 $A—B—E_3—C—A$）。因此，对于节点 A 的任意两个邻居 B 和 C，节点 B 和 C 的任意一个邻居对应于以 A 为起始节点的 CM3 和 CM4 的一个实例。在图 6-1（a）的规则环形栅格中，节点 A_i 拥有 $2k$ 个邻居 A_{i-k}，$\cdots$，A_{i-1}，A_{i+1}，$\cdots$，A_{i+k}。设 $Nei(p, q)$ 表示节点 A_p 和 A_q（其中 $p<q$ 且 p，$q \in \{i-k, \cdots, i-1, i+1, \cdots, i+k\}$）的共有相邻节点集。

　　对于 $n \geqslant 4k+1$，可以得到式（6-18）。

$$Nei(p, q) = \begin{cases} 2k-q+p+1, & k+1 \leqslant q-p \leqslant 2k, \\ 2k-q+p-1, & 1 \leqslant q-p \leqslant k_\circ \end{cases} \tag{6-18}$$

因此，节点 A_i 的任意两个邻居的共有相邻节点的和（以 A_i 为起始节点的 CM3 和 CM4 的所有实例的总数）可以被计算为式（6-19）。

$$N_{CM3} = \sum_{j=-k, j \neq 0}^{k-1} \sum_{t=1, t \neq -j}^{k-j} Nei(i+j, i+j+t)_\circ \tag{6-19}$$

基于 $1^2 + 2^2 + \cdots + m^2 = \dfrac{m(m+1)(2m+1)}{6}$，可以得到式（6-20）。

$$N_{CM3} = \frac{(8k^3 - 12k^2 + 7k)}{3}_\circ \tag{6-20}$$

由表 6-1 可知，一个 4-圈对应于 CM1 和 CM2 的每个实例且两个 4-圈对应于 CM3 和 CM4 的每个实例。因此，以 A_i 为起始节点所有 4-圈的总数为式（6-21）。

$$N_{4-cycles} = N_{CM12} + 2N_{CM34} = \frac{(16k^3 - 12k^2 + 14k)}{3}_\circ \tag{6-21}$$

依据式（6-16）和式（6-21），可以得到式（6-22）。

$$WSD(G_{k,p}, N) = \frac{8k^3 - 6k^2 + 7k}{24k^4} \cdot n_\circ \tag{6-22}$$

6.3　时序确定型和随机型图结构

时序模型探求历史演化过程中网络结构的变化，更接近于自然界中系统的动态属性。因此，本节关注于时序模型，其是第 6.2 节空间模型的必要补充。具体地，首先构建一个确定型的图模型，用以严格地解释四圈 WSD 与平均路径长度之间的关联性；然后，采用更多随机型的图模型，进一步用数值验证这种关联性。

6.3.1　时序确定型图结构

相对于随机型的图模型，确定型的图模型适用于对大量的图结构度量工具（例如，直径、路径长度、图谱和聚类系数）进行严格的数学推导。为了更直观地表现四圈 WSD 与平均路径长度之间的关联性，本节构建一个时序确定型图模型，构建规则如下：起始于一个节点 0（其是整个网络的主根节点），然后采用迭代方式增长网络。在每步迭代过程，一个次根节点 1_i 被添加至网络，并被连接至主根节点 0。然后，p 个叶子节点 $2_i^1, 2_i^2, \cdots, 2_i^p$ 被添加，并被连接至次根节点 1_i；同时，q 个叶子节点 $3_i^1, 3_i^2, \cdots, 3_i^q$ 被添加，并被连接至主根节点 0。设 $R_{p,q}^t$ 为该确定型图模型在 t 步迭代后生成的网络，如图 6-4 所示。在该确定型图模型的每步迭代过程，$c = p + q + 1$ 个新节点被添加。如果 c 是一个常数，则参数 $p \in [0, c-1]$ 表征叶子节点偏好连接于次根节点的强度。

下面理论推导图 6-4 中模型 $R_{p,q}^t$ 的四圈 WSD：

在一个简单无向图中四圈 WSD 的计算，强依赖于该图中所有的 4-圈和节点度。$R_{p,q}^t$ 中的所有节点可以被划分为四类：度为 $(q+1)\cdot t$ 的主根节点 0、度为 $p+1$ 的次根节点 $1_i(i=1,2,\cdots,t)$、度为 1 的叶子节点 $2_i^j(i=1,2,\cdots,t;\ j=1,2,\cdots,p)$ 和度为 1 的叶子节点 3_i^j

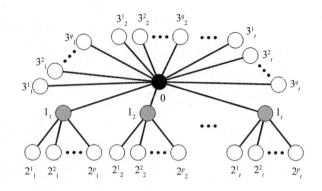

图 6-4 确定型图模型 t 步迭代后生成的 $\boldsymbol{R}_{p,q}^t$

$(i=1,2,\cdots,t;\ j=1,2,\cdots,q)$。本节可以枚举 $R_{p,q}^t$ 包含的所有 4-圈，如表 6-2 所示。四圈 WSD 等于所有 4-圈包含节点的度倒数乘积的和。依据表 6-2，$R_{p,q}^t$ 的四圈 WSD 数学公式为式(6-23)。

$$WSD(R_{p,q}^t)=\frac{2p^2}{(p+1)^2}\cdot t+\frac{8pq+4p+4q+2}{(p+1)^2\cdot(q+1)^2}+\frac{2q^2}{(q+1)^2}\circ \qquad (6-23)$$

当 $t\to+\infty$ 时，可以得到式(6-24)。

$$\lim_{t\to+\infty}\frac{WSD(R_{p,q}^t)}{n}=\frac{2p^2}{(p+1)^2}\cdot\frac{1}{c}=\frac{2}{1+\dfrac{2}{p}+\dfrac{1}{p^2}}\cdot\frac{1}{c}, \qquad (6-24)$$

式中，$n=(p+q+1)\cdot t+1$ 表示 $R_{p,q}^t$ 包含的节点个数，且 $c=p+q+1$ 表示图 6-4 构建时序确定型图模型在增长过程的每步迭代中新增加的节点数。

表 6-2　$R_{p,q}^t$ 的所有 4-圈

起始节点	编号	4-圈	相应和
0	1	$0-1_i-0-1_j-0(i,j=1,2,\cdots,t)$	$\dfrac{t^2}{(q+1)^2\cdot t^2\cdot(p+1)^2}$
	2	$0-3_i^j-0-3_k^l-0(i,k=1,2,\cdots,t;\ j,l=1,2,\cdots,q)$	$\dfrac{t^2\cdot q^2}{(q+1)^2\cdot t^2}$
	3	$0-1_i-2_i^j-1_i-0(i=1,2,\cdots,t;\ j=1,2,\cdots,p)$	$\dfrac{p\cdot t}{(q+1)\cdot t\cdot(p+1)^2}$
	4	$0-1_i-0-3_j^k-0(i,j=1,2,\cdots,t;\ k=1,2,\cdots,q)$	$\dfrac{t^2\cdot q}{(q+1)^2\cdot t^2\cdot(p+1)}$
	5	$0-3_j^k-0-1_i-0(i,j=1,2,\cdots,t;\ k=1,2,\cdots,q)$	$\dfrac{t^2\cdot q}{(q+1)^2\cdot t^2\cdot(p+1)}$

续表

起始节点	编号	4-圈	相应和
1_i $(i=1, 2, \cdots, t)$	6	$1_i - 0 - 1_j - 0 - 1_i (j=1, 2, \cdots, t)$	$\dfrac{t^2}{(q+1)^2 \cdot t^2 \cdot (p+1)^2}$
	7	$1_i - 2_i^j - 1_i - 2_i^k - 1_i (j, k=1, 2, \cdots, p)$	$\dfrac{p^2 \cdot t}{(p+1)^2}$
	8	$1_i - 0 - 3_j^k - 0 - 1_i (j=1, 2, \cdots, t; k=1, 2, \cdots, q)$	$\dfrac{t \cdot q \cdot t}{(q+1)^2 \cdot t^2 \cdot (p+1)}$
	9	$1_i - 0 - 1_i - 2_i^j - 1_i (j=1, 2, \cdots, p)$	$\dfrac{p \cdot t}{(q+1) \cdot t \cdot (p+1)^2}$
	10	$1_i - 2_i^j - 1_i - 0 - 1_i (j=1, 2, \cdots, p)$	$\dfrac{p \cdot t}{(q+1) \cdot t \cdot (p+1)^2}$
$2_i^j(i=1, 2, \cdots, t;$ $j=1, 2, \cdots, p)$	11	$2_i^j - 1_i - 2_i^k - 1_i - 2_i^j (k=1, 2, \cdots, p)$	$\dfrac{p \cdot p \cdot t}{(p+1)^2}$
	12	$2_i^j - 1_i - 0 - 1_i - 2_i^j$	$\dfrac{p \cdot t}{(q+1) \cdot t \cdot (p+1)^2}$
$3_i^j(i=1, 2, \cdots, t;$ $j=1, 2, \cdots, q)$	13	$3_i^j - 0 - 3_k^l - 0 - 3_i^j (k=1, 2, \cdots, t; l=1, 2, \cdots, q)$	$\dfrac{q \cdot t \cdot q \cdot t}{(q+1)^2 \cdot t^2}$
	14	$3_i^j - 0 - 1_k - 0 - 3_i^j (k=1, 2, \cdots, t)$	$\dfrac{t \cdot q \cdot t}{(q+1)^2 \cdot t^2 \cdot (p+1)}$

注：第四列表示每行对应的所有 4-圈包含节点的度倒数乘积的和。

式(6-24)右边公式强依赖于表 6-2 的第 7 项和第 11 项。特别地，这两项对应于连接节点 $1_i(i=1, 2, \cdots, t)$ 和节点 $2_i^j(i=1, 2, \cdots, t; j=1, 2, \cdots, p)$ 的所有边。

如果定义 $d(u, v)$ 为节点 u 和节点 v 之间的最短路径长度，则连通图 $G=(V, E)$ 的平均路径长度可以被定义为式(6-25)。

$$APL(G) = \frac{\sum\limits_{u, v \in V} d(u, v)}{\sum\limits_{i=1}^{r} \|V\| \cdot (\|V\| - 1)}, \tag{6-25}$$

式中，$\|V\| = n$ 表示图 G 的节点个数。

在 $R_{p,q}^t$ 中，可以得到：$d(0, 1_i) = 1(i=1, 2, \cdots, t)$，

$d(0, 2_i^j) = 2(i=1, 2, \cdots, t; j=1, 2, \cdots, p)$，

$d(0, 3_i^j) = 1(i=1, 2, \cdots, t; j=1, 2, \cdots, q)$，

$d(1_i, 1_j) = 2(i, j=1, 2, \cdots, t; i \neq j)$，

$d(1_i, 2_i^j) = 1(i=1, 2, \cdots, t; j=1, 2, \cdots, p)$，

$d(1_i, 2_j^k) = 3(i, j=1, 2, \cdots, t; k=1, 2, \cdots, p; i \neq j)$，

$d(1_i, 3_j^k) = 2(i, j=1, 2, \cdots, t; k=1, 2, \cdots, q)$，

$d(2_i^j, 2_i^k) = 2(i=1, 2, \cdots, t; j, k=1, 2, \cdots, p; j \neq k)$，

$d(2_i^j, 2_k^l) = 4(i, k=1, 2, \cdots, t; j, l=1, 2, \cdots, p; i \neq k)$，

$d(2_i^j, 3_k^l) = 3(i, k=1, 2, \cdots, t; j=1, 2, \cdots, p; k=1, 2, \cdots, q)$。

因此，$R_{p,q}^t$ 的平均路径长度可以表达为式(6-26)。

$$APL(R_{p,q}^t) = \frac{((p+q+1)^2 + 2p \cdot (p+q+1)) \cdot t^2 - 2p \cdot (p+1) \cdot t}{((p+q+1) \cdot t+1) \cdot (p+q+1) \cdot t} \text{。} \qquad (6-26)$$

当 $t \to +\infty$ 时，可以得到式(6-27)。

$$\lim_{t \to +\infty} APL(R_{p,q}^t) = 1 + \frac{2p}{p+q+1} = 1 + 2p \cdot \frac{1}{c} \text{。} \qquad (6-27)$$

依据式(6-24)和式(6-27)，本节可以声明以下论述：

i) $R_{p,q}^t$ 的四圈 WSD 随着网络规模 n 的膨胀而渐进式地线性增长；

ii) 随着 p 的减小，四圈 WSD 对应渐进式直线的斜率和平均路径长度都单调递减。

依据上述数学公式的推导过程，式(6-24)右边公式严格地依赖于节点 1_i（$i=1$, 2, $\cdots$, t）与节点 2_i^j（$i=1$, 2, $\cdots$, t; $j=1$, 2, $\cdots$, p）之间的连接关系。这些连接关系对于平均路径长度的行为表现十分重要，因为它们是所有没有被连接至主根节点 0 的边。对于 $R_{p,q}^t$ 中任意两个被连接至主根节点 0 的节点，它们之间的最短路径长度保持为 2。因此，所有没有被连接至主根节点 0 的边，是导致平均路径长度增加的最关键因素。

6.3.2 时序随机型图结构

本节选择三种时序随机型图模型，分析四圈 WSD 与平均路径长度之间的关联性。这三个模型的构建规则，分别描述如下：

模型 A[71]：在每步的迭代过程，一个新节点被连接至 m 个旧节点。具体地，这 m 个节点从整个网络的已存在节点中随机选择。

模型 B[21]：在每步的迭代过程，一个新节点被连接至 m 个旧节点。具体地，这 m 个节点的选择采用偏好连接模型。也就是说，该新节点以概率 $\Pi(i) = \dfrac{k_i}{\sum_j k_j}$ 被连接至已存在于系统的节点 i，其节点度为 k_i。

模型 A 和模型 B 都是由 Barabasi 等提出[21,71]。特别地，模型 A 生成具有指数度分布的网络结构，而模型 B 生成具有幂律度分布的 scale-free 网络结构。

模型 C（由 Xie 等[65]提出）：在循环迭代的每个步骤，该模型或者以离散概率 p 增加一个新社团（包含 n_0 个全连接的节点），从这个新社团中选择一个节点，并将该节点与其他已存在旧社团中的 m 个节点相连接；或者以离散概率 $1-p$ 增加一个新节点（新节点被加入到一个偏好选择的旧社团，然后将该新节点与 m 个旧节点相连接；具体地，这 m 个旧节点中的每个节点可采用以下方式选择：以离散概率 q 从包含新节点的社团中随机选择，或者以离散概率 $1-q$ 从其他社团中随机选择）。此外，模型 C 定义了两个偏好连接规则：节点规模为 S_i 的社团 i 被选择接收新增节点的概率为 $\Pi(S_i) = \dfrac{S_i}{\sum_k S_k}$，且社团 i 中节点 j 被新增节点（或新增社团中节点）连接的概率为 $\Pi(K_{ij}) = \dfrac{(K_{ij} + \alpha)}{\sum_k (K_{ik} + \alpha)}$，其中 K_{ij} 表示社团 i 中

节点 j 的度且 $\alpha \in [-m, +\infty)$。Xie 等[65]证明，模型 C 生成 scale-free 网络，且网络类型可以跨越非协调（disassortative）和协调（assortative）图结构。

拥有指数度分布的模型 A 的数值结果，如图 6-5 所示，可以证实：i）四圈 WSD 随着网络规模 n 渐进式地线性增长；ii）该渐进式直线的斜率系数随着参数 m 的增加而单调递减。此外，拥有幂律度分布的模型 B 的四圈 WSD 同样服从上述的两个规则。模型 A 和模型 B 的平均度都是 $2m$。图 6-5(b) 的数值结果显示，对于给定的 m 和 n，模型 B 的四圈 WSD 始终是小于模型 A 的四圈 WSD。

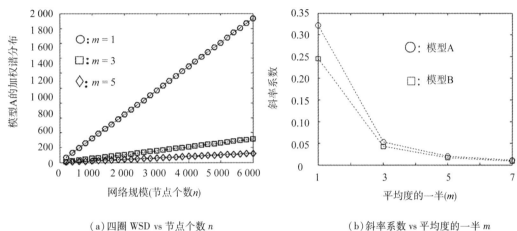

(a) 四圈 WSD vs 节点个数 n　　　　(b) 斜率系数 vs 平均度的一半 m

注：(a) 和 (b) 中每个数值是 10 个仿真图（相同输入参数）上的统计均值。

图 6-5　模型 A 和模型 B 的数值结果

通常，平均度越大则平均路径长度越小；此外，趋向于大度节点的偏好连接将缩减小度节点之间的最短路径长度；也就是说，偏好连接同样将导致平均路径长度更小。因此，图 6-5 验证：随着平均路径长度的减小，四圈 WSD 表现出单调递减的特征。

相对于模型 B，模型 C 可以采用 $\alpha \in [-m, +\infty)$ 更灵活地调整偏好连接。随着参数 α 的减小，新节点越来越趋向于连接度较大的节点，这将导致更小的平均路径长度，如图 6-6(a) 所示。此外，图 6-6(b) 可用数值验证：

i）模型 C 的四圈 WSD 随着网络规模 n 渐进式地线性增长；

ii）对于特定规模 n，四圈 WSD 随着平均路径长度的减小而表现出单调递减的特征。

在每步迭代过程，模型 C 或者以概率 p 增加 n_0 个节点和 $\dfrac{n_0(n_0-1)}{2}+m$ 条边，或者以概率 $1-p$ 增加 1 个节点和 m 条边。因此，当 $n \to +\infty$ 时，该模型的期望平均度为式(6-28)。

$$\bar{w} = \frac{n_0(n_0-1)+2m}{n_0}p + 2m(1-p)。 \tag{6-28}$$

对于不变的输入参数 $n_0 = 4$、$m = 3$、$q = 0.9$ 和 $\alpha = -1$，Xie 等[65]观察发现，模型 C 的协调系数 r（详见第 2.2.4 节）随着参数 p 从 0.01 增长至 1，而表现出单调递增的特征；特别地，当 $p = 0.08$ 时，$r = 0$。如果 $n_0 = 4$ 且 $m = 3$，则随着参数 p 的减小，式(6-28) 的 $\bar{w}$ 表

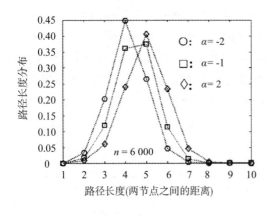
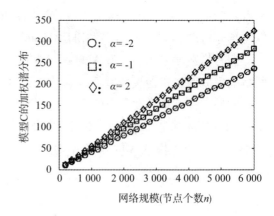

（a）参数 α 变化时的路径长度分布　　　　（b）参数 α 变化时的四圈 WSD vs 节点数 n

注：（a）和（b）中每个数值是 10 个仿真图（相同输入参数）上的统计均值。

图 6-6　模型 C（不同的输入参数 α）的数值结果（其中参数 $n_0 = 4$，$m = 3$，$q = 0.9$ 且 $p = 0.02$）

现出单调递增的特征，这将导致平均路径长度的缩减，如图 6-7（a）所示。此外，图 6-7（b）的数值分析结果验证：对于特定的网络规模 n，四圈 WSD 随着平均路径长度的减小而表现出单调递减的特征。

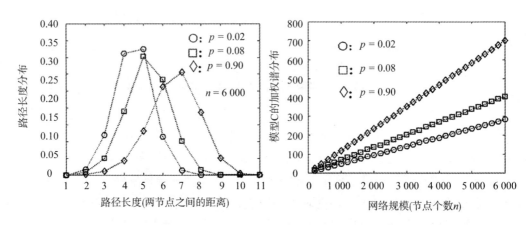

（a）参数 p 变化时的路径长度分布　　　　（b）参数 p 变化时的四圈 WSD vs 节点个数 n

注：（a）和（b）中每个数值是 10 个仿真图（相同输入参数）上的统计均值。

图 6-7　模型 C（不同的输入参数 p）的数值结果（其中参数 $n_0 = 4$，$m = 3$，$q = 0.9$ 且 $\alpha = -1$）

6.4　空间与时序随机图的对比

空间随机模型[68,69,70]和时序随机模型[21,65,71]，已被应用于四圈 WSD 相关特征的研究。本节将分析这两类模型之间的相似性与差异性。通过这种分析，可以更好地理解四圈 WSD 与平均路径长度之间的关联性。此外，这种分析可以解释 WSD 与式（6-2）中参数 N 之间的关联性，从而进一步地指导在 WSD 的应用过程如何选择更恰当的参数 N。

第 6.2.1 节的式（6-9）推导出了 Chung 等构建模型的四圈 WSD 公式：对于给定的参数

N，除了网络规模 n，式(6-9)仅包含唯一的参数(期望平均度)。因此，对于 Chung 等构建的模型[69]，无法在保持平均度不变的情况下，调整平均路径长度。依据第 6.3.1 节的分析，时序模型至少可以采用两种方式调整平均路径长度：一是选择偏好连接规则，二是控制网络增长过程每步迭代对应新增加的边数与节点数的比率。特别地，在演化网络，偏好连接规则通常可以在不改变平均度的情况下，实现平均路径长度的调整。

当 $n \to +\infty$ 时，Chung 等构建的模型的谱密度严格地服从半圆法则。当 $n = 6\,000$ 时(一个有限的网络规模)，图 6-8 的数值结果指出，时序模型 C[65] 和 Chung 等构建的模型[69] 都服从准半圆法则。特别地，相对于模型 C，Chung 等构建的模型的谱密度更接近于半圆法则。准半圆法则是指，正规 Laplacian 图谱的特征值具有围绕 1 的准对称特征[9,72]，且该图谱的"主体"部分主要落入以 1 为中心的特定半径范围内的区域。相对于其他的时序网络模型，模型 C 拥有更多的输入参数(具有更好的可调性)。因此，模型 C 被选择用于图 6-8 的对比分析。

注意：当模型 C 的输入参数发生变化时，该模型上的谱密度可能不再满足准对称特征，具体的理论与数值分析将在第 7 章详细论述。

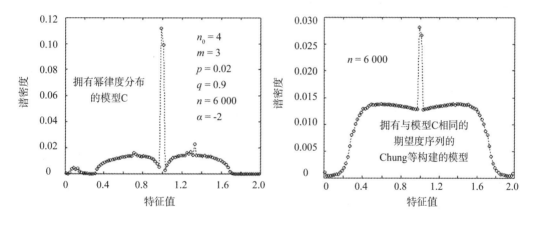

(a) 模型 C 的谱密度　　　　　　　　　　(b) Chung 等构建的模型的谱密度

注：正规 Laplacian 图谱的特征值范围 $[0, 2]$ 被分解为 $t = 100$ 个子区间，且落入每个子区间的概率是 10 个仿真图(相同输入参数)上的统计均值。

图 6-8　谱密度的数值结果

基于第 6.2.1 节中 Chung 等构建的模型的四圈 WSD 公式，即式(6-29)，

$$W(G, N) = \begin{cases} 1 + n \cdot \dfrac{4}{\overline{w}^{\frac{N}{2}} \cdot (N+1)} \begin{pmatrix} N-1 \\ \dfrac{N}{2} \end{pmatrix}, & N = 2k, \\ 1, & N = 2k-1。 \end{cases} \qquad (6\text{-}29)$$

可以说明对于偶数 N，WSD 随着网络规模 n 的增加而渐进式地增长。

采用准半圆法则和式(6-29)，可以解释 Barabasi-Albert 模型[21]($m = 3$)生成的网络的以下结论：i)对于偶数 N，WSD 随着网络规模 n 的增加而渐进式地线性增长，且 WSD 与 n

的比率随着偶数 N 的增加而表现出单调递减的特征；ii）对于奇数 N，WSD 被限定在 0 至 1 的区间范围内波动，且其随着奇数 N 的增加而表现出单调增加的特征。

定理 6.2 如果 $N=2k$ 且 $\bar{w} \geq 4$，其中 k 为一个自然数，当 $k \to +\infty$ 时，式(6-30)成立，

$$\frac{4}{\bar{w}^{\frac{N}{2}} \cdot (N+1)} \binom{N-1}{\frac{N}{2}} = o(1) , \tag{6-30}$$

且式(6-30)右边公式具有单调递减的特征。

证明 如果 $N=2k$，可以得到式(6-31)。

$$\frac{4}{\bar{w}^{\frac{N}{2}} \cdot (N+1)} \binom{N-1}{\frac{N}{2}} = \left(\frac{4}{\bar{w}}\right)^k \cdot \frac{2}{2^{2k-1}(2k+1)} \cdot \frac{(2k-1)!}{(k-1)! \ k!}$$

$$= \left(\frac{4}{\bar{w}}\right)^k \cdot \frac{2}{2k+1} \cdot \left(\frac{1}{2} \times \frac{3}{4} \times \cdots \times \frac{2k-1}{2k}\right) , \tag{6-31}$$

当 $\bar{w} \geq 4$ 且 $k \to +\infty$ 时，可以确定式(6-31)右边公式趋向于 0 且具有单调递减的特征。因此，定理 6.2 的结论成立。证明完成。

式(6-30)左边公式对应于式(6-29)的斜率系数，且 Barabasi-Albert 网络[21] 的期望平均度为 $\bar{w} = 2m$。如果 $m=3$，定理 6.2 可以被用于解释为什么 WSD 对应渐进式直线的斜率系数随着偶数 N 的增长而表现出单调递减的特征。当 $N=2k \to +\infty$ 时，该斜率系数趋向于 0，这进一步地证明，$N=4$ 是偶数圈 WSD 的一个恰当选择。

当 $n \to +\infty$ 时，Chung 等构建的模型的正规 Laplacian 图谱(除了 $\lambda_1 = 0$)具有围绕 1 的严格对称特征。因此，对于任意奇数 $N=2k-1$，Chung 等构建的模型的 WSD 始终趋向于 1，如式(6-29)所示。然而，对于奇数 N，Barabasi-Albert 网络的 WSD 被限制在 0 至 1 之间波动，且其随着奇数 N 的增长而表现出单调递增的特征。出现这些现象的原因在于，Barabasi-Albert 网络的正规 Laplacian 图谱具有围绕 1 的准对称特征[9,72]。

式(6-2)可以被转换为式(6-32)。

$$WSD(G, N) = (1-\lambda_1)^N + \sum_{\lambda_i < 1, \ i \neq 1} (1-\lambda_i)^N + \sum_{\lambda_i > 1} (1-\lambda_i)^N$$

$$= 1 + \sum_{\lambda_i < 1, \ i \neq 1} (1-\lambda_i)^N + \sum_{\lambda_i > 1} (1-\lambda_i)^N . \tag{6-32}$$

依据正规 Laplacian 图谱的准对称特征，可以得到式(6-33)。

$$\left| \sum_{\lambda_i < 1, \ i \neq 1} (1-\lambda_i)^N \right| \approx \left| \sum_{\lambda_i > 1} (1-\lambda_i)^N \right| , \tag{6-33}$$

式中，$|\cdot|$ 表示取绝对值。特别地，对于奇数 N，WSD 小于 1(因为，对于时序连通的网络，式(6-33)的右边通常大于左边。随着奇数 N 的增长，由于 $0 < \lambda_i < 2$(其中，最大特征值 2 对应于严格的二分图[9])，式(6-33)的左边和右边都趋向于 0。也就是说，对于时序连通的网络，随着奇数 N 的增长，被限定在 $[0, 1]$ 的 WSD 表现出单调递增的特征。

6.5　互联网拓扑的加权谱分布与平均路径长度

下面采用真实世界互联网拓扑数据分析四圈 WSD 与平均路径长度之间的关联性：

数据 1（AS-Caida）[41]　该数据集抽取自治系统级互联网拓扑在 2004—2007 年之间的 1 月、3 月、5 月、7 月、9 月和 11 月的 24 幅快照图结构。

数据 2（AS-733）[41]　该数据集抽取自治系统级互联网拓扑在从 1997 年 11 月至 2000 年 1 月之间 27 个月对应的 27 幅快照图结构。

四圈 WSD、四圈 WSD 与网络规模 n 的比率和平均路径长度在真实互联网拓扑演化系统的对比，分别在图 6-9 和图 6-10 给出。AS-Caida 的平均度在网络规模 n 的增长过程保持稳定，因此，对于 AS-Caida，其四圈 WSD 与网络规模 n 的比率在一个十分小的区域内波动，且其平均路径长度随着网络规模 n 的增长而缓慢增加。值得注意的是，AS-Caida 的网络规模从 16 301 增长至 26 475，而 AS-733 的网络规模从 3 015 增长至 6 474。因此，图 6-10（a）（b）内曲线的波动范围要远小于图 6-10（c）（d）内曲线的波动范围。图 6-9 和图 6-10 指出四圈 WSD 与网络规模 n 的比率是互联网拓扑平均路径长度的良好指示器。此外，由 AS-733 数据知，真实互联网拓扑在某些情况下不具备严格的稳定性。

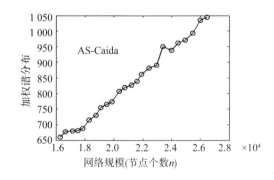

（a）四圈 WSD vs n（AS-Caida）

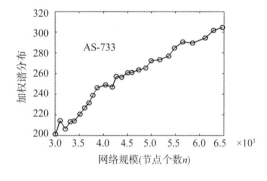

（b）四圈 WSD vs n（AS-733）

图 6-9　四圈 WSD 在 AS-Caida 和 AS-733 两个演化数据集的对比分析

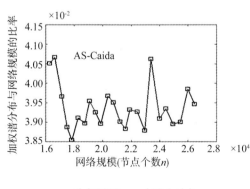

（a）WSD/n vs n（AS-Caida）

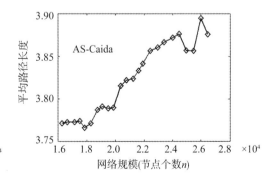

（b）APL vs n（AS-Caida）

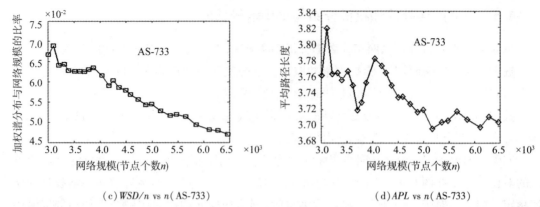

(c) *WSD/n* vs *n*(AS-733)　　　　　　(d) *APL* vs *n*(AS-733)

图 6-10　四圈 WSD 与网络规模的比率(*WSD/n*)和平均路径长度(*APL*)在 AS-Caida 和 AS-733 两个演化数据集的对比分析

平均路径长度可以由 MATLAB 函数"graphallshortestpaths"计算。对于一个包含34 546个节点和 420 877 条边的图结构，平均路径长度的计算时间为 12 324 秒，而四圈 WSD 的计算仅需要 47 秒。其中运行环境为：Win 7，CPU 3.20 GHz，12 GB 内存，MATLAB 7.6.0 R2008a。本书在第 4 章已验证在 1 696 415 个节点和 11 095 298 条边构成的大规模互联网拓扑上四圈 WSD 的计算，仅需要 1 643 秒。因此，对于大规模互联网拓扑的分析，四圈 WSD 是一个有价值且在时间效率上十分经济的工具。

6.6　本章结论

本章采用空间随机模型、时序确定模型、时序随机模型和真实世界互联网拓扑数据，对四圈 WSD 与平均路径长度的关联性展开了系统的理论与数值分析，并验证四圈 WSD 与网络规模(节点个数)的比率是平均路径长度的良好指示器。平均路径长度的计算需要首先计算图结构中任意节点对之间的路径长度，计算复杂性高；由第 4 章的理论分析可知，四圈 WSD 的计算仅需要 $O(m^2n^2)$ 的时间复杂性，其中 m 表示边数与节点数的比率，n 表示网络规模(节点总数)。对于互联网拓扑等演化系统，它们的参数 m 通常稳定不变，因此，四圈 WSD 的计算时间复杂性可被缩减到 $O(n^2)$，说明四圈 WSD 更适合于大规模网络的应用。本章在 Chung 等构建的空间模型[68] 和 Barabasi-Albert 时序模型[21] 上验证了正规 Laplacian 图谱围绕特征值 1 的准对称性；但是，在下一章，本书将论证这种准对称性在社团结构网络上不再成立，并将研究三圈 WSD 在社团结构网络上与平均聚类系数的关联性。本章理论分析了 4 和 3 是 WSD 参数 N 的典型选择；因此，下一章关于三圈 WSD 的关联性研究，将证明 WSD 是复杂网络小世界结构的良好指示器。

7　三圈加权谱分布与平均聚类系数

社团是真实世界网络的常见属性，其将网络节点划分至一系列高连接密度的聚类组。许多社团结构网络处于规模不断增长的演化过程中，因此探索表征这些聚类组内连接关系且与网络规模无关的图属性具有重要的科学意义。一项常见的此类图属性是平均聚类系数（详见第2.2.3节），其表征网络节点之间的三角形聚类关系。然而，社团网络的大部分是由较小度（低度）的节点组成。因此，本章将理论证明三圈 WSD 表征网络中低度节点之间的聚类关系，并分析在社团网络中三圈 WSD 与网络规模的比率是平均聚类系数的良好指示器。具体地，首先采用确定型的层次模块化和社交网络模型，理论证明三圈 WSD 与网络规模的比率渐进式地与网络规模无关，且该比率严格地指示网络中低度节点之间的连接关系；然后，理论与数值分析三圈 WSD 与平均聚类系数之间的关联性；最后，证明正规 Laplacian 图谱围绕特征值1的准对称性强相关于网络中低度节点之间的三角形数量，即随着这些三角形数量的不断增加，正规 Laplacian 图谱将围绕特征值1变得越来越不对称。低平均路径长度和高平均聚类系数是衡量复杂网络小世界结构的两个标准。同时，四圈和三圈 WSD 分别是平均路径长度和平均聚类系数的良好指示器。因此，第6章和第7章从小世界结构角度对 WSD 进行了全新的认知。

需要说明的是，本书描述社团网络的主要对象包含社交网络、科技文献合作网络和生物系统网络等。这些网络由许多相互分割的社团组成，其中社团内的连接密度远高于社团之间的连接密度。社团的分析、挖掘与建模一直属于热点的研究领域[73-77]。大量的低度节点存在于社团且它们在社团内紧密连接，因此社团网络更容易形成由低度节点组成的三角形。更多的此类三角形数量导致三圈 WSD 与网络规模的比率趋向于非零的常数，从而保证该图谱属性在节点规模差异较大的两个图结构对比中的精确性。自治系统级互联网拓扑中低度节点趋向于被连接至内核的高度节点，因此该拓扑中完全由低度节点构成的三角形数量较少，从而导致该拓扑的三圈 WSD 取值更趋向于零。虽然三圈 WSD 在互联网拓扑领域的应用有待挖掘，但是本章建立了 WSD 与小世界结构的关联，进一步地完善了正规 Laplacian 图谱属性的理论体系。

7.1　确定型的层次模块化模型

本节首先介绍 Zhang 等[78]构建的确定型层次模块化模型，然后给出三圈 WSD 在该网络模型的公式推导过程，从而证明三圈 WSD 与网络规模的比率渐进式地与网络规模无关，且该比率严格指示网络中低度节点之间的三角形连接关系。

7.1.1　层次模块化模型的构建原理

模块或社团被定义为一个内部高密度连接的节点集且该节点集与其他模块或社团的连接相对松散。层次模块化结构广泛地存在于真实世界网络，它们呈现分形与统计自相似的特征[79]。Zhang 等[78]构建了一种确定型的小世界网络模型，该模型具有层次模块化的属性，其中确定型网络模型是复杂网络图属性严格分析的理论工具[80-84]。

Zhang 等[78]构建的模型采用迭代的方式生成网络。设 $G(t)$ 表示 t 步迭代后生成的网络。当 $t=0$ 时，$G(0)$ 是一个三角形。当 $t\geqslant1$ 时，在第 $t-1$ 步迭代生成网络 $G(t-1)$ 的基础上演化生成 $G(t)$，具体步骤为：对 $G(t-1)$ 中第 $t-1$ 步迭代时生成的每条边 e，新增加一个节点，并将该新增的节点与边 e 的两个端点相连接。迭代过程如图 7-1 所示。

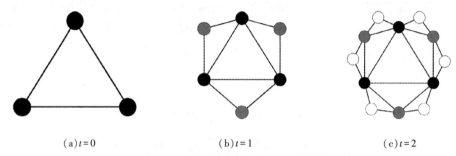

$$(a)t=0 \qquad (b)t=1 \qquad (c)t=2$$

图 7-1　层次模块化网络 $G(t)$ 的迭代生成过程

设 i 表示第 i 步迭代时新增加的节点，其中 $0\leqslant i\leqslant t$。依据 Zhang 等[78]的研究，图 7-1 的层次模块化网络 $G(t)$ 拥有三个统计特征，也就是式(7-1)、式(7-2)和式(7-3)。

$$N(t)=3\cdot2^t, \tag{7-1}$$

$$d_i=2(t-i+1)，0\leqslant i\leqslant t, \tag{7-2}$$

$$n_i=\begin{cases}3,&i=0,\\3\cdot2^{i-1},&1\leqslant i\leqslant t,\end{cases} \tag{7-3}$$

式中，$N(t)$ 表示网络节点总数（网络规模），d_i 表示节点 i 的度，n_i 表示标记为 i 的节点数。

7.1.2　层次模块化模型的三圈加权谱分布

由第 2.5 节可知，N 圈 WSD 的数学定义为式(7-4)。

$$\begin{aligned}WSD(G,N)&=\sum_{i=1}^n(1-\lambda_i)^N\\&=(1-\lambda_1)^N+\sum_{i=2}^{s-1}(1-\lambda_i)^N+\sum_{i=s}^{s+t}(1-\lambda_i)^N+\sum_{i=s+t+1}^n(1-\lambda_i)^N\\&=1+\sum_{i=2}^{s-1}(1-\lambda_i)^N+\sum_{i=s+t+1}^n(1-\lambda_i)^N,\end{aligned} \tag{7-4}$$

式中，$0=\lambda_1<\lambda_2\leqslant\cdots\leqslant\lambda_{s-1}<1=\lambda_s=\cdots=\lambda_{s+t}<\lambda_{s+t+1}\leqslant\cdots\leqslant\lambda_n\leqslant2$ 为连通图 G 的正规 Laplacian 矩阵的全部特征值。

注意：简单无向图 G 的正规 Laplacian 图谱中特征值 0 的个数等于该图包含连通分支

的个数，且该图谱的全部特征值始终被限定在闭区间[0，2]之内[9]。

式(7-4)最终被化简为不包含特征值 1 的公式，其进一步验证了特征值 1 重复度 ME1 弱相关于 WSD。设 $f(\lambda = \theta)(\theta \in \Omega)$ 表示正规 Laplacian 图谱落入区间(0，2]中等分子区间 Ω 的特征值个数，则式(7-4)可以被转换为式(7-5)。

$$WSD(G, N) \approx (1 - \lambda_1)^N + n \cdot \sum_{\Omega} (1 - \theta)^N \cdot \psi(\lambda = \theta), \tag{7-5}$$

式中，$\Omega \in \left\{ \left(\dfrac{2(i-1)}{k}, \dfrac{2i}{k} \right] \right\}_{i=1,2,\cdots,k}$，$(1-\theta)^N(\theta \in \Omega)$ 表示权值，$\psi(\lambda = \theta) = \dfrac{f(\lambda = \theta)}{n}$ 表示特征值的分布。当 $k \to +\infty$ 时，式(7-5)趋向于式(7-4)。

进一步地，由第 2.5 节可知，N 圈 WSD 可以被转换为式(7-6)。

$$\sum_{i=1}^{n} (1 - \lambda_i)^N = \sum_c \frac{1}{d_{u_1} d_{u_2} \cdots d_{u_N}}, \tag{7-6}$$

式中，$c = u_1, u_2, \cdots, u_N$ 表示图 G 中任意长度为 N 的圈(节点允许重复)。

对于图 $G = (V, E)$ 中任意节点 $v \in V$，定义 $N_e(v)$ 为所有与 v 相邻节点的集合，如果 $N_e(v)$ 和 $N_e(v)$ 包含节点之间的连接关系已知，则可获得以 v 为起点的全部三圈。需要注意的是，a，b 和 c 三个节点对应于式(7-6)中的六个三圈，它们分别为 $abca$，$acba$，$bacb$，$bcab$，$cabc$ 和 $cbac$。因此，对于任意一条满足 x，$y \in N_e(v)$ 的边 $(x, y) \in E$，存在两个以 v 为起点的三圈，$vxyv$ 和 $vyxv$。由式(7-6)可知，三圈 WSD 可通过遍历图 G 中全部节点的方式计算获得，其中每个节点可被视为三圈的起点。基于上述方法，本节将推导第 7.1.1 节构建的层次模块化网络 $G(t)$ 上三圈 WSD 的数学公式。

如图 7-1 所示，在网络 $G(t)$ 中，可以得到式(7-7)。

$$N_e(0) = \cup_{j=1,2} \{0_j, 1_j, \cdots, t_j\}, \tag{7-7}$$

式中，$k_j(0 \leq k \leq t; j = 1, 2)$ 表示两个不同的标记为 k 的节点。进一步地，$N_e(0)$ 包含全部节点之间的连接关系可以被推算得到式(7-8)。

$$\{(0_1, 0_2)\} \cup \cup_{j=1,2} \cup_{k=0}^{t-1} \{(k_j, (k+1)_j)\}。 \tag{7-8}$$

因此，由式(7-2)可推算以一个节点 0 为起点的所有三圈对应 WSD 为式(7-9)。

$$WSD3(0) = \frac{2}{(d_0)^3} + 2 \sum_{k=0}^{t-1} \frac{2}{d_0 d_k d_{k+1}} = \frac{1}{4(t+1)} \left(\left(\frac{1}{t+1} - 1 \right)^2 + 1 \right)。 \tag{7-9}$$

采用相似的方法，可推算以一个节点 1 为起点的所有三圈对应 WSD 为式(7-10)。

$$WSD3(1) = \frac{2}{d_1 (d_0)^2} + 2 \left(\frac{2}{d_1 d_0 d_2} + \sum_{k=2}^{t-1} \frac{2}{d_1 d_k d_{k+1}} \right) = \frac{3}{4t} - \frac{1}{4(t-1)} - \frac{1}{4(t+1)^2}。$$

$$\tag{7-10}$$

当 $2 \leq i \leq t$ 时，可将标记为 i 的全部节点细致地划分为 $i-1$ 类，分别为 $\{i_{(j, i-1)}\}_{j=0,1,\cdots,i-2}$，其中 $i_{(j, i-1)}$ 表示第 i 步迭代时由边 $(j, i-1)$ 生成的新增节点 i 的集合。

注意：节点 i 的相邻节点集 $N_e(i)$ 包含第 $i-1$ 步迭代时生成边 $(j, i-1)$ 的两个端点。

定理 7.1 设 $n_{(j,i-1)}^i$ 表示网络 $G(t)$ 中全部节点 $i_{(j,i-1)}$ 的总数，则可以得到式(7-11)。

$$n^i_{(j,i-1)} = \begin{cases} 6, & i=0;\ j=0, \\ 6, & 3\leqslant i\leqslant t;\ j=0,\ 1, \\ 6\times 2^{j-1}, & 4\leqslant i\leqslant t;\ j=2,\ 3,\ \cdots,\ i-2。 \end{cases} \tag{7-11}$$

证明 采用归纳法。当 $i=2$ 时，在第 $i-1$ 步迭代生成了 6 条边，且这些边都可以被标记为 $(0,\ 1)$。因此，当 $i=2$ 时，j 必定为 0 且 $n^i_{(j,i-1)}=6$。

假设当 $i=2,\ 3,\ \cdots,\ k$ 时，式(7-11)保持成立，其中 $2\leqslant k\leqslant t-1$。

当 $i=k+1$ 时，依据第 7.1.1 节描述 $G(t)$ 的构建原则，节点 $k+1$ 必定是由一条边 $(j,\ k)$ 诱导生成，其中 $j\in\{0,\ 1,\ \cdots,\ k-1\}$ 且 $n^{k+1}_{(j,k)}$ 等于边 $(j,\ k)$ 的总数。在第 k 步迭代时，节点 k 必定是由一条边 $(j,\ k-1)$ 诱导生成，其中 $j\in\{0,\ 1,\ \cdots,\ k-2\}$；也就是说，两条边 $(j,\ k)$ 和 $(k-1,\ k)$ 是在节点 k 被连接至边 $(j,\ k-1)$ 的两个端点时生成。因此，当 $j=0,\ 1,\ \cdots,\ k-2$ 时，$n^{k+1}_{(j,k)}=n^k_{(j,k-1)}$ 且 $n^{k+1}_{(k-1,\ k)}=\sum_{j=0}^{k-2}n^k_{(j,\ k-1)}$。基于上述的假设，可推算得到式(7-12)。

$$n^{k+1}_{(j,k)} = \begin{cases} 6, & j=0,\ 1, \\ 6\times 2^{j-1}, & j=2,\ 3,\ \cdots,\ k-2, \\ 6\times 2+\sum_{j=2}^{k-2}(6\times 2^{j-1})=6\times 2^{k-2}, & j=k-1, \end{cases} \tag{7-12}$$

因此，当 $i=k+1$ 时，式(7-11)仍然成立。

证明结束。

当 $2\leqslant i\leqslant t-1$ 时，可以得到式(7-13)，

$$N_e(i_{(j,i-1)}) = \{j,\ i-1\} \cup \bigcup_{j=1,2}\{(i+1)_j,\ (i+2)_j,\ \cdots,\ t_j\}, \tag{7-13}$$

式中，$N_e(i_{(j,i-1)})$ 包含节点之间的连接关系可以由式(7-14)表示。

$$\{(j,\ i-1),\ (j,\ (i+1)_1),\ (i-1,\ (i+1)_2)\} \cup \bigcup_{j=1,2}\bigcup_{k=1}^{t-i-1}\{((i+k)_j,\ (i+k+1)_j)\}。 \tag{7-14}$$

当 $i=t$ 时，可以得到式(7-15)，

$$N_e(i_{(j,i-1)}) = \{j,\ i-1\}, \tag{7-15}$$

式中，$N_e(i_{(j,i-1)})$ 包含节点之间的连接关系为 $\{(j,\ i-1)\}$。

因此，以节点 $i_{(j,i-1)}$ $(2\leqslant i\leqslant t-1;\ 0\leqslant j\leqslant i-2)$ 为起点的所有三圈对应 WSD 为式(7-16)。

$$\begin{aligned} WSD3(i_{(j,\ i-1)}) &= \frac{2}{d_id_jd_{i-1}} + \frac{2}{d_id_jd_{i+1}} + \frac{2}{d_id_{i-1}d_{i+1}} + 2\sum_{k=1}^{t-i-1}\frac{2}{d_id_{i+k}d_{i+k+1}} \\ &= \frac{1}{4(t-j+1)}\left(\frac{1}{t-i} - \frac{1}{t-i+2}\right) + \frac{3}{4(t-i+1)} - \frac{3}{8(t-i)} + \frac{1}{8(t-i+2)}。 \end{aligned} \tag{7-16}$$

进一步地，以节点 $t_{(j,t-1)}$ $(0\leqslant j\leqslant t-2)$ 为起点的所有三圈对应 WSD 为式(7-17)。

$$WSD3(t_{(j,t-1)}) = \frac{2}{d_td_jd_{i-1}} = \frac{1}{8(t-j+1)}。 \tag{7-17}$$

因此，网络 $G(t)$ 的三圈 WSD 可以被表示为式(7-18)。

$$\begin{aligned} WSD3 = {}& n_0\cdot WSD3(0) + n_1\cdot WSD3(1) \\ & + \sum_{i=2}^{t-1}\sum_{j=0}^{i-2}n^i_{(j,\ i-1)}\cdot WSD3(i_{(j,\ i-1)}) + \sum_{j=0}^{t-2}n^t_{(j,\ t-1)}\cdot WSD3(t_{(j,\ t-1)})。 \end{aligned}$$

$$\tag{7-18}$$

依据式(7-1)至式(7-17)，可以推算得到式(7-19)。

$$\lim_{t \to +\infty} \frac{WSD3}{N(t)} = f + g + \frac{3}{128},\tag{7-19}$$

式中，f 和 g 分别可以由式(7-20)和式(7-21)表示。

$$f = \lim_{t \to +\infty} \left(\frac{1}{2} \sum_{i=4}^{t-1} \left(\frac{1}{t-i} - \frac{1}{t-i+2} \right) \sum_{j=2}^{i-2} \frac{\left(\frac{1}{2}\right)^{t-j+1}}{t-j+1} \right),\tag{7-20}$$

$$g = \lim_{t \to +\infty} \left(\frac{13}{16} \sum_{i=3}^{t-3} \frac{\left(\frac{1}{2}\right)^{t-i}}{t-i} + \frac{1}{4} \sum_{j=2}^{t-2} \frac{\left(\frac{1}{2}\right)^{t-j+1}}{t-j+1} \right)。\tag{7-21}$$

依据调和级数理论，当 $0 < x < 1$ 时，式(7-22)成立。

$$\lim_{t \to +\infty} \sum_{k=1}^{t} \frac{x^k}{k} = \ln \left(\frac{1}{1-x} \right)。\tag{7-22}$$

因此，可以得到 $g = \frac{17}{16} \left(\ln 2 - \frac{5}{8} \right)$。对于式(7-20)，采用 l 替换 $t-i$，并采用 k 替换 $t-j+1$，则式(7-20)可以被转换为式(7-23)。

$$f = \lim_{t \to +\infty} \left(\frac{1}{2} \sum_{l=1}^{t-4} \left(\frac{1}{l} - \frac{1}{l+2} \right) \cdot \sum_{k=1}^{t-1} \frac{\left(\frac{1}{2}\right)^k}{k} \right) - \lim_{t \to +\infty} \varphi(t) = \frac{3}{4} \ln 2 - \lim_{t \to +\infty} \varphi(t),\tag{7-23}$$

式中，$\varphi(t) = \frac{1}{2} \sum_{l=1}^{t-4} \left(\frac{1}{l} - \frac{1}{l+2} \right) \cdot \sum_{k=1}^{l+2} \frac{\left(\frac{1}{2}\right)^k}{k}$。

当 $t \geq 5$ 时，可以推算得到式(7-24)。

$$0 < \varphi(t) < \frac{1}{2} \sum_{l=1}^{t-4} \left(\frac{1}{l} - \frac{1}{l+2} \right) \cdot \sum_{k=1}^{t-2} \frac{\left(\frac{1}{2}\right)^k}{k} < \frac{3}{4} \ln 2。\tag{7-24}$$

易知，随着 t 的增长，$\varphi(t)$ 单调递增。因此，当 $t \to +\infty$ 时，$\varphi(t)$ 收敛且式(7-23)的 f 趋向于 0 到 $\frac{3}{4} \ln 2$ 之间的某个常数。也就是说，当 $t \to +\infty$ 时，网络 $G(t)$ 的三圈 WSD 与网络规模 $N(t)$ 的比率趋向于一个正的常数。具体地，当 t 以步长 1 000 从 15 增长到 6 015 时，$\frac{WSD3}{N(t)} \approx 0.059 6$，因此上述比率渐进式地与网络规模无关。

设 $G(t, k)$ 表示 $G(t)$ 中由节点集 $\cup_{l=1}^{t-k} \{(k+l)_j\}_{j=1,2,\cdots,n_{k+l}}$ 生成的子图，其中 $\{(k+l)_j\}_{j=1,2,\cdots,n_{k+l}}$ 由 n_{k+l} 个不同的标记为 $k+l$ 的节点组成。换句话说，$G(t)$ 中从第 0 步至第 k 步生成的所有节点都不被包含在子图 $G(t, k)$。采用一种相似的方法，可以得到子图 $G(t, k)$ 的三圈 WSD 的严格数学公式，将该数学公式记为 $WSD3(t, k)$，则式(7-25)成立。

$$\lim_{t \to +\infty} \frac{WSD3(t, k)}{N(t)} = f(k) + g(k) + \frac{3}{128}, \tag{7-25}$$

式中，$f(k)$ 和 $g(k)$ 分别可以由式（7-26）和式（7-27）表示。

$$f(k) = \lim_{t \to +\infty} \left(\frac{1}{2} \sum_{i=k+3}^{t-1} \left(\frac{1}{t-i} - \frac{1}{t-i+2} \right) \sum_{j=k+1}^{i-2} \frac{\left(\frac{1}{2} \right)^{t-j+1}}{t-j+1} \right), \tag{7-26}$$

$$g(k) = \lim_{t \to +\infty} \left(\frac{13}{16} \sum_{i=k+3}^{t-3} \frac{\left(\frac{1}{2} \right)^{t-i}}{t-i} + \frac{1}{4} \sum_{j=k+1}^{t-2} \frac{\left(\frac{1}{2} \right)^{t-j+1}}{t-j+1} \right), \tag{7-27}$$

对于任意 $k \geqslant 4$，容易证明 $f(k) = f$ 且 $g(k) = g$。因此，可以得到式（7-28）。

$$\lim_{k \to +\infty} \lim_{t \to +\infty} \frac{WSD3(t, k)}{N(t)} = \lim_{t \to +\infty} \frac{WSD3}{N(t)}。 \tag{7-28}$$

由式（7-2）可知，当 $k \to +\infty$ 时，$k+1$，$k+2$，$\cdots$，t 为网络 $G(t)$ 的全部低度节点，它们都被包含于子图 $G(t, k)$。因此，式（7-28）证明网络 $G(t)$ 的三圈 WSD 与网络规模 $N(t)$ 的比率严格地依赖于低度节点之间的三角形连接关系。

7.2　确定型的社交网络模型

除了第 7.1 节的层次模块化模型，本节采用 Chen 等[84] 构造的另一种确定型社交网络模型，理论分析三圈 WSD 与网络规模的比率渐进式地与网络规模无关。选择 Chen 等[84] 构造网络模型的原因在于，其能够建模真实网络更多的属性，例如"skipping the levels""小世界""度幂律"和"聚类系数 $C(k)$ 与节点度 k 之间的层次结构关系 $C(k) \sim k^{-1}$"。具体地，首先介绍 Chen 等[84] 构造的确定型社交网络模型，然后给出三圈 WSD 在该网络模型的公式推导过程，从而进一步证明三圈 WSD 与网络规模的比率渐进式地与网络规模无关。因为 Chen 等[84] 构造模型的三圈 WSD 公式比较复杂，所以本节不再重复证明上述比率与低度节点三角形连接之间的关联性。

7.2.1　社交网络模型的构建原理

设 T_{n+1} 表示 Chen 等[84] 构造的社交网络模型，其采用网络层级 t 从 1 到 $n+1$ 的循环迭代方式生成。在层级 $t=1$，该网络包含唯一的主根节点 1_1。在层级 $t=2$，两个新增叶子节点 2_1 和 2_2 被连接至主根节点 1_1。在层级 $t=3$，新增四个叶子节点，并将其中每个节点 3_j（$j=1$，2，3，4）连接至主根节点 1_1 和次根节点 2_1（当 $j=1$，2 时）或 2_2（当 $j=3$，4 时）。在层级 $t \in \{4, 5, \cdots, n+1\}$，新增 2^{t-1} 个叶子节点，并将其中每个节点 t_j（$j=1$，2，$\cdots$，2^{t-1}）连接至它的 $t-1$ 个根节点 $(t-k)\left\lceil \frac{j}{2^k} \right\rceil$（$k=1$，2，$\cdots$，$t-1$），其中 $\lceil x \rceil$ 表示取 x 的上整数。模型生成过程如图 7-2 所示。

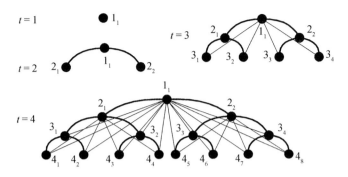

图 7-2　Chen 等[84] 构造确定型社交网络模型的生成过程

7.2.2　社交网络模型的三圈加权谱分布

由式(7-6)可知，三圈 WSD 的计算公式可以采用式(7-29)和式(7-30)表示。

$$WSD3 = \sum_{v \in V} WSD3(v),\qquad(7-29)$$

$$WSD3(v) = 2 \cdot \sum_{v_1,\, v_2 \in N_e(v),\, (v_1,\, v_2) \in E} \frac{1}{d_v \cdot d_{v_1} \cdot d_{v_2}},\qquad(7-30)$$

式中，$N_e(v)$ 表示节点 v 在图 $G=(V, E)$ 的相邻节点集。包含 A、B 和 C 三个节点的三圈总共有六个，分别为 ABC，ACB，BAC，BCA，CAB 和 CBA。特别地，以节点 A 为起点的三圈有两个，分别为 ABC 和 ACB。因此，式(7-30)的常系数 2 表示以节点 v 为起点的两个不同的三圈，分别为 vv_1v_2 和 vv_2v_1。

易证网络 T_{n+1} 的节点数 N_{n+1}^T 和其第 t 层节点 $t_j(1 \leqslant j \leqslant 2^{t-1})$ 的度 d_t 分别为式(7-31)和式(7-32)。

$$N_{n+1}^T = \sum_{t=1}^{n+1} 2^{t-1} = 2^{n+1} - 1,\qquad(7-31)$$

$$d_t = 2 \cdot (2^{n-t+1}-1)+(t-1).\qquad(7-32)$$

在层级 t，节点 t_1 的边连接关系与其他节点 $t_j(2 \leqslant j \leqslant 2^{t-1})$ 的边连接关系同构。因此，可仅考虑节点 t_1 的边连接关系，如式(7-33)、式(7-34)和式(7-35)所示。

$$N_e(t_1) = rot(t_1) \cup des(t_1),\qquad(7-33)$$

$$rot(t_1) = \{(t-1)_1,\ (t-2)_1,\ \cdots,\ 1_1\},\qquad(7-34)$$

$$des(t_1) = \cup_{i=1}^{n-t+1}\{(t+i)_1,\ (t+i)_2,\ \cdots,\ (t+i)_{2^i}\},\qquad(7-35)$$

式中，$N_e(t_1)$ 表示节点 t_1 的相邻节点集，$rot(t_1)$ 表示节点 t_1 的全部根节点构成的集合，$des(t_1)$ 表示节点 t_1 的全部后代节点构成的集合(节点 t_1 的后代是指以 t_1 为根的全部节点)。

$\forall k_1 \in rot(t_1)$，可以得到式(7-36)。

$$N_e(k_1) \cap N_e(t_1) = \frac{N_e(t_1)}{\{k_1\}},\qquad(7-36)$$

并 $\forall k_j \in des(t_1)$，其中 k_j 表示在第 k 层的一个节点，可以得到式(7-37)、式(7-38)和式(7-39)。

$$N_e(k_j) \cap N_e(t_1) = \left(\frac{rot(k_j)}{\{t_1\}} \right) \cup des(k_j), \tag{7-37}$$

$$rot(k_j) = \{ (k-1) \mid_{\frac{j}{2}} \mid, \ (k-1) \mid_{\frac{j}{2}2} \mid, \ \cdots, \ 1_1 \}, \tag{7-38}$$

$$des(k_j) = \bigcup_{i=1}^{n-k+1} \{ (k+i)_{2^i \cdot (j-1)+1}, \ (k+i)_{2^i \cdot (j-1)+2}, \ \cdots, \ (k+i)_{2^i \cdot j} \}。 \tag{7-39}$$

依据式(7-30)和式(7-33)至式(7-39)，可以得到式(7-40)。

$$WSD3(t_1) = \frac{1}{d_t} \left[\sum_{k=1}^{t-1} \frac{1}{d_k} \left(\sum_{i=1}^{t-1} \frac{1}{d_i} - \frac{1}{d_k} + \sum_{i=1}^{n-t+1} \frac{2^i}{d_{t+i}} \right) + \sum_{k=t+1}^{n+1} \frac{2^{k-t}}{d_k} \left(\sum_{i=1}^{k-1} \frac{1}{d_i} - \frac{1}{d_t} + \sum_{i=1}^{n-k+1} \frac{2^i}{d_{k+i}} \right) \right]。 \tag{7-40}$$

网络 T_{n+1} 的第 t 层包含 2^{t-1} 个节点，因此由式(7-29)可以得到式(7-41)。

$$WSD3 = \sum_{t=1}^{n+1} 2^{t-1} \cdot WSD3(t_1)。 \tag{7-41}$$

定理 7.2 当 $n \to +\infty$ 时，$\forall \gamma > 1$，$1 \leqslant t \leqslant n+1$，式(7-32)定义的节点度满足式(7-42)。

$$2^{n-t+1} \leqslant d_t \leqslant 2^{\gamma \cdot n-t+3}。 \tag{7-42}$$

证明 当 $t \geqslant 1$ 时，易知 $d_t \geqslant 2^{n-t+1} + (2^{n-t+1} - 2)$。当 $1 \leqslant t \leqslant n$ 时，易知 $d_t \geqslant 2^{n-t+1}$。当 $t = n+1$ 时，易知 $d_t = n \wedge 2^{n-t+1} = 1 \Rightarrow d_t \geqslant 2^{n-t+1}$。当 $n \to +\infty$ 时，$\forall \gamma > 1$，$2^{(\gamma-1) \cdot n} \geqslant n$。因此，当 $n \to +\infty$ 时，$\forall \gamma > 1$，$1 \leqslant t \leqslant n+1$，$t-1 \leqslant n \leqslant 2^{(\gamma-1) \cdot n} \leqslant 2^{\gamma \cdot n-t+1}$。

进一步地，可以得到 $d_t \leqslant 3 \cdot 2^{\gamma \cdot n-t+1} \leqslant 2^{\gamma \cdot n-t+3}$。

证明完毕。

由定理 7.2 可知，当 $n \to +\infty$ 且 $\gamma \to 1$ 时，可以得到式(7-43)。

$$2^{n-t+1} \leqslant d_t \leqslant 2^{n-t+3}。 \tag{7-43}$$

依据式(7-31)、式(7-40)、式(7-41)和式(7-43)，可以得到式(7-44)。

$$\frac{3}{80} \leqslant \lim_{n \to +\infty} \frac{WSD3}{N_{n+1}^T} \leqslant \frac{12}{5}。 \tag{7-44}$$

因此，网络 T_{n+1} 的三圈 WSD 与网络规模的比率渐进式地与网络规模无关。

7.3 三圈加权谱分布与平均聚类系数的关联性

平均聚类系数度量网络的聚类结构特征，其通常被定义为式(7-45)。

$$\bar{C} = \sum_{v \in G} \frac{C(v)}{n}, \tag{7-45}$$

式中，n 和 $C(v)$ 分别表示图 G 的节点数和节点 v 的聚类系数，详见第 2.2.3 节。

由第 7.1 节和第 7.2 节的分析可知，三圈 WSD 的数学表达式为式(7-46)。

$$WSD3 = \sum_{v \in G} WSD3(v), \tag{7-46}$$

式中，$WSD3(v)$ 等于以节点 v 为起点的所有三圈中节点度倒数乘积的和。

因此，三圈 WSD 与网络规模 n 的比率 $WSD3/n$ 与平均聚类系数 $\bar{C}$ 在形式上保持一致。对于节点 v，如果 $\{ (i_l, j_l) \}_{l=1,2,\cdots,k}$ 是节点 v 的相邻节点集 $N_e(v)$ 中节点之间的全部边，则可以将式(7-45)的聚类系数 $C(v)$ 转换为式(7-47)。

$$C(v) = \sum_{l=1}^{k} \frac{2}{(d_v \cdot (d_v - 1))}, \tag{7-47}$$

并可以将式(7-46)的 $WSD3(v)$ 转换为式(7-48)。

$$WSD3(v) = \sum_{l=1}^{k} \frac{2}{(d_v \cdot d_{i_l} \cdot d_{j_l})}。 \tag{7-48}$$

易知，$C(v)$ 表示 $N_e(v)$ 中节点之间存在 k 条边的概率，$WSD3(v)$ 表示一个旅行者在图 G 上从节点 v 出发随机走三步后返回至节点 v 的概率。因此，可知式(7-45)的 $C(v)$ 和式(7-46)的 $WSD3(v)$ 分别衡量节点 v 的两种聚类结构特征。

本节将采用 Leskovec 等构建的 Kronecker 图模型[76]、微观社交网络模型[77] 和 Xie 等[65] 构建的社团结构模型，以及一些真实世界的网络数据[41]，用数值对比分析平均聚类系数 $\overline{C}$ 与 $WSD3/n$ 之间的关联性。

Kronecker 图模型[76] 采用反复迭代的方式构建了一种自相似的图结构。具体地，该模型起始于一个包含 N_1 个节点和 E_1 条边的初始子图 K_1，然后其采用迭代的方式生成一系列更大的图 K_2，K_3，…，它们满足以下条件：第 k 个图 K_k 拥有 $N_k = N_1^k$ 个节点和 $E_k = E_1^k$ 条边。这些图的生成过程反复地迭代使用了 Kronecker 乘法算子[76]。因此，初始子图 K_1 是该模型的输入，且图序列 K_1，K_2，…的平均度随着每步的迭代呈现指数级的增长趋势。为了简化问题，本节将 K_1 设置为拥有三个节点和三条边的三角形。

微观社交网络模型的网络生成过程主要被分解为三个步骤[77]，分别为节点到达、边起点端激发和边终点端选择。具体地，该模型包含四个输入参数，分别为 N_t，λ，α 和 β，其中 N_t 是第 t 步迭代时到达的新节点数，λ 是一个指数分布的参数（该指数分布被用于采样生成每个新到达节点的生存周期），α 和 β 是一个特殊定义分布的两个参数（该分布被用于采样生成一个节点被两次激发为边起点端的时间间隔）。同时，该模型将边终点端的选择策略定义为一种 random-random triangle-closing 方法。该模型生成的网络拥有节点度分布的幂律特征。本节选择该模型的输入参数为 $N_t = e^{0.25t}$、$\lambda = 0.009\ 2$、$\alpha = 0.84$ 和 $\beta = 0.002\ 0$，因为这些参数是由 Leskovec 等在真实世界的 FLICKR(flickr. com，一种图片共享的社交网络网站)上统计获得[77]。

Xie 等[65] 构建的社团结构模型是经典 Barabasi-Albert 模型[21] 的变种。在每一步的迭代过程，该模型或者以概率 p 增加一个包含 n_0 个节点的全连接新社团，并在这个新社团中随机选择一个节点将其连接至其他旧社团的 m 个节点，或者以概率 $1-p$ 增加一个新节点，并将这个新节点连接至已存在于网络的 m 个旧节点。同时，该模型采用两个参数 q 和 $\alpha \in [-m, +\infty)$ 控制节点的偏好连接规则。该模型生成的网络拥有节点度的幂律特征，并能够随着参数 p 的增长将模型生成的网络从非协调网络(第2.2.4节的协调系数 $r<0$)转换为协调网络(协调系数 $r>0$)。本节选择该模型的输入参数为 $p=0.9$、$n_0=4$、$m=3$、$q=0.9$ 和 $\alpha =-1$，因为这些参数使得网络的社团结构更加突出。

同时，本节从 Stanford 网络数据池[41] 选择六个真实世界社团结构网络，如表7-1所示。

表7-1 拥有不同节点数的六个真实世界社团结构网络

分类	描述	节点数	边数
CA-CondMat	Condense Matter collaboration network	23 133	93 497
CA-GrQc	General Relativity and Quantum Cosmology collaboration network	5 242	14 496
Com-dblp	DBLP collaboration network and ground-truth communities	317 080	1 049 866
Slashdot0811	Slashdot social network，November 2008	77 360	905 468
Slashdot0902	Slashdot social network，February 2009	82 168	948 464
Com-lj	LiveJournal social network and ground-truth communities	3 997 962	34 681 189

采用上述的仿真模型和真实世界数据，本节在图7-3用数值分析平均聚类系数（ACC，average clustering coefficient）和三圈 WSD 与网络规模 n 比率（$WSD3/n$）的演化特征。如图7-3(a)至(d)所示，可以发现 $WSD3/n$ 是 ACC 的良好指示器，因为这两个图属性表现出相似的单调性。同时，对比数据验证，$WSD3/n$ 能够捕获不同节点数社团网络的与规模无关结构属性。在图7-3(a)中，$WSD3/n$ 和 ACC 都表现出单调递减的特征，因为 Kronecker 图在节点规模增加过程的平均度呈现指数级的增长趋势。特别地，图7-3(a)显示 $WSD3/n$ vs n 服从幂律关系（感兴趣的读者可以对这种幂律关系进行数学证明）。在图7-3(b)和(c)中，$WSD3/n$ 和 ACC 都与节点规模渐进式地无关，因为 Leskovec 等[77]构造的微观社交网络模型和 Xie 等[65]构造的社团结构模型的节点度分布都服从幂律。

注意：图7-3(b)仅显示了迭代次数从20到33的仿真网络，因为第 t 次迭代到达的新节点数 $N_t = e^{0.25t}$ 是一个指数分布。具体地，在第20次迭代时，该网络包含 $\sum_{t=1}^{20} round(N_t) = 666$ 个节点，而在第33次迭代时，该网络的节点数急剧地上升到了 $\sum_{t=1}^{33} round(N_t) = 17\ 300$，其中 $round(x)$ 表示取数值 x 的整数值。

scale-free 网络（其拥有节点度分布的幂律特征）广泛地存在于真实世界[21]。因此，$WSD3/n$ 适合于不同节点规模社团网络的结构对比。如图7-3(d)所示，$WSD3/n$ 有效地将六个真实世界网络划分至三类，分别是合作网络（CA-CondMat、CA-GrQc 和 Com-dblp）、Slashdot 社交网络（Slashdot0811 和 Slashdot0902）和 LiveJournal 社交网络（Com-lj）。

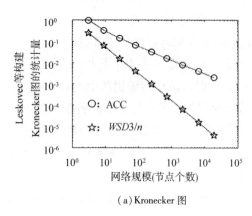

（a）Kronecker 图

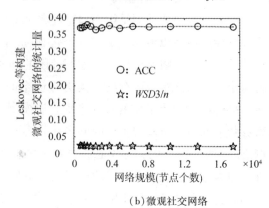

（b）微观社交网络

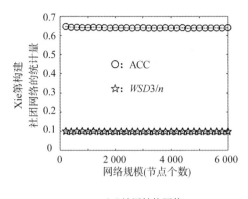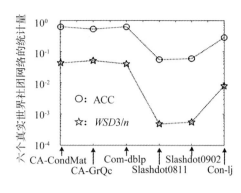

（c）社团结构网络　　　　　　　　　　　（d）真实世界网络

注：（a）Leskovec 等构建的 Kronecker 图[76]，其中迭代次数从 1 增长到 9；（b）Leskovec 等构建的微观社交网络[77]，其中迭代次数是 20 增长到 33；（c）Xie 等构建的社团结构网络[65]，其节点规模从 200 增长到 6 000；（d）表 7-1 列出的六个真实世界网络。（a）至（c）中每个数值是 10 个仿真图上统计量的均值。

图 7-3　社团结构网络的平均聚类系数 ACC 与 $WSD3/n$ 的对比分析

7.4　围绕特征值 1 对称性的图结构

Cetinkaya 等[9]采用通信网络的数值分析，指出正规 Laplacian 图谱的全部特征值具有围绕特征值 1 的准对称性。第 6.1 节论述该图谱的半圆法则，也验证了其在特定的网络结构（Chung 等构建的空间随机图[69]）上满足围绕特征值 1 的准对称性。然而，本节将以三圈 WSD 为桥梁，论证该图谱围绕特征值 1 的准对称性（或不对称性）与低度节点形成三角形数量之间的紧密关联性：随着低度节点之间三角形数量的增加，网络的正规 Laplacian 图谱将变得越来越不对称。

第 6.2 节已证明 Chung 等构建空间随机图[69]上的 N 圈 WSD 为式（7-49）。

$$W(G,\ N)=\begin{cases}1+n\cdot\dfrac{4}{w^{\frac{N}{2}}\cdot(N+1)}\begin{pmatrix}N-1\\\dfrac{N}{2}\end{pmatrix},&N=2k,\\[2em]1,&N=2k-1。\end{cases}\qquad(7\text{-}49)$$

由式（7-49）可知，即使节点规模急剧地增加，许多非社团结构网络的三圈 WSD 始终接近于 1。然而，第 7.1 节和第 7.2 节的理论分析证明，该图谱属性在社团结构网络并不是被限定在给定的区间范围，而是随着节点规模的增加而表现出线性增长的趋势。第 7.1 节证明 $WSD3/n$ 严格地依赖于低度节点之间的三角形连接关系。在网络社团中，低度节点趋向于在群组（社团）中紧密地相互连接；因此，相对于非社团网络，在社团网络中低度节点之间的三角形更容易形成。图 7-4（a）显示，相对于 Xie 等构造的社团结构模型[65]，Barabasi-Albert 模型[21]几乎不包含全部由低度节点形成的三角形，从而导致该模型的正规 Laplacian 图谱拥有更好的围绕特征值 1 的准对称性，如图 7-4（b）所示。

由式（7-4）和式（7-5）可知，正规 Laplacian 图谱的准对称性是三圈 WSD 始终接近于 1 的主要原因。相反地，网络中低度节点之间三角形数量的增加，将导致三圈 WSD 随着节

· 115 ·

点规模的变大而无边界地线性增长，并将导致正规 Laplacian 图谱越来越显著地围绕特征值 1 的不对称性，如图 7-4(a) 和(b) 的对比展示。

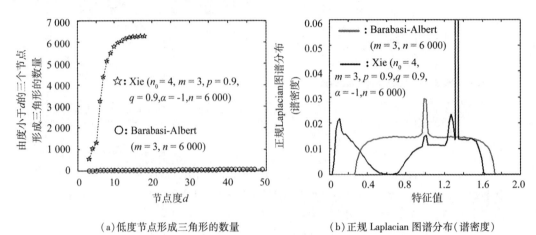

(a) 低度节点形成三角形的数量　　　　　(b) 正规 Laplacian 图谱分布(谱密度)

图 7-4　在 Xie 等构造模型[65] 和 Barabasi-Albert 模型[21] 的数值分析

图 7-4 采用 Xie 等构造的模型[65] 与经典的 Barabasi-Albert 模型[21] 进行对比，因为前者是后者的变种，且当 $p = 0.9$ 时 Xie 等构造模型的 $WSD3/n$ 值比较大，此时该模型的正规 Laplacian 谱分布的不对称性十分地明显，如图 7-4(b) 所示。当 $p \to 0$ 时，Xie 等构造的模型将被退化为 Barabasi-Albert 模型。也就是说，当 $p = 0.02$ 时，Xie 等构造模型的正规 Laplacian 谱分布仍然保持围绕特征值 1 的准对称性，如图 6-8(a) 所示。然而，即使在 $p = 0.02$ 的条件下，Xie 等构造模型的三圈 WSD 仍然以极小的斜率随着节点规模的增加而缓慢地增长；当 $p = 0$ 时，该模型被退化为 Barabasi-Albert 模型，此时即使在节点规模增加到 $n = 10\ 000$ 的条件下该模型的三圈 WSD 值仍然小于 1。因此，当 p 较小时，尽管图 6-8(a) 中正规 Laplacian 谱分布的不对称性不是很明显，但是较小的 p 取值仍然保证了 Xie 等构造模型的社团结构属性。

图 7-5 对比分析了通信网络与社交网络的正规 Laplacian 谱分布。如图 7-5(a) 所示，在互联网等通信网络拓扑图中，外围的低度节点趋向于被连接至内核的高度节点，从而导致由三个低度节点形成的三角形数量稀少；因此，在此类网络中，即使节点规模急剧地增加，三圈 WSD 的取值通常稳定地保持在 0 到 1 之间。然而，依据第 7.1 节和第 7.2 节的理论分析，社交网络等社团结构图更容易形成低度节点构成的三角形；因此，在此类网络中，三圈 WSD 通常随着节点规模的增加而线性地无边界增长。同时，如图 7-5(b) 所示，正规 Laplacian 谱分布围绕特征值 1 的准对称性(或不对称性)强依赖于网络中低度节点形成的三角形数量。因此，通信网络的谱分布表现出较好的准对称性，而社交网络谱分布的不对称性特征更加明显。

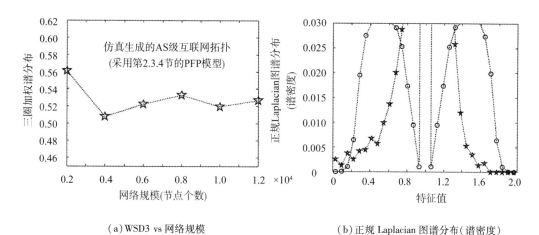

(a) WSD3 vs 网络规模　　　　　　　(b) 正规 Laplacian 图谱分布(谱密度)

☆：Stanford 网络数据池[41]提供的真实世界社交网络 Social circles：Facebook(包含 4 039 个节点和 88 234 条边)；○：PFP 模型仿真生成的 12 000 节点规模的互联网拓扑。

注：(b)中将特征值区间[0, 2]等分地划分为 100 个子区间，谱分布表示落入这 100 个等分子区间的特征值分布。

图 7-5　通信网络与社交网络的 WSD3 和正规 Laplacian 谱分布的差异性

7.5　本章结论

本章首先采用确定型社团结构网络模型理论证明了三圈 WSD 与网络规模(节点个数)的比率($WSD3/n$)渐进式地与网络规模无关，并验证了该比率严格地依赖于网络中低度节点之间的三角形连接关系；然后通过数值对比分析，指出该比率在社团结构网络是平均聚类系数的良好指示器，并通过三圈 WSD 与正规 Laplacian 谱分布之间的约等式关系，如式(7-50)所示[由第 7.1 节的式(7-4)和式(7-5)推导得到]。

$$WSD3 \approx (1-\lambda_1)^3 + n \cdot \Big(\sum_{\Omega \subseteq (0,\ 1)} (1-\theta)^3 \cdot \psi(\lambda = \theta) + \sum_{\Omega \subseteq (1,\ 2]} (1-\theta)^3 \cdot \psi(\lambda = \theta) \Big),$$

$$(7-50)$$

式中，$\lambda_1 = 0$，n 表示节点规模，Ω 表示$(0, 2]$的等分子区间，$(1-\theta)^3 (\theta \in \Omega)$ 表示权值，$\psi(\lambda = \theta)$ 表示特征值的分布，首先验证了三圈 WSD 的表现行为(或者随着节点规模的增加而线性增长，或者与节点规模无关)与正规 Laplacian 谱分布围绕特征值 1 的不对称性(或准对称性)密切相关；最后依据通信网络与社交网络的对比分析，指出随着低度节点之间三角形数量的增加，网络的正规 Laplacian 谱分布将围绕特征值 1 变得越来越不对称。

虽然互联网拓扑中低度节点之间的三角形数量比较稀少，但是其三圈 WSD 在闭区间[0, 1]内波动，如图 7-5(a)所示，这是因为互联网拓扑的正规 Laplacian 谱分布是准对称而不是严格对称(低度节点之间的三角形并不是完全地不存在于互联网拓扑)。因此，三圈 WSD 仍然可被用于不同互联网拓扑的对比。本章从理论上区分了三圈 WSD 在互联网等通信网络与社交网络表现行为的差异性，完善了 WSD 与社团网络小世界(低平均路径长度和高平均聚类系数)结构的关联性，对于推进正规 Laplacian 图谱理论在复杂网络领域的应用具有重要的科学意义。此外，采用类似于第 4 章四圈 WSD 计算方法的设计思路，可以设计三圈 WSD 的快速计算方法（设计过程本书不再累述）；因此，三圈 WSD 同样适合于大规模复杂网络领域的应用。

本书的第 3 章至第 7 章属于对正规 Laplacian 图谱两个属性 WSD 和 ME1 的理论研究。在理论研究基础上，本书将从第 8 章开始探索第 1.1 节描述互联网测试床拓扑结构大比例规模缩减工程问题的解决方案。具体地，第 8 章将从任务需求出发论述正规 Laplacian 图谱属性 WSD 和 ME1 对组播路由协议指标测试的重要性，第 9 章将以这两个图谱属性为价值函数设计互联网测试床拓扑结构的大比例规模缩减图采样技术。

8 正规 Laplacian 图谱与组播路由协议测试

本书的第 3 章至第 7 章从理论上证明了正规 Laplacian 图谱的两个属性，即 WSD 和 ME1，是表征互联网拓扑与规模无关结构特征的重要指示器。如第 1.1 节所述，这些理论研究的动机是解决互联网测试床拓扑节点规模大比例缩减的工程需求。因此，本书从第 8 章开始展开正规 Laplacian 图谱理论应用技术的研究。本章将首先从软件定义网络（SDN，software-defined network）测试床构建面临的问题出发，论述互联网测试床拓扑结构大比例规模缩减的迫切需求，并引出当前规模缩减领域常用的两种图采样方法，分别为偏好采样和无偏好采样。然后，将采用上述的两个图谱属性对真实世界的互联网拓扑演化图序列和相应的采样图序列进行对比评估；通过数值对比验证偏好采样应当在互联网拓扑领域受到更广泛的关注，因为这两个图谱属性在偏好采样图序列的稳定性显著地优于它们在无偏好采样图序列的稳定性。最后，将采用上述互联网的真实世界和相应采样图序列，分析组播路由协议测试指标在互联网拓扑规模缩减过程的稳定性，并探索该稳定性与上述两个图谱属性之间的关联性；通过数值对比验证仅有互联网拓扑规模缩减过程保持上述两个图谱属性的稳定性，才可能保证组播路由协议指标在小规模测试床的测试结论等效于其在大规模真实网络的运行效果（等效推演）。本章从测试应用需求角度论述正规 Laplacian 图谱属性 WSD 和 ME1 的重要性。

8.1 测试床拓扑结构的规模缩减需求

如图 8-1 所示，SDN 技术带来的可编程体系架构变革，支持将互联网测试床低粒度的数字级、协议栈级节点替换为更加逼真的虚拟机级和实物级节点。微观层节点的逼真部署是测试床构建逼真性的一项重要体现。但是，以测试床的虚拟机级节点为例，包含 16 个 28 核刀片服务器机柜的硬件采购价格就已超过 100 万，如果以每核模拟 2 个虚拟机计算，则每套机柜仅能仿真 896 个虚拟机节点。真实世界互联网的拓扑规模呈现指数级的增长趋势，其包含的自治系统 AS 域节点已从 1997 年的 3 015 快速地增长到 2017 年的 42 130（数据来源于 Stanford 网络数据池和 ITDK 工程[41,43]）。如此大规模的网络节点数，将为测试床微观层的逼真部署带来严峻的挑战。因此，大比例地缩减宏观拓扑规模，对于测试床的构建成本缩减及其上部署更多的微观层逼真节点具有重要的应用价值；此外，大比例地缩减宏观拓扑规模，对于单次测试任务运行时间的降低和多任务并行执行条件下时间效率的提升等也具有重要的应用价值。

测试床拓扑规模的大比例缩减，必须以测试指标的等效推演为根本依据：测试指标在小规模测试床的测试结论要求与其在真实大规模网络的运行效果保持一致。互联网拓扑具

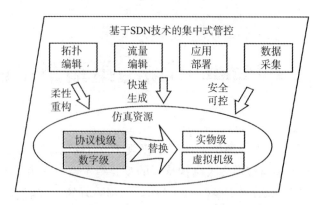

图 8-1　基于 SDN 技术的互联网测试床

有非平凡属性,因此该拓扑无法采用有限的图属性进行完整的描述。由第 1.2.2 节的分析可知,图采样更适合于当前状态真实世界互联网拓扑的规模缩减,但是已有工作在评价图采样效果时仍依赖于研究人员主观选择的少量图属性。测试床的测试任务需求种类十分繁多,因此需要建立具体任务需求下测试指标与图属性之间的关联性。本书选择具体的组播路由协议测试任务,因为组播路由已成为多媒体会议、分布式游戏竞技等日益增长网络应用的重要通信保障手段;相对于广播和单播,组播对互联网拓扑特征的变化更为敏感[85,86]。同时,本书将从组播路由具体测试指标的等效推演出发,论证无偏好采样在互联网拓扑规模缩减的重要性,并分析正规 Laplacian 图谱属性 WSD 和 ME1 在拓扑规模缩减过程的稳定性是实现组播路由测试结论可信的前提条件。

8.2　偏好与无偏好采样的图谱属性

依据第 3 章对正规 Laplacian 图谱属性,四圈 WSD 和 ME1 的物理意义分析,互联网拓扑图 $G=(V, E)$ 可被分解为七类节点集,如式(8-1)所示。

$$\begin{cases} P=\{v \in V \mid d_G(v)=1\}, \\ Q=\{v \in V \mid \exists w, (v, w) \in E, w \in P\}, \\ PI=\{v \in V_I \mid d_{G_I}(v)=1 \text{ 且 } \forall (v, w) \in E_I, d_{G_I}(w)>1\}, \\ QI=\{v \in V_I \mid \exists w, (v, w) \in E_I, w \in PI\}, \\ II=\{v \in V_I \mid d_{G_I}(v)=0\}, \\ BI=\{v \in V_I \mid d_{G_I}(v)=1 \text{ 且 } \forall (v, w) \in E_I, d_{G_I}(w)=1\}, \\ RI=\{v \in V_I \mid d_{G_I}(v) \geqslant 2 \text{ 且 } \forall (v, w) \in E_I, w \in QI\}, \end{cases} \quad (8-1)$$

式中,$d_G(v)$ 和 $d_{G_I}(v)$ 分别是节点 v 在拓扑图 G 及其子图 G_I 的度,$G_I=(V_I, E_I)$ 是由节点集 $\dfrac{V}{(P \cup Q)}$ 诱导生成的图 G 的子图。图 G 的其他节点被称作噪声节点。进一步地,四圈 WSD 指示互联网拓扑从 single-homed 向 multi-homed 的转换过程,且 ME1 量化该拓扑的 Stub AS 域节点数减去 Transit AS 域节点数,如式(8-2)所示。

$$ME1 \approx p-q+pi+ri-qi+ii, \tag{8-2}$$

式中，p，q，pi，qi，ri，bi，ii 分别为节点集 P，Q，PI，QI，RI，BI，II 的势。

本节将依据式(8-1)定义节点分类集合的势及四圈 WSD 和 ME1 在互联网络拓扑规模缩减过程的稳定性，用数值对比偏好采样与无偏好采样的行为表现。通过数值分析，本节将验证偏好采样更适合于互联网测试床拓扑结构的规模缩减。

8.2.1　数值实验方法

本节选择经典的 SRW(simple random walk，详见第 2.4.1 节)模型作为偏好采样的代表，并选择经典的 MHRW(Metropolis-Hastings random walk，详见第 2.4.2 节)模型作为无偏好采样的代表。具体地，偏好采样对拓扑中节点的采样概率正比于该节点的度，无偏好采样均等概率地采样拓扑中的每个节点。

Stanford 大网络数据池[41] 提供了一系列 AS 级互联网拓扑的连续快照。本节选择其中的数据集 AS-Caida(包含从 2004 年 1 月至 2007 年 11 月的 122 个序列图)，并从该数据集中抽取 24 个图结构，它们分别对应于 2004—2007 年的所有 1 月、3 月、5 月、7 月、9 月和 11 月。特别地，2007 年 11 月对应的节点规模最大图(包含 26 475 个节点)被选择为原始图，其他的 23 个序列图对应于 2004 年 1 月至 2007 年 9 月，它们的节点规模从 16 301 跨越至 25 988。这 23 个序列图将被用于采样序列图的对比分析。

对于 26 475 个节点规模的原始图，分别由 SRW 和 MHRW 得到两个采样图序列，它们的节点规模从 16 301 跨越至 25 988(与 23 个真实世界图序列的节点规模一一匹配)。对于每个采样模型，其在特定的节点规模上仿真生成 10 个实例，且该模型在特定节点规模的数值为这 10 个实例仿真图的统计均值。

如图 8-2 所示，对于 2004 年 1 月至 2007 年 9 月的 23 个真实世界序列图，计算得到对应于特征值 1 重复度 ME1 的 8 个节点分类。此外，对于 SRW 和 MHRW 采样得到的 23 个图结构(每个图结构对应 10 个仿真图)，计算得到相应的节点分类。采样图节点规模与真实世界图节点规模保持一致。与采样图序列特征值 1 重复度 ME1 相对应的节点分类特征，在图 8-3 和图 8-4 中给出。

如图 8-5(a)所示，计算得到 23 个真实世界图序列和相应 SRW/MHRW 采样图序列的四圈 WSD。根据第 2.5 节的定义，四圈 WSD 强依赖于正规 Laplacian 图谱的特征值分布，其中[0，2]被划分为 30 个等分子区间，根据粒度需求可以增加等分子区间的个数。如图 8-5(b)所示，对应于 AS-Caida 数据集给出的真实世界图结构(2004 年 1 月)，展示了真实世界图和相应 SRW/MHRW 采样图的 3 个特征值分布。由第 7 章的分析可知，对于连通的 AS 级互联网拓扑，其正规 Laplacian 图谱的所有特征值具有围绕特征值 1 的准对称性。因此，在图 8-5(b)中仅有 0 至 1 的特征值被展现。

8.2.2　实验结果与分析

首先，本节分析真实世界和采样图序列的节点分类特征。由第 3 章的物理意义分析，

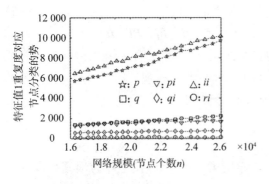

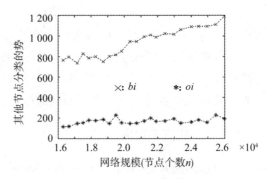

（a）真实世界图六种节点分类的势　　　　　　（b）真实世界图其他节点分类的势

图 8-2　真实世界 23 个序列图的节点分类特征

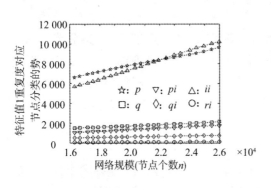

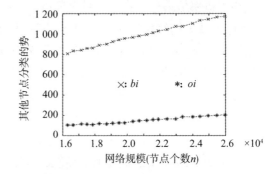

（a）SRW 采样图六种节点分类的势　　　　　　（b）SRW 采样图其他节点分类的势

图 8-3　SRW（偏好）采样 23 个序列图的节点分类特征

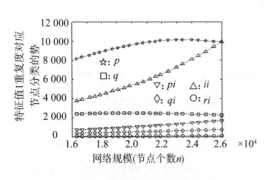

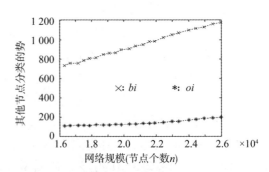

（a）MHRW 采样图六种节点分类的势　　　　　（b）MHRW 采样图其他节点分类的势

图 8-4　MHRW（无偏好）采样 23 个序列图的节点分类特征

可知节点分类特征来源于互联网早期基于星形的拓扑结构。具体地，互联网拓扑可以被划分为 Transit AS 域节点集和 Stub AS 域节点集。其中 Transit 域节点集由式(8-1)定义的 Q，QI 全部节点和 BI 的一半节点组成，且 Stub 域节点集由式(8-1)定义的 P，PI，RI，II 全部节点和 BI 的剩余一半节点组成。进一步地，特征值 1 重复度 $ME1$ 定量化 Stub 域节点数减去 Transit 域节点数。因此，确保 OI 为一个较小比例的噪声节点集，是保证该节点分类特征有效性的关键。依据图 8-2、图 8-3 和图 8-4 的对比分析，可以确定：相对于其他集

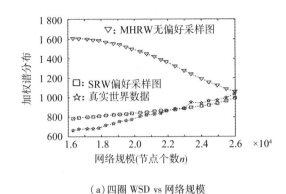
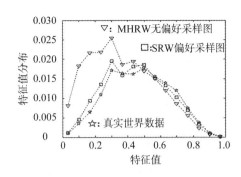

（a）四圈 WSD vs 网络规模　　　　　（b）正规 Laplacian 图谱的特征值分布

图 8-5　四圈 WSD 的统计量

合的势，集合 OI 的势 oi 十分地小。因此，这些真实世界互联网拓扑的节点分类特征仍然有效，且该特征同样存在于偏好采样和无偏好采样序列图结构。

其次，本节分析真实世界和采样图序列的特征值 1 重复度 ME1 的稳定性。式（8-2）指出 ME1 可由互联网拓扑节点分类的势进行计算。依据互联网拓扑仿真模型 PFP[9]，在拓扑增长过程的每步迭代，新增加的度为 1 的节点和新增加的度为 2 的节点，分别是集合 P 和集合 II 中节点的主要来源。因此，集合 P 和集合 II 是互联网拓扑的两个最大节点集，且集合 II 中节点的度要大于集合 P 中节点的度。SRW 偏好于度较大的节点；然而，MHRW 均等概率地采样每个节点。因此，图 8-3（a）中集合 II 的势 ii 明显大于图 8-4（a）中的相应数值，且图 8-4（a）中集合 P 的势 p 明显大于图 8-3（a）中的相应数值。在图 8-2（a）中，参数 p 和 ii 随着网络规模的增加而近似地线性增长，因此验证了 ME1 在演化互联网拓扑图序列的稳定性。相对于图 8-4（a）的演化曲线，图 8-3（a）中参数 p 和 ii 的演化曲线与图 8-2（a）中的相应曲线更加接近。因此，相对于 MHRW，SRW 采样图序列能够更好地捕获特征值 1 重复度 ME1 的稳定性特征。

最后，本节分析真实世界和采样图序列的四圈 WSD 特征。如图 8-5（a）所示，通过与 MHRW 曲线的对比，可发现 SRW 曲线更接近于真实世界数据的相应曲线。图 8-5（a）中真实世界数据的曲线随着网络规模的增加而近似地线性增长。因此，相对于 MHRW，SRW 采样图序列能够更好地捕获四圈 WSD 的稳定性特征。依据第 3 章的工作，对于特定规模的互联网拓扑，当其从 single-homed 网络向 multi-homed 网络转换时，四圈 WSD 呈现出单调递减的特征。易知，所有 single-homed 节点都被包含于集合 P。依据图 8-3（a）和图 8-4（a）的对比，MHRW 采样图中 single-homed 节点的数量明显地大于 SRW 采样图的相应节点数；这可以解释为什么无偏好采样图的四圈 WSD 显著地大于偏好采样图的相应数值。四圈 WSD 强依赖于正规 Laplacian 图谱中远离 1 的特征值。如图 8-5（b）所示，当特征值趋向于 0 时，SRW 偏好采样图的相应曲线更加接近于真实世界数据的相应曲线；这可以用于进一步的验证，偏好采样算法在四圈 WSD 特征的优异表现。

特征值 1 重复度 ME1 和四圈 WSD（两个弱相关的正规 Laplacian 图谱属性），对于互联网拓扑结构的认知、优化与建模具有重要的意义（详见第 3 章至第 7 章的理论分析）。这两个图谱属性独立于网络拓扑的节点规模，并能够给出演化互联网拓扑的丰富物理意义。因此，对于互联网拓扑采样模型的分析，这两个图谱属性就显得十分重要。本节聚焦于偏好采样和无偏好采样在这两个图谱属性的对比分析，并发现偏好采样应当在互联网拓扑领域受到更广泛的关注。本节的研究工作，可以用于引导互联网拓扑采样模型的对比与评估，以及面向互联网拓扑的采样模型的设计与开发。

8.3　组播路由协议测试

特征值 1 重复度 ME1 和四圈 WSD 能够捕获互联网拓扑隐含的与规模无关结构特征。本节将在与规模无关的互联网拓扑结构上对组播路由的行为进行评估；并用数值验证发现，当互联网拓扑在节点规模缩减过程保持 $ME1/n$ 和四圈 WSD/n 与节点规模 n 的无关性时，组播路由协议的测量指标将在网络拓扑规模的缩减过程保持稳定。真实世界的互联网拓扑正处于不断的演化与规模增长过程，这使得组播路由协议等的测试必须在与规模相关弱的环境中开展。本节的研究工作将提供正规 Laplacian 图谱属性重要性的一个具体实例，从而验证该图谱捕获的与规模无关的结构特征，对于网络协议行为的测试至关重要。

8.3.1　组播路由协议

第 3 章至第 7 章都是从图理论的视角开展研究，因而缺少一个具体的实例来说明正规 Laplacian 图谱理论的应用价值。本节将特征值 1 重复度 ME1 和四圈 WSD 应用于组播路由协议的行为评估。选择组播路由协议的原因是该协议对网络的拓扑特征十分敏感。真实世界网络正处于不断的演化与规模增长过程；因此，相关网络协议的测试需要与规模无关的拓扑环境。组播路由主要采用组播分布树实现群组内每个源节点到多个接收节点的多点通信服务。相应的组播分布树包含基于源的树（SBT, source based tree）和群组共享树（GST, group shared tree）两类[87-89]。其中，SBT 需要构建许多的最短路径树，且每个树以群组中的一个数据发送源为根；然而，GST 仅需要所有源节点可以共享的唯一最短路径树。以某个源节点为根的最短路径树，由该源节点至群组中所有接收节点的最短路径组成。一般地，从一个源节点到一个接收节点的延时，采用它们之间的最短路径长度来测量。因此，SBT 可以得到从每个源节点至所有接收节点的最小平均延时。然而，树费用是评估该协议的另一个重要指标，其被定义为组播分布树覆盖网络拓扑的链路（边）总数。易知，GST 可以得到较优的树费用指标。虽然在平均延时和树费用之间达到平衡仍是组播路由领域的一个开放问题，但是中心树（CBT, center based tree）是当前最常用的组播路由类型。特别地，CBT（GST 的一个实例）以网络的"中心"作为其唯一最短路径树的根节点。依据 SBT 的最小平均延时特征，组播路由协议 CBT 的指标通常采用面向 SBT 的相对值（延时率和树费用率）进行衡量：

延时率：被定义为 SBT 的平均延时与 CBT 的平均延时的比率。

树费用率：被定义为 SBT 的树费用与 CBT 的树费用的比率。

本节的目标不是评估哪个 CBT 协议更优，而是关注正规 Laplacian 图谱在某一特定

CBT 协议指标评估中的应用价值。

8.3.2 拓扑数据集

本节选择三种类型的拓扑数据集，开展正规 Laplacian 图谱属性，ME1 和四圈 WSD，在某一特定 CBT 协议指标评估领域的应用价值的数值分析。这三种类型拓扑数据集来源于第 8.2.1 节的真实世界和偏好/无偏好采样图序列。

拓扑数据集 1：包含 AS-Caida 数据集提供的从 2004 年 1 月至 2007 年 9 月的 23 个序列图，它们的节点规模跨越 16 301 至 25 988。

拓扑数据集 2：包含 SRW 偏好采样得到的 23 个序列图，它们的节点规模与拓扑数据集 1 的节点规模保持一致。待采样的原始图为 AS-Caida 数据集提供的 2007 年 11 月的图结构，其节点规模为 26 475。

拓扑数据集 3：包含 MHRW 无偏好采样得到的 23 个序列图，它们的节点规模与拓扑数据集 1 的节点规模保持一致。待采样原始图的选择与拓扑数据集 2 的选择保持一致。

8.3.3 正规 Laplacian 图谱属性

依据第 5 章的研究，对于稳定的互联网拓扑演化系统（其中节点度分布趋向于稳定），特征值 1 重复度 ME1 和四圈 WSD 与网络规模的比率，渐进式地独立于网络规模。对于这两个图谱属性在拓扑数据集 1、2 和 3 的表现行为，图 8-2、图 8-3、图 8-4 和图 8-5（a）已经给出了详细的数值分析。为了更清晰地表现图谱属性的稳定性，图 8-6 给出了特征值 1 重复度 ME1 和四圈 WSD 与网络规模比率的展示。如图 8-6 所示，拓扑数据集 1 在正规 Laplacian 图谱的这两个属性上表现出优异的稳定性；偏好采样得到的拓扑数据集 2，在这两个图谱属性上表现出近似的稳定性；而无偏好采样得到的拓扑数据集 3，在这两个图谱属性上表现出显著的不稳定性。

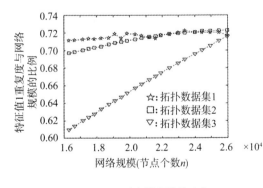 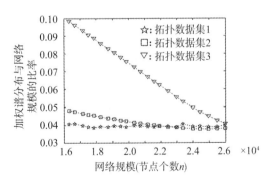

（a）ME1 与网络规模的比率 　　　　（b）四圈 WSD 与网络规模的比率

注：（a）和（b）中在拓扑数据集 2 和 3 的统计量为 10 个 SRW（或 MHRW）采样图实例的统计均值。

图 8-6　特征值 1 重复度 ME1 和四圈 WSD 在拓扑数据集 1、2 和 3 的统计分析

8.3.4 组播路由协议评估

为了评估 CBT 协议，考虑两个参数，分别为组播群组规模 r 和源节点个数 s。对于每个数据发送源，群组中其他的全部节点可以被视为该源节点发送数据的接收节点。选择"网络中心"（唯一最短路径树的根节点）对于 CBT 协议至关重要。然而，本节并不关心"网络中心"的选择方法。精确地计算"网络中心"已被证明是 NP 完全问题；也就是说，这种精确计算难以被用于大规模网络的协议设计。因此，CBT 协议的网络中心通常采用启发式的方法计算。本节仅考虑一种具体的 CBT 协议，其"网络中心"的选择策略为：标准分布地随机选择一个源节点作为"网络中心"。

· CBT 协议指标与组播群组规模 r 之间的关系

首先，设计两个实验方法，用于分析 CBT 协议的两个指标与组播群组规模 r 之间的关系（群组规模是指群组包含节点的总数）。这两个实验方法为：

实验方法 1　抽取 AS-Caida 数据集中的一个拓扑快照（对应于 2004 年 1 月，且节点规模为 16 301），并将该拓扑快照作为实验拓扑环境。设群组中源节点的个数 s 为一个常量（设为 10），并以步长 200 将群组规模 r 从 100 增长至 3 900。在该拓扑环境，随机地选择 r 个节点构成一个组播群组，并从该群组中随机地选择 s 个节点作为数据发送源。为了避免小样本的误差影响，对于每组参数（r 和 s），实验运行 100 次，并将这 100 次实验对应测量数据的平均值作为最后得到的指标值。

实验方法 2　相似于实验方法 1。不同点在于，将设置"s 为一个常量（设为 10）"替换为设置"源节点在群组的占有率 s/r 为一个常量（设为 0.01）"。

依据第 8.3.1 节对延时率和树费用率的定义，这两个指标都是基于 SBT 协议测量数据的相对值。随着群组规模的缩放，两种组播路由协议 CBT 和 SBT 的平均延时和树费用具有同步变化的特征，这使得 CBT 协议的两个（相对值）指标弱相关于群组规模，如图 8-7 所示。因此，可以将参数 r 和 s 都设定为常量，并在此基础上对 CBT 协议指标与拓扑环境网络规模之间的关联性展开数值分析。

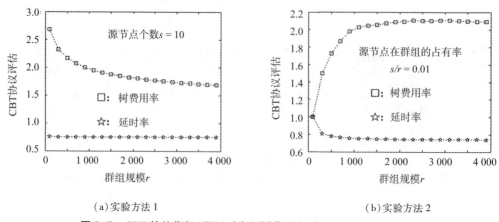

（a）实验方法 1　　　　　　　　　　　　（b）实验方法 2

图 8-7　CBT 协议指标（即延时率和树费用率）与群组规模 r 之间的关系

· CBT 协议指标与拓扑环境网络规模之间的关系

实验方法 3 将第 8.3.2 节的三个拓扑数据集 1、2 和 3 分别用于实验拓扑环境的构建（拓扑环境的网络规模是跨越 16 301 至 25 988 之间的 23 个离散值）。设群组规模 $r = 1\,500$，并设源节点个数 $s = 30$。对于从拓扑数据集中抽取的任意拓扑环境，实验运行 100 次，且 CBT 协议指标为 100 次实验对应测量数据的平均值。

如图 8-8 所示，CBT 协议的两个指标延时率和树费用率在拓扑数据集 1 上保持稳定，且在拓扑数据集 2 上近似地表现稳定；然而，它们在拓扑数据集 3 上具有明显的不稳定性。拓扑数据集 2 和 3 的曲线表现地更加平滑，这是因为它们的数值采用了更多的样本数据进行评估，其中每个采样图对应于 10 个实例。通过与图 8-6 的对比分析，可以发现：如果拓扑数据集的正规 Laplacian 图谱属性表现得更加稳定，则在该拓扑数据集的 CBT 协议指标将保持更好的稳定性。因此，本节对正规 Laplacian 图谱两个属性（特征值 1 重复度 ME1 和四圈 WSD）的研究，具有重要的工程应用价值。

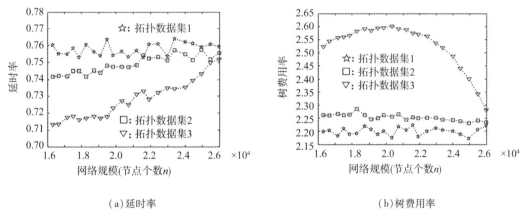

(a) 延时率　　　　　　　　　　　　　　(b) 树费用率

注：对于每个采样图，仿真生成了 10 个实例，且每个实例被用于构建一个实验拓扑环境（采样图对应的数值是 10×100 次实验数据的平均值）。

图 8-8　实验方法 3 数据（CBT 协议指标在三个演化数据集 1，2 和 3 的演化曲线）

从图理论的视角，本书已验证正规 Laplacian 图谱的两个属性（特征值 1 重复度 ME1 和四圈 WSD）是分析真实世界演化网络系统的有力工具。本节从工程实验的视角，对这两个属性的应用价值展开分析；并发现拓扑数据集在这两个属性的稳定性可以保证组播路由 CBT 协议指标行为的稳定性。显然，网络工程仍然存在大量其他的应用。因此，需要在未来的工作中将正规 Laplacian 图谱理论应用到更多的工程领域。

8.4　本章结论

仿真模型和图采样是实现互联网拓扑规模缩减的两种常用技术。仿真模型面向历史探测的一系列拓扑数据进行建模，图采样面向当前状态的唯一拓扑数据抽取部分节点和边构成采样子图。因此，图采样更适合于当前和未来互联网拓扑结构的规模缩减。本章对图采样的两大分类，偏好采样和无偏好采样，进行了数值对比分析。实验验证了偏好采样过程能够更优地保持两个正规 Laplacian 图谱属性 $ME1/n$ 和四圈 WSD/n 的稳定不变性，其中 n 表示节点规模。无偏好采样应用领域更适合于被采样原始图结构未知的情况，例如社交网络攀爬等；但是，在原始图结构已知情况下，例如真实世界互联网拓扑数据已经探测获得，在保持规模缩减图与原始大规模图结构相似性的条件下，偏好采样优于无偏好采样。这一结论将为下一章面向互联网拓扑设计大比例规模缩减的图采样模型提供引导。此外，本章面向组播路由协议的两个具体指标（延时率和树费用率）的测试任务需求，用数值验证了仅有保持规模缩减过程上述两个正规 Laplacian 图谱属性的稳定性，才能够等效推演测试指标，从小规模测试床的测试结论推演得到大规模网络的运行效果。这一结论验证了正规 Laplacian 图谱属性在互联网拓扑规模缩减领域的重要性，将为下一章以该图谱属性为价值函数展开图采样模型设计提供支撑。第 9 章将以第 3 章至第 7 章的理论研究为基础，选择 ME1 和四圈 WSD 为价值函数，兼顾节点度分布、聚类系数分布、路径长度分布、rich-club 连通性等多种重要的图属性，为互联网拓扑量身定制特殊的图采样模型，实验结果将证明该模型能够在保持多样化图属性稳定不变的条件下实现 96% 以上的大比例节点规模缩减。因此，第 9 章的工作在 SDN 测试床构建的工程领域具有重要的科学意义与应用价值。

9 互联网测试床拓扑结构的规模缩减

软件定义网络 SDN 技术支持将互联网测试床的简单节点替换为更加逼真的虚拟机和物理设备节点[1]。然而，随着节点规模的增大，测试床的建设成本将变得十分昂贵。此外，真实世界的互联网拓扑正在不断地增加节点数。因此，为了追求更低的价格成本和更高的时间效率，迫切需要大比例地缩减测试床拓扑的节点规模，并保证小规模测试床结论与大规模真实网络运行效果的一致性。本书第 3 章至第 7 章从正规 Laplacian 图谱的视角，理论研究了互联网拓扑与规模无关的结构特征；因此，本章将以该图谱的两个属性（ME1 和四圈 WSD）为价值函数，设计互联网测试床拓扑结构的规模缩减技术。

9.1 技术途径

仿真模型和图采样均可实现拓扑结构的规模缩减，其中常用的仿真模型包括 Inet-3.0[3] 和 PFP[23]，它们建模 2002 年左右的历史数据，能够以节点数为输入生成互联网拓扑结构。然而，验证很久以前的历史拓扑不能够作为当前状态拓扑的规模缩减，因为随着历史跨度的增大，互联网拓扑的许多图属性将会发生明显的变化。相应地，图采样以当前状态的拓扑为输入，在图属性稳定不变的约束条件下，采样生成由少数节点和边构成的子图。因此，图采样更适合于当前和未来拓扑结构的规模缩减。图采样可以划分为偏好采样和无偏好采样。由第 8 章可知，偏好采样适合于原始图结构已知条件下的规模缩减，而无偏好采样适合于未知原始图结构的探测与攀爬。Lu 等[90]指出原始图属性的评估应当避免无偏好采样。Leskovec 等[32]数值对比验证两种偏好采样模型，FF(forest fire)（见第 2.4.3 节）和 SRW(simple random walk)（见第 2.4.1 节），相对于 breadth first search 和 snow ball 等其他经典采样模型，能够更好地保持原始图与采样子图的结构相似性。因此，本章将聚焦于偏好采样模型的设计，从而实现互联网测试床拓扑结构的规模缩减。

现有文献已提出多种偏好采样模型[34,35,91,92]，然而这些模型面向社交网络或一般的 scale-free 网络而设计。这些模型的应用范围很广，覆盖社交网络、生物网络、交通网络、互联网拓扑和科技文献合作网络等多样化的复杂网络环境。也就是说，这些偏好采样模型没有考虑互联网拓扑独有的与其他复杂网络差异的结构特征，它们不是为互联网拓扑专门设计。通用性越好的工具，越难以为特殊问题提供更深入的解决方案。因此，它们无法实现互联网拓扑节点规模的大比例缩减。Krishnamurthy 等[33]为互联网拓扑定制了采样模型 DHYB-0.8，其可以实现 70% 的大比例规模缩减。然而，该模型聚焦于节点度分布特征，缺乏对互联网拓扑非平凡结构的广泛关注。因此，本章将以 ME1 和四圈 WSD 为价值函数进一步地挖掘互联网拓扑独有的二分图分解结构特征，并为这种二分图分解拓扑结构量身定制专有的偏好采样模型，力争在多样化图属性稳定不变的约束条件下实现互联网拓扑节点规模的更大比例缩减。

本章的技术途径分为两个部分：首先，将互联网拓扑分解为七个二分图、一个匹配图和一个内核图（被称为二分图分解结构）；然后，将针对这种独有的二分图分解拓扑结构，设计为互联网拓扑量身定制的图采样方法。具体地，本章将首先分析真实世界互联网拓扑数据在较大历史跨度演化过程图属性的不稳定性，验证仿真模型作为拓扑规模缩减技术的不足（仿真模型的优势在于面向给定数据集的结构认知与趋势预测）；其次，将以 ME1 和四圈 WSD 为价值函数，在节点分类及边连接关系分析的基础上，构建互联网拓扑的二分图分解结构模型；再次，将面向该二分图分解结构模型，通过子图分解、子图采样与采样结果合并的三个步骤，定制互联网拓扑的图采样方法 SInetL（sampling for Internet topologies using normalized Laplacian spectral features），并给出该方法设计的理论依据；从次，将分析图采样方法 SInetL 的算法时间复杂性；最后，将以 2000—2016 年的真实世界互联网拓扑和一个大规模的仿真图为原始图，数值验证 SInetL 的采样效果，结果证明 SInetL 可在维持重要图属性稳定不变的条件下实现互联网拓扑 96% 以上的大比例规模缩减。本章研究工作将极大地缩减测试床的构建成本和测试时间复杂性。

9.2 拓扑数据集与图属性稳定性

本章的图采样方法具有较强的针对性，其为互联网拓扑量身定制。因此，本节首先收集 1997—2017 年跨越 21 年的互联网拓扑真实世界探测数据集以及一个对应未来超大规模的仿真拓扑图，用于辅助该拓扑结构的认知与采样效果的验证。然后，将依托这 21 年跨度的历史数据集及仿真数据集，分析部分重要图属性的演化行为，并指出在较长时间的历史跨度上互联网拓扑的演化过程并不是始终保持稳定。仿真模型面向特定时间段的探测数据集进行建模；因此，上述结论证明了历史上很久以前探测获得小规模拓扑不适合作为当前和未来互联网拓扑结构的规模缩减。

9.2.1 真实与仿真数据集

互联网拓扑探测是获得真实世界数据集的主要手段，其可被划分为被动的 BGP 表和主动的 Traceroute 测量两种方法[5]。前者抽取 BGP 路由表包含的自治系统 AS 域的路由连接关系，可以生成 AS 域节点之间的拓扑结构；后者从分布在真实网络的监控点主动发送 Traceroute 探测数据包，通过数据包的路由地址访问路径和路由地址至 AS 域节点的映射关系生成 AS 级的互联网拓扑结构。上述两种方法是当前应用最为广泛的拓扑探测手段；因此，本节从 Stanford 网络数据池[41]选取两个基于 BGP 表的数据集，AS-733 和 AS-Caida，并从 ITDK 工程[43]选取一个基于 Traceroute 探测的数据集。这些数据集对应的探测时间跨越 1997—2017 年；此外，本节选择经典模型 PFP 生成一个超大规模的仿真拓扑图，将其作为未来互联网拓扑的一个预测图结构[23]。

AS-733：包含 733 个以日为周期的探测拓扑图，其跨越 1997 年 11 月 8 日至 2000 年 1

月2日的785天。本节选择其中的最大节点规模图，于2000年1月2日探测并包含6 474个节点，作为第一个被采样的原始图。

AS-Caida：包含跨越2004年1月至2007年11月的122个探测拓扑图。本节选择其中的最大节点规模图，于2007年11月12日探测并包含26 389个节点，作为第二个被采样的原始图。AS-733和AS-Caida都是基于BGP表的被动探测方法。

ITDK（2012年7月至2017年2月）：ITDK工程采用Traceroute主动探测的方法并持续每年更新拓扑数据集。本节抽取其中2012年7月至2017年2月的9个探测拓扑图。

注意：Traceroute主动探测相对于BGP表被动探测比较费时，因此ITDK工程每年大概仅更新两至三次拓扑数据。

由于探测误差，从ITDK（2017年2月）中仅能够抽取41 626个AS节点，其小于从ITDK（2016年9月）中抽取的42 130个AS节点数。因此，本节选取其中的最大节点规模图，于2016年9月探测并包含42 130个节点，作为第三个被采样的原始图。

PFP仿真图：Haddadi等[24]用数值对比了多种互联网拓扑仿真模型，包含Waxman、BA、GLP、Inet-3.0和PFP，并指出Inet-3.0和PFP优于其他的仿真模型，因为仅有Inet-3.0和PFP能够生成内核连接密度足够大的仿真拓扑图。因此，本节选取PFP模型仿真生成一个代表未来包含300 000个节点的互联网拓扑，作为第四个被采样的原始图。

注意：没有选择Inet-3.0模型的原因详见第9.2.2节。

9.2.2 历史数据集的图属性稳定性

互联网拓扑拥有非平凡的无穷个图属性。本书选取其中四个重要图属性并分析它们在真实与仿真数据集的演化稳定性（数据集有AS-733、AS-Caida、ITDK、Inet-3.0和PFP），如图9-1所示，其中Inet-3.0和PFP以步长2 000仿真生成从3 000到50 000的不同节点规模拓扑图。图9-1显示，相对于Inet-3.0仿真图，PFP仿真图在这四个重要图属性具有更好的稳定性，且其图属性值更接近于近期的ITDK数据集（这是本章选择PFP仿真图作为第四个被采样原始图的主要原因）。此外，可以发现，PFP模型能够捕获真实世界拓扑演化过程的不稳定性：以图属性四圈 WSD/n 为例，仿真生成300 000节点的PFP拓扑图的该图属性值为0.005 14，其远小于图9-1(c)的相应数值。也就是说，随着真实世界拓扑之间历史时间跨度的增大，许多与节点规模无关的重要图属性趋向于不断地发生明显的改变。因此，本书指出历史上很久以前的小规模拓扑不适合作为当前和未来互联网拓扑结构的规模缩减。此外，不同的探测方法（例如，BGP表主动与Traceroute被动探测）和不同的探测组织（例如，Traceroute探测需要选择分布在真实网络的监测点和主动发送数据包的目的地址空间）通常得到存在差异的数据集；仿真模型是面向给定数据进行建模，而给定数据通常不包含输入的原始图；因此，相对于图采样模型，仿真模型生成的小规模图通常不适合作为任意给定互联网拓扑原始图的规模缩减。

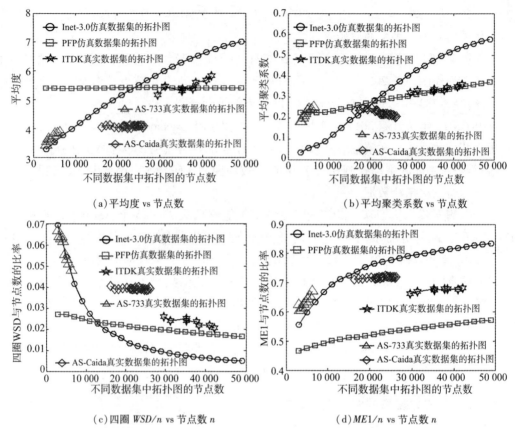

（a）平均度 vs 节点数　　　　　　　　　（b）平均聚类系数 vs 节点数

（c）四圈 *WSD/n* vs 节点数 *n*　　　　　　（d）*ME1/n* vs 节点数 *n*

注：其中 AS-733 数据集中真实拓扑图的节点数从 3 015 增长至 6 474，AS-Caida 数据集中真实拓扑图的节点数从 19 846 增长至 26 389，ITDK 数据集中真实拓扑图的节点数从 29 599 增长至 42 130，Inet-3.0 数据集中仿真拓扑图的节点数从 3 000 增长至 50 000，PFP 数据集中仿真拓扑图的节点数从 3 000 增长至 50 000。

图 9-1　真实与仿真数据集的统计量

9.3　互联网拓扑的二分图分解结构

如图 9-2 所示，互联网拓扑 $G=(V, E)$ 可被分解为七个节点集，如式（9-1）所示。

$$\begin{cases} P=\{v\in V \mid d_G(v)=1\}, \\ Q=\{v\in V \mid \exists w, (v, w)\in E, w\in P\}, \\ PI=\{v\in V_I \mid d_{G_I}(v)=1 \text{ 且 } \forall (v, w)\in E_I, d_{G_I}(w)>1\}, \\ QI=\{v\in V_I \mid \exists w, (v, w)\in E_I, w\in PI\}, \\ II=\{v\in V_I \mid d_{G_I}(v)=0\}, \\ BI=\{v\in V_I \mid d_{G_I}(v)=1 \text{ 且 } \forall (v, w)\in E_I, d_{G_I}(w)=1\}, \\ RI=\{v\in V_I \mid d_{G_I}(v)\geqslant 2 \text{ 且 } \forall (v, w)\in E_I, w\in QI\}, \end{cases} \tag{9-1}$$

式中，$d_G(v)$ 是节点 v 在互联网拓扑 G 的度，$G_I=(V_I, E_I)$ 是由节点集 $V_I=\dfrac{V}{(P\cup Q)}$ 诱导生

成的子图，$d_{G_I}(v)$ 是节点 v 在子图 G_I 的度。图 G 的其他节点被称作噪声节点。

针对第 9.2.1 节的四个被采样的原始图，本节统计它们包含上述噪声节点的比率，其中 6 474 个节点的 AS-733 原始图的噪声比率为 1.48%，26 389 个节点的 AS-Caida 原始图的噪声比率为 0.92%，42 130 个节点的 ITDK 原始图的噪声比率为 1.95%，300 000 个节点的 PFP 原始图的噪声比率为 0.99%。因此，通过真实与仿真互联网拓扑图的噪声统计分析，可以确定式(9-1)定义节点分类模型的正确性。为了简化问题，本章后续采样方法的设计将忽略互联网拓扑中较低比率的噪声节点。

在图 9-2 中，四圈 WSD 指示互联网拓扑从 single-homed 向 multi-homed 的转换过程，且 $ME1$ 量化该拓扑的 Stub AS 域节点数减去 Transit AS 域节点数，如式(9-2)所示。

$$ME1 \approx p-q+pi+ri-qi+ii, \tag{9-2}$$

式中，p，q，pi，qi，ri，bi，ii 分别为节点集 P，Q，PI，QI，RI，BI，II 的势。

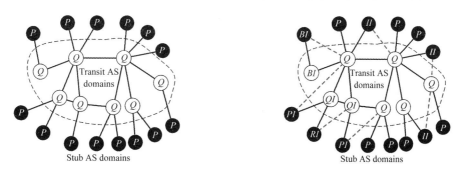

（a）single-homed 模型　　　　　　　　　（b）multi-homed 模型

图 9-2　互联网拓扑的节点分类模型

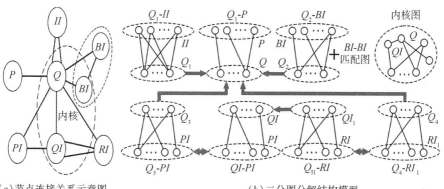

（a）节点连接关系示意图　　　　　　（b）二分图分解结构模型

注：（b）中灰色箭头表示两个节点集之间的包含关系；具体地，该箭头的起点集合被包含于终点集合。

图 9-3　互联网拓扑的二分图分解结构模型

进一步地，在式(9-1)定义节点分类集合的基础上，本节深入挖掘这些节点集之间的边连接关系：如图 9-3(a)所示，每个 P 节点必然被连接至唯一的 Q 节点，每个 II 节点必然被连接至至少两个 Q 节点，每个 PI 节点必然被连接至唯一的 QI 节点和至少一个 Q 节点，每个 BI 节点必然被连接至另一个 BI 节点和至少一个 Q 节点，每个 RI 节点必然被连接至至少两个 QI 节点，QI 和 RI 节点可能被连接至 Q 节点。由上述的连接关系说明可知，任意两个 P 节点之间、任意两个 II 节点之间、任意两个 PI 节点之间和任意两个 RI 节点之间不存在边连接，且每个 BI 节点必然存在唯一的 BI 相邻节点。因此，本节将互联网拓扑分解为七个二分图 Q_1-II、Q-P、Q_2-BI、Q_3-PI、QI-PI、QI_1-RI 和 Q_4-RI_1，其中 Q_1，Q_2，Q_3，$Q_4 \subseteq Q$，$QI_1 \subseteq QI$ 且 $RI_1 \subset RI$，一个 BI-BI 匹配图（其是连接两个 BI 节点的所有边生成的子图。该子图包含全部的 BI 节点且在该子图中每个节点度都是 1）和一个内核图（其是连接两个 Q 节点、连接两个 QI 节点以及连接一个 Q 节点与一个 QI 节点的所有边生成的子图），如图 9-3(b) 所示。由上述分析可知，互联网拓扑中 BI 节点的个数必然是偶数，这些节点之间边形成了全部 BI 节点的最大匹配。图 9-3(b) 中每个分解子图的说明如下：

Q_1-II 二分图：节点集包含全部的 II 节点和所有被 II 节点连接的 Q 节点，其中这些 Q 节点构成了 Q_1 节点集，边集包含连接一个 II 节点与一个 Q_1 节点的全部边。

注意：存在部分 Q 节点没有被 II 节点连接，因此 $\dfrac{Q}{Q_1}$ 通常不为空集。

Q-P 二分图：节点集包含全部的 P 节点和全部的 Q 节点，边集包含连接一个 P 节点与一个 Q 节点的全部边。

注意：互联网拓扑中 P 节点的度都为 1，每个 P 节点仅与一个 Q 节点连接且每个 Q 节点必然被至少一个 P 节点连接。

Q_2-BI 二分图：节点集包含全部的偶数个 BI 节点和所有被 BI 节点连接的 Q 节点，其中这些 Q 节点构成了 Q_2 节点集，边集包含连接一个 BI 节点与一个 Q_2 节点的全部边。

注意：存在部分 Q 节点没有被 BI 节点连接，因此 $\dfrac{Q}{Q_2}$ 通常不为空集。

BI-BI 匹配图：节点集包含全部的偶数个 BI 节点，边集包含连接两个 BI 节点的全部边。

注意：在 BI-BI 匹配图中每个节点的度都是 1。

Q_3-PI 二分图：节点集包含全部的 PI 节点和所有被 PI 节点连接的 Q 节点，其中这些 Q 节点构成了 Q_3 节点集，边集包含连接一个 PI 节点与一个 Q_3 节点的全部边。

注意：存在部分 Q 节点没有被 PI 节点连接，因此 $\dfrac{Q}{Q_3}$ 通常不为空集。

QI-PI 二分图：节点集包含全部的 PI 节点和全部的 QI 节点，边集包含连接一个 PI 节点与一个 QI 节点的全部边。

注意：互联网拓扑中每个 PI 节点仅与一个 QI 节点连接且每个 QI 节点必然被至少一个 PI 节点连接。

QI_1-RI 二分图：节点集包含全部的 RI 节点和所有被 RI 节点连接的 QI 节点，其中这些 QI 节点构成了 QI_1 节点集，边集包含连接一个 RI 节点与一个 QI_1 节点的全部边。

注意：存在部分 QI 节点没有被 RI 节点连接，因此 $\dfrac{QI}{QI_1}$ 通常不为空集。

Q_4-RI_1 二分图：节点集包含所有被 Q 节点连接的 RI 节点（这些 RI 节点构成了 RI_1 节点集）和所有被 RI 节点连接的 Q 节点（这些 Q 节点构成了 Q_4 节点集），边集包含连接一个 RI_1 节点与一个 Q_4 节点的全部边。

注意：存在部分 Q 节点没有被 RI 节点连接，因此 $\dfrac{Q}{Q_4}$ 通常不为空集；同理，$\dfrac{RI}{RI_1}$ 也可能不为空集。

内核图：节点集包含全部的 Q 节点和全部的 QI 节点，边集包含连接两个 Q 节点、连接两个 QI 节点和连接一个 Q 节点与一个 QI 节点的全部边。

注意：内核图中可能存在极少数 Q 节点和极少数 QI 节点的度为零。

综上所述，二分图是互联网拓扑的主要分解结构。

9.4 通用的二分图采样

本节设计二分图的通用采样方法，为第 9.5 节的互联网拓扑采样方法 SInetL 提供底层调用算法。本节的通用采样方法将忽略图 9-3（b）中不同二分图节点集之间的包含关系。

如图 9-4 所示，图 9-3（b）中七个二分图的节点度可以被划分为低度（弱相关于拓扑图的节点规模）和高度（随着节点规模的增加而近似地线性增长）两类。依据第 9.2.1 节的四个数据集，可以观察发现：图 9-3（a）的节点集 P，II，BI，PI，RI 和 QI 由低度节点组成；节点集 Q 是低度和高度节点的混合集，其中低度节点的数量占据绝大多数，而高度节点的数量弱相关于拓扑图的节点规模。

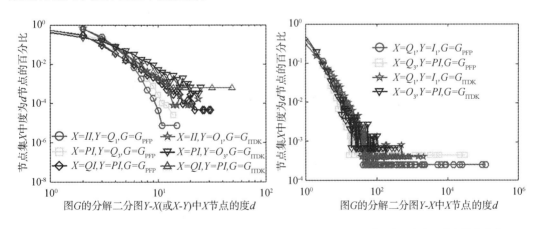

（a）Y-X（或 X-Y）二分图中低度 X 节点的度分布　　（b）X-Y 二分图中混合度 X 节点的度分布

图 9-4　互联网拓扑两个被采样原始图分解得到二分图的节点度分类

因此，本节将互联网拓扑分解得到的二分图分类为两种模式：①模式 LL，是连接低度节点与低度节点的二分图；②模式 LM，是连接低度节点与高度/低度混合节点的二分图。在第 9.4.1 节和第 9.4.2 节，本书将分别给出 LL 与 LM 二分图的精确定义，并针对这两种模式设计相应的图采样方法；此外，在第 9.4.3 节和第 9.4.4 节，本书将对 LL 和 LM 二分图设置一定的约束条件，并设计相应的特殊图采样方法。

9.4.1 LL 二分图采样

为了便于论述，首先在表 9-1 列出所需的数学符号。

表 9-1　第 9.4.1 节使用数学符号汇总

符号	描述
$G=(V_1,\ V_2,\ E)$	由两个节点集 V_1，V_2 和一个边集 E 构成的二分图
d_v	图 G 中节点 v 的度
$\|\cdot\|$	集合的势，定义为集合包含元素的总数
$d_1>d_2>\cdots>d_s>0$	节点集 V_1 中全部节点的互不重复的度
$f(d_1)$，$f(d_2)$，$\cdots$，$f(d_s)$	节点集 V_1 中度为 $d_k(k=1,\ 2,\ \cdots,\ s)$ 的节点的分布比率
d_{max}	节点集 V_2 中节点的最大度
$\{g(d)\mid d=1,\ 2,\ \cdots,\ d_{max}\}$	节点集 V_2 中度为 d 的节点的分布比率
R_R	缩减率：定义为图 G 中期望删除的边的总数与图 G 中原始边总数的比率

定义 9.1　二分图被定义为 $G=(V_1,\ V_2,\ E)$，其中 V_1，$V_2(V_1\cap V_2=\varnothing)$ 表示两个节点集，E 表示一个边集，其中 $\forall e\in E$ 的边 e 的两个端点分别被包含于 V_1 和 V_2。设 d_v 表示图 G 中节点 v 的度，$n=\|V_1\cup V_2\|$，其中 $\|\cdot\|$ 表示一个集合的势，则一个 LL 二分图 $G=(V_1,\ V_2,\ E)$ 要求满足以下条件：$\forall v\in V_1\cup V_2$，节点 v 的度与 n 无关（或弱相关）。

相对于一般图的采样，二分图的采样拥有以下优势：节点集 V_1（或 V_2）中节点的度的变化相互独立。例如，对于两个不同的节点 u，$w\in V_1$，节点 u 的度的变化不会对节点 w 的度产生任何影响。这是因为二分图 G 中节点集 V_1（或 V_2）的任意两个节点之间不存在边。基于这种优势，本节设计一种 LL 二分图的采样方法 DNVE(deletion of non-uniformly random vertex and edge)，其可在采样过程维持集合 V_1 中节点的度分布不发生改变。

注意：在采样过程所有度为零的节点被从采样图中删除。

设 $d_1>d_2>\cdots>d_s>0$ 表示集合 V_1 中全部节点的互不重复的度，并设 $f(d_1)$，$f(d_2)$，$\cdots$，$f(d_s)$ 表示集合 V_1 中度为 $d_k(1\leqslant k\leqslant s)$ 的节点的分布比率，则 DNVE 采样方法的基本步骤为：

如果 $\|S=\{v\mid v\in V_1$ 且 $d_v\notin\{d_1,\ d_2,\ \cdots,\ d_s\}\}\|>0$，则在集合 S 中任意地选择一个节点 v；如果 $\|S\|=0$，则在集合 V_1 中选择一个度为 d 的节点 v，其中 d 是以离散概率分布 $\dfrac{p_k}{\sum_{i=1,2,\cdots,s}p_i}(k=1,\ 2,\ \cdots,\ s)$ 在集合 $\{d_1,\ d_2,\ \cdots,\ d_s\}$ 中随机抽取的一个数值。具体地，p_k 被定义为式(9-3)。

$$p_k=\sum_{i=1}^{k}f(d_i),\tag{9-3}$$

然后，从与选择的节点 v 相邻的边中任意地删除一条边。

基于上述的基本步骤，可以实现 DNVE 的采样过程：反复迭代地重复上述基本步骤，直到采样图中剩余的边数到达预先设定的数值。该数值可以通过原始图 G 的边数和表 9-1 中缩减率 R_R 计算得到。

定理 9.1 对于一个 LL 二分图 $G=(V_1, V_2, E)$，在其经历 DNVE 的采样过程时，其采样图中集合 V_1 的节点度分布趋向于维持稳定不变。

证明 在 DNVE 采样过程的每一步迭代，当一个度为 d 的节点被选择时，则仅有一个 d-度节点被转换成一个 $(d-1)$-度节点。假设 $d-1$ 是第一个落在集合 $\{d_1, d_2, \cdots, d_s\}$ 之外的度，则该 $(d-1)$-度节点必然将在下一步的 DNVE 采样迭代时被选择，并被转换成 $(d-2)$-度节点。如果 $d-2$ 仍然是落在集合 $\{d_1, d_2, \cdots, d_s\}$ 之外的度，则该 $(d-2)$-度节点必然将在下一步迭代时被选择，直到该节点度落入集合 $\{d_1, d_2, \cdots, d_s\}$ 或者被转换成零。因此，可以确定对于每个 d_k-度节点($1 \leqslant k \leqslant s-1$)必然将被一系列连续的 DNVE 迭代步骤转换成 d_{k+1}-度节点。此外，每个 d_s-度节点必然将被一系列连续的 DNVE 迭代步骤转换成零-度节点。为了简化论述，可以将上述一系列连续的 DNVE 迭代步骤视为 DNVE 的一步迭代。

设 P_k 是 DNVE 的一步迭代中一个 d_k-度节点被选择的概率(该一步迭代可能是上述一系列连续的 DNVE 迭代步骤)，则在该步迭代中节点度 d_k 被从集合 $\{d_1, d_2, \cdots, d_s\}$ 抽取的概率为 $\rho_k = V_1 \cdot f(d_k) \cdot P_k$。设 $g(d_k)$ 表示在该步迭代之后度为 $d_k(1 \leqslant k \leqslant s)$ 的节点在集合 V_1 的分布比率的期望值，则 $g(d_k)$ 可以由式(9-4)计算得到。

$$g(d_k) = \begin{cases} \dfrac{\|V_1\| \cdot f(d_1) \cdot (1-P_1)}{\|V_1\|}, & k=1, \\[4mm] \dfrac{(\|V_1\| \cdot f(d_k) \cdot (1-P_k) + \|V_1\| \cdot f(d_{k-1}) \cdot P_{k-1})}{\|V_1\|}, & k=2, 3, \cdots, s_{\circ} \end{cases}$$

$$(9-4)$$

为了维持恒定的度分布，要求保证 $T = \dfrac{g(d_k)}{f(d_k)}(k=1, 2, \cdots, s)$ 是一个恒定不变的量，由式(9-4)可以推算得到式(9-5)。

$$T = 1-P_1 = 1-P_k+P_{k-1} \cdot \frac{f(d_{k-1})}{f(d_k)}, \quad k=2, 3, \cdots, s_{\circ} \tag{9-5}$$

进一步地，可以推算出节点度 d_k 被从集合 $\{d_1, d_2, \cdots, d_s\}$ 抽取的概率为式(9-6)。

$$\rho_k = \|V_1\| \cdot f(d_k) \cdot P_k = \|V_1\| \cdot \sum_{i=1}^{k} f(d_i) \cdot P_1, \quad k=1, 2, \cdots, s_{\circ} \tag{9-6}$$

也就是说，从集合 $\{d_1, d_2, \cdots, d_s\}$ 抽取节点度的离散概率分布为 $\dfrac{p_k}{\sum_{i=1,2,\cdots,s} p_i}(k=1, 2, \cdots, s)$，其中 p_k 的定义与式(9-3)保持一致。

证明结束。

在 DNVE 的每个基本迭代步骤，集合 V_1 中仅有一个 d-度节点被任意地选择，且从与该节点相邻的边中任意地选择一条边并将其删除。在每步迭代的基本步骤，存在 $V_1 \cdot f(d) \cdot d$ 条可选的边(待删除边的集合)。这些可选边的数量随着 V_1 的增加而线性地增长，如此大量的可选边为本节调整集合 V_2 中全部节点的度分布提供了条件。因此，本节设计一种升级版的 LL 二分图的采样方法 HDNVE(heuristic DNVE)，其可在采样过程维持集合 V_1 和集合 V_2 中节点的度分布都不发生改变。

LL 二分图 $G=(V_1, V_2, E)$ 包含两个节点集 V_1 和 V_2，因此 HDNVE 采样方法可以维持采样过程该二分图的整体度分布保持不变。HDNVE 的采样流程详见算法 9.1。

算法 9.1　HDNVE

1：**输入**：LL 二分图 $G=(V_1, V_2, E)$，缩减率 R_R。

2：**输出**：采样二分图 $G=(V_1, V_2, E)$。

3：计算集合 V_1 中全部节点的互不重复的度 $d_1>d_2>\cdots>d_s>0$，并计算集合 V_1 中度为 $d_k(1\leq k\leq s)$ 的节点的分布比率 $f(d_1)$，$f(d_2)$，$\cdots$，$f(d_s)$。计算集合 V_2 中节点的最大度 d_{max}，并计算集合 V_2 中度为 d 节点的分布比率 $\{g(d) \mid d=1, 2, \cdots, d_{max}\}$。

4：初始化 $\{g'(d) \mid d=1, 2, \cdots, d_{max}\} \leftarrow \{g(d) \mid d=1, 2, \cdots, d_{max}\}$，并初始化 $t \leftarrow 0$。

5：计算期望删除的边的总数 $m=E \cdot R_R$。

6：**While** $t<m$ **do**

7：**If** $\|S=\{v \mid v \in V_1$ 且 $d_v \notin \{d_1, d_2, \cdots, d_s\}\}\|>0$ **then**

8：任意地选择集合 S 中的一个节点 v，计算可选边集 $E_o=\{(v, w) \in E \mid w \in V_2\}$，并计算 $d^h = \arg_d \max_{d \in D}\{g'(d)-g(d)\}$，其中

$$D=\{d_w \mid w \in V_2 \text{ 且 }(v, w) \in E_o\}。$$

9：计算集合 E_o 的一个子集 $E_c=\{(v, w) \in E_o \mid w \in V_2 \text{ 且 } d_w=d^h\}$。

10：从边集 E_c 中标准分布(均等分布)地随机抽取一条边 e_c，并将边 e_c 从图 G 中删除。

11：**Else if** $S=\varnothing$ **then**

12：采用式(9-3)定义的离散概率分布 $\dfrac{p_k}{\sum_{i=1,2,\cdots,s}p_i}$ $(k=1, 2, \cdots, s)$，随机地抽取一个节点度 $d \in \{d_1, d_2, \cdots, d_s\}$。

13：计算一个可选边集 $E_o=\{(v, w) \in E \mid v \in V_1, w \in V_2 \text{ 且 } d_v=d\}$。

14：计算 $d^h=\arg_d \max_{d \in D}\{g'(d)-g(d)\}$，其中 $D=\{d_w \mid w \in V_2 \text{ 且 } \exists v, (v, w) \in E_o\}$。

15：计算集合 E_o 的一个子集 $E_c=\{(v, w) \in E_o \mid w \in V_2 \text{ 且 } d_w=d^h\}$。

16：从边集 E_c 中标准分布地随机抽取一条边 e_c，并从图 G 中将边 e_c 删除。

17：**End if**

18：删除节点集 V_1 和 V_2 中所有度为零的节点，并更新 $E \leftarrow \dfrac{E}{\{e_c\}}$。

19：更新 $g'(d)(d=1, 2, \cdots, d_{max})$，其表示集合 V_2 中度为 d 的节点的分布比率。

20：更新 $t \leftarrow t+1$。

21：**End while**

由定理 9.1 的证明过程可知，在算法 9.1 的第 8 步中集合 S 必然仅包含一个节点。易知，算法 9.1 的第 13 步中集合 E_o 的势趋向于 $\|V_1\| \cdot f(d) \cdot d$，其正比于 $\|V_1\|$。这些可选边的数量比较大，因此可以保证集合 V_1 和 V_2 中所有节点的度分布趋向于稳定不变。

定理 9.2　假设 $G'=(V'_1, V'_2, E')$ 是一个给定 LL 二分图 $G=(V_1, V_2, E)$ 的采样结果图，如果集合 V'_1 和集合 V_1 中节点的度分布相等，则等式 $\dfrac{\|V'_1\|}{\|V_1\|}=\dfrac{\|E'\|}{\|E\|}$ 成立。

证明 设 $\{f(d_1), f(d_2), \cdots, f(d_s)\}$ 为集合 V'_1 和集合 V_1 中节点共有的度分布，其中 $f(d_k)(1 \leqslant k \leqslant s)$ 表示度为 d_k 的节点的分布比率。易知，E' 和 E 分别是 V'_1 和 V_1 中节点的度之和：

$$\begin{cases} \|E'\| = \sum_{k=1}^{s} \|V'_1\| \cdot f(d_k) \cdot d_k, \\ \|E\| = \sum_{k=1}^{s} \|V_1\| \cdot f(d_k) \cdot d_k。 \end{cases} \quad (9-7)$$

因此，由式(9-7)可知，$\dfrac{\|V'_1\|}{\|V_1\|} = \dfrac{\|E'\|}{\|E\|}$ 成立。

证明结束。

推论9.1 在定理9.2中，在假设条件不变的前提下，如果集合 V'_2 和集合 V_2 中节点的度分布相等，则等式 $\dfrac{\|V'_2\|}{\|V_2\|} = \dfrac{\|E'\|}{\|E\|}$ 同样成立。

定理9.2和推论9.1可以保证：通过预先设定期望删除的边比率（缩减率 R_R），可以有效控制采样结果图中集合 V'_1 和 V'_2 剩余的节点数。也就是说，通过预先设定缩减率 R_R，可以有效维持采样结果图的节点分类特征，如图9-2和图9-3所示。

9.4.2 LM 二分图采样

本节首先构造两种确定型网络模型，用于区分 LL 和 LH（low-degree nodes are attached to high-degree nodes）二分图之间的差异性。

如图9-5所示，这两种确定型网络模型都是起始于一个相同的种子二分图 $G = (V_1, V_2, E)$。设 $G^L(t)$ 和 $G^H(t)$ 分别为经历 t 步迭代后 LL 和 LH 确定型二分图模型生成的图结构，则这两种模型的迭代过程可以采用以下方式定义。

确定型 LL 演化模型：当 $t = 1$ 时，$G^L(1) = G$。当 $t \geqslant 2$ 时，$G^L(t)$ 是在 $G^L(t-1)$ 的基础上增加一个新子图 G 的方式生成。

确定型 LH 演化模型：当 $t = 1$ 时，$G^H(1) = G$。当 $t \geqslant 2$ 时，$G^H(t)$ 是在第 $t-1$ 步迭代结果 $G^H(t-1) = (\bar{V}_1, V_2, \bar{E})$ 的基础上生成。具体地，将分别属于 $G^H(t-1)$ 和 G 的两个节点集 V_2 合并成一个新的 V_2 节点集，并保持 V_2 中节点与每个种子二分图的连接模式不变。

确定型 LL 和 LH 演化模型在 $t = 4$ 步迭代时生成的二分图结构如图9-5所示。由图9-5可知，图 $G^H(t)$ 的高度节点数趋向于稳定不变，但是这些节点度随着节点规模的增加而线性地增长；同时，节点 P_1、P_2 和 P_3 的低度与节点规模相关较弱。

然后，本节将证明四圈 WSD 与节点规模的比率对二分图中连接低度节点与高度节点的边的变化不敏感。四圈 WSD 和 ME1 是本章图采样方法的价值函数，因此本节考虑四圈 WSD 与二分图中边连接之间的关联性。

定理9.3 假设 $WSD4(G^H(t))$ 和 $N(G^H(t))$ 分别是 LH 演化图 $G^H(t)$ 的四圈 WSD 和节点数，则可以确定式(9-8)成立。

$$\lim_{t \to +\infty} \frac{WSD4(G^H(t))}{N(G^H(t))} = 0。 \quad (9-8)$$

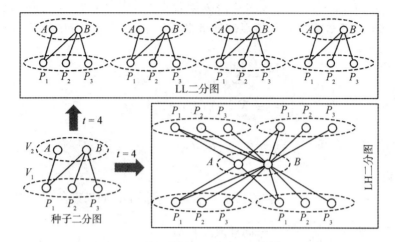

图 9-5　确定型 LL 和 LH 二分图

证明　设 LH 演化图 $G^H(t)$ 的种子二分图为 $G=(V_1, V_2, E)$，则可以得到式(9-9)。

$$N(G^H(t)) = \|V_1\| \cdot t + \|V_2\|。 \tag{9-9}$$

假设 $G^H(t) = (\bar{V}_1, V_2, \bar{E})$，则可以得到 $\|\bar{V}_1\| = \|V_1\| \cdot t$，且式(9-10)成立。

$$\begin{cases} d_v \geqslant 1, & v \in \bar{V}_1, \\ d_v \geqslant t & v \in V_2。 \end{cases} \tag{9-10}$$

依据第 4 章和第 5 章的分析，简单无向图 $G^H(t)$ 的四圈 WSD 可以表达为式(9-11)。

$$WSD4(G^H(t)) = \sum_{v \in \bar{V}_1 \cup V_2} (WSD4_{1,2}(v) + WSD4_3(v) + WSD4_4(v)), \tag{9-11}$$

式中，$WSD4_k(v)(k=1, 2, 3, 4)$ 分别对应于图 9-6 的 4-圈模式 1 到 4。

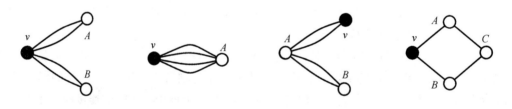

(a)4-圈模式 1　　　　(b)4-圈模式 2　　　　(c)4-圈模式 3　　　　(d)4-圈模式 4

注：两个节点之间的多重边是用于描述 4-圈上的行走路径，它们在简单无向图中仅对应于一条边。

图 9-6　简单无向图中起始于节点 v 的四种 4-圈模式

设 $N_e(v)$ 为节点 v 的相邻节点集，d_v 为节点 v 的度，则式(9-12)、式(9-13)和式(9-14)成立。

$$WSD4_{1,2}(v) = WSD4_1(v) + WSD4_2(v) = \sum_{u \in N_e(v)} \sum_{w \in N_e(v)} \frac{1}{d_u(d_v)^2 d_w}, \tag{9-12}$$

$$WSD4_3(v) = \sum_{u \in N_e(v)} \sum_{w \in \frac{N_e(u)}{|v|}} \frac{1}{d_v(d_u)^2 d_w}, \tag{9-13}$$

$$WSD4_4(v) = \sum_{v-A-C-B-v} \frac{1}{d_v d_A d_C d_B}, \tag{9-14}$$

式中，v-A-C-B-v 表示满足模式 4 的任意一个 4-圈。

因此，$\forall v_1 \in \overline{V}_1$ 和 $\forall v_2 \in V_2$，可以得到式（9-15）、式（9-16）、式（9-17）和式（9-18）成立。

$$WSD4_{1,2}(v_1) \leqslant \sum_{u \in N_e(v_1)} \sum_{w \in N_e(v_1)} \frac{1}{t \cdot 1^2 \cdot t} \leqslant \frac{\|V_2\|^2}{t^2}, \tag{9-15}$$

$$WSD4_3(v_1) \leqslant \sum_{u \in \mathbf{N}_e(v_1)} \sum_{w \in \frac{N_e(u)}{|v_1|}} \frac{1}{1 \cdot t^2 \cdot 1} \leqslant \frac{\|V_2\| \cdot \|V_1\| \cdot t}{t^2}, \tag{9-16}$$

$$WSD4_{1,2}(v_2) \leqslant \sum_{u \in N_e(v_2)} \sum_{w \in N_e(v_2)} \frac{1}{1 \cdot t^2 \cdot 1} \leqslant \frac{(\|V_1\| \cdot t)^2}{t^2}, \tag{9-17}$$

$$WSD4_3(v_2) \leqslant \sum_{u \in \mathbf{N}_e(v_2)} \sum_{w \in \frac{N_e(u)}{|v_2|}} \frac{1}{t \cdot 1^2 \cdot t} \leqslant \frac{\|V_2\| \cdot \|V_1\| \cdot t}{t^2}。 \tag{9-18}$$

因为 $\overline{V}_1$ 由节点集 V_1 的 t 个复制组成，所以 $\forall v_1 \in V_1$ 在集合 $\overline{V}_1$ 中存在节点 v_1 的 t 个复制 v_1^1, v_1^2, $\cdots$, v_1^t。如图 9-7 所示，种子二分图中一个模式 4 的实例 v_1^{a1}-A-v_1^{b1}-B-v_1^{a1} 将诱导出 $\dfrac{(2t) \cdot (2t-1)}{2} \cdot 8$ 个模式 4 的 4-圈；一个度 $d_{v_1} \geqslant 2$ 的节点 $v_1 \in V_1$ 将诱导出 $\dfrac{(t) \cdot (t-1)}{2} \cdot \dfrac{d_{v_1} \cdot (d_{v_1}-1)}{2} \cdot 8$ 个模式 4 的 4-圈（每个模式 4 的实例 v_1^{a1}-A-v_1^{b1}-B-v_1^{a1} 对应于分别以 v_1^{a1}, A, v_1^{b1} 和 B 为起点的共 8 个不同的 4-圈）。设 N_s 表示种子二分图 $G = (V_1, V_2, E)$ 中模式 4 对应的全部 4-圈数，设 d_m 表示集合 V_1 中节点的最大度，并设 N_{P4} 表示图 $G^H(t)$ 中模式 4 对应的全部 4-圈数，则可以计算得到 N_{P4} 的上界，见式（9-19）（N_s 和 d_m 是与 t 无关的常量）。

$$N_{P4} \leqslant 8N_s \cdot t \cdot (2t-1) + 2V_1 \cdot d_m \cdot (d_m-1) \cdot t \cdot (t-1)。 \tag{9-19}$$

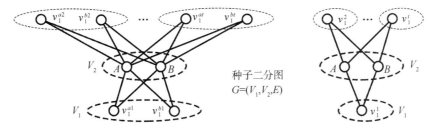

(a)种子二分图中模式 4 实例 v_1^{a1}-A-v_1^{b1}-B-v_1^{a1} 诱导的所有 4-圈　(b)种子二分图中度不低于 2 的节点 v_1^1 诱导的所有 4-圈

注：v_1^{a1}, v_1^{a2}, $\cdots$, v_1^{at}；v_1^{b1}, v_1^{b2}, $\cdots$, v_1^{bt} 和 v_1^1, v_1^2, $\cdots$, v_1^t 分别为集合 V_1 中节点 v_1^a、v_1^b 和 v_1^1 的 t 个复制。

图 9-7　LH 二分图中模式 4 对应所有 4-圈的枚举

模式 4 对应的每个 4-圈必然包含集合 V_2 中两个节点和集合 $\overline{V}_1$ 中两个节点，因此由式（9-10）和式（9-14），可以得到式（9-20）。

$$\sum_{v \in V_1 \cup V_2} WSD4_4(v) \leqslant N_{P4} \cdot \frac{1}{t^2 \cdot 1^2}° \qquad (9-20)$$

由式(9-11)至式(9-20)，可以得到式(9-21)。

$$WSD4(G^{\mathrm{H}}(t)) \leqslant \|V_1\| \cdot t \cdot \left(\frac{\|V_2\|^2}{t^2} + \frac{\|V_2\| \cdot \|V_1\| \cdot t}{t^2} \right)$$

$$+ \|V_2\| \cdot \left(\frac{(\|V_1\| \cdot t)^2}{t^2} + \frac{\|V_2\| \cdot \|V_1\| \cdot t}{t^2} \right) + N_{P4} \cdot \frac{1}{t^2}$$

$$\leqslant \|V_2\| \cdot \|V_1\|^2 + \|V_2\| \cdot \|V_1\| + 16N_s + 2\|V_1\| \cdot d_m \cdot (d_m - 1) + o(t),$$

$$\qquad (9-21)$$

式中，当 $t \to +\infty$ 时，$o(t) \to 0$。

由式(9-11)至式(9-14)可知 $WSD4(G^{\mathrm{H}}(t)) \geqslant 0$，因此由式(9-9)和式(9-21)可以确定式(9-8)的正确性。

证明结束。

定理 9.3 验证四圈 WSD 与节点规模的比率对 LH 演化图 $G^{\mathrm{H}}(t)$ 的所有边连接关系的变化不敏感，因此该比率仅依赖于二分图中低度节点之间的边连接关系。

最后，本节设计一种 LM 二分图的采样方法 SLMBG(sampling LM bipartite graphs)，其中 LM 二分图可被视为一个 LL 二分图和一个 LH 二分图的混合体。具体地，LM 二分图 $G = (V_1, V_2, E)$ 满足以下条件：集合 V_1 由低度节点组成，集合 V_2 由低度节点和高度节点共同组成。为了论述的方便，本节将要用到且与表 9-1 存在差异的数学符号列在表 9-2。

表 9-2　与表 9-1 存在差异的数学符号的汇总

符号	描述
$G^{\mathrm{LH}} = (V_1, V_2^{\mathrm{LH}}, E^{\mathrm{LH}})$	由低度节点集 V_1 和高度节点集 V_2^{LH} 构成的 LH 二分图，其中 E^{LH} 表示边集
$G^{\mathrm{LL}} = (V_1, V_2^{\mathrm{LL}}, E^{\mathrm{LL}})$	由两个低度节点集 V_1 和 V_2^{LL} 构成的 LL 二分图，其中 E^{LL} 表示边集
$d_{\max}$	集合 V_2^{LL} 中节点的最大度
$\{ g(d) \mid d = 1, 2, \cdots, d_{\max} \}$	集合 V_2^{LL} 中度为 d 的节点的分布百分比

注：表 9-1 的其他数学符号仍然在第 9.4.2 节有效。

算法 9.2　SLMBG

1：**输入**：LM 二分图 $G = (V_1, V_2, E)$，参数 T 和 R，缩减率 R_R。

2：**输出**：采样二分图 $G = (V_1, V_2, E)$。

3：依照节点度非增的次序将集合 V_2 中全部节点进行排列，并抽取其中前 n_h 个度最高的节点加入到一个新的节点集 V_2^{LH}，要求被抽取的这 n_h 个节点的度的重复数的最大值为 T(n_h 的值由输入参数 T 确定)。同时，计算另一个新的节点集 $V_2^{\mathrm{LL}} = \frac{V_2}{V_2^{\mathrm{LH}}}$，其被视为低度节点构成的集合。

续表

4：将图 G 分解为一个 LH 二分图 $G^{\text{LH}}=(V_1,\ V_2^{\text{LH}},\ E^{\text{LH}})$ 和一个 LL 二分图 $G^{\text{LL}}=(V_1,\ V_2^{\text{LL}},\ E^{\text{LL}})$，其中 $E^{\text{LH}}=\{(v_1,\ v_2)\in E\mid v_1\in V_1\ \text{且}\ v_2\in V_2^{\text{LH}}\}$ 且 $E^{\text{LL}}=\{(v_1,\ v_2)\in E\mid v_1\in V_1\ \text{且}\ v_2\in V_2^{\text{LL}}\}$。

5：计算两个边集的势 $m_E^{\text{LH}}=\|E^{\text{LH}}\|$ 和 $m_E^{\text{LL}}=\|E^{\text{LL}}\|$。

6：计算图 G 中集合 V_1 的全部节点的互不重复的度 $d_1>d_2>\cdots>d_s>0$，并计算集合 V_1 中度为 $d_k(1\leqslant k\leqslant s)$ 的节点的分布百分比 $f(d_1)$，$f(d_2)$，$\cdots$，$f(d_s)$。计算图 G 中集合 V_2^{LL} 中度为 d 的节点的最大度 $d_{\max}$，并计算集合 V_2^{LL} 中度为 d 的节点的分布百分比 $\{g(d)\mid d=1,\ 2,\ \cdots,\ d_{\max}\}$。

7：初始化 $\{g'(d)\mid d=1,\ 2,\ \cdots,\ d_{\max}\}\leftarrow\{g(d)\mid d=1,\ 2,\ \cdots,\ d_{\max}\}$，并初始化 $t\leftarrow0$。

8：计算期望删除的边的总数 $m=\|E\|\cdot R_R$。

9：**While** $t<m$ **do**

10：**If** $\|S=\{v\mid v\in V_1\ \text{且}\ d_v\notin\{d_1,\ d_2,\ \cdots,\ d_s\}\}\|>0$ **then**

11：选取集合 S 的唯一节点 v，并计算两个可选边集 $E_o^{\text{LH}}=\{(v,\ v_2)\in E^{\text{LH}}\mid v_2\in V_2^{\text{LH}}\}$ 和 $E_o^{\text{LL}}=\{(v,\ v_2)\in E^{\text{LL}}\mid v_2\in V_2^{\text{LL}}\}$。

12：**Else if** $S=\varnothing$ **then**

13：采用离散概率分布 $\dfrac{p_k}{\sum_{i=1,2,\cdots,s}p_i}(k=1,\ 2,\ \cdots,\ s)$〔详见式（9-3）的定义〕，随机地抽取一个度 $d\in\{d_1,\ d_2,\ \cdots,\ d_s\}$。

14：计算两个可选边集 $E_o^{\text{LH}}=\{(v,\ v_2)\in E^{\text{LH}}\mid v\in V_1,\ v_2\in V_2^{\text{LH}}\ \text{且}\ d_v=d\}$ 和 $E_o^{\text{LL}}=\{(v,\ v_2)\in E^{\text{LL}}\mid v\in V_1,\ v_2\in V_2^{\text{LL}}\ \text{且}\ d_v=d\}$。

15：**End if**

16：**If** $\|E_o^{\text{LH}}\|=0$，**then** 初始化 $\eta\leftarrow0$；**Else if** $\|E_o^{\text{LL}}\|=0$，**then** 初始化 $\eta\leftarrow1$；**End if**

17：**If** $\|E_o^{\text{LH}}\|>0$ 且 $\|E_o^{\text{LL}}\|>0$，**then**

18：以概率 $P^{\text{LL}}=\dfrac{\gamma^{\text{LL}}}{(\gamma^{\text{LH}}+\gamma^{\text{LL}})}$，初始化 $\eta\leftarrow0$；以概率 $1-P^{\text{LL}}$，初始化 $\eta\leftarrow1$；其中相关参数的定义如式（9-22）所示。

$$\begin{cases}\gamma^{\text{LL}}=m^{\text{LL}}-(m_E^{\text{LL}}-\|E^{\text{LL}}\|)，\quad\gamma^{\text{LH}}=m^{\text{LH}}-(m_E^{\text{LH}}-\|E^{\text{LH}}\|)，\\[2mm] m^{\text{LL}}=\dfrac{m\cdot m_E^{\text{LL}}}{m_E^{\text{LL}}+m_E^{\text{LH}}}\cdot(1+R)，\quad m^{\text{LH}}=m-m^{\text{LL}}。\end{cases}\qquad(9\text{-}22)$$

19：**End if**

20：**If** $\eta=0$，**then**

21：计算 $d^h=\arg_d\max_{d\in D}\{g'(d)-g(d)\}$，其中 $D=\{d_w\mid w\in V_2^{\text{LL}}\ \text{且}\ \exists v,\ (v,\ w)\in E_o^{\text{LL}}\}$。

22：计算集合 E_o^{LL} 的一个子集 $E_c=\{(v,\ w)\in E_o^{\text{LL}}\mid w\in V_2^{\text{LL}}\ \text{且}\ d_w=d^h\}$。

23：从边集 E_c 中标准分布（均等分布）地随机抽取一条边 e_c，并将边 e_c 从 LL 二分图 G^{LL} 中删除。

24：更新 $E^{\text{LL}}\leftarrow\dfrac{E^{\text{LL}}}{\{e_c\}}$，$t\leftarrow t+1$，并更新 $g'(d)(d=1,\ 2,\ \cdots,\ d_{\max})$，其表示集合 V_2^{LL} 中度为 d 的节点的分布百分比。

25：**Else if** $\eta=1$，**then**

26：从边集 E_o^{LH} 中标准分布（均等分布）地随机抽取一条边 e_c，并将边 e_c 从 LH 二分图 G^{LH} 中删除。

27：更新 $E^{\text{LH}}\leftarrow\dfrac{E^{\text{LH}}}{\{e_c\}}$，$t\leftarrow t+1$。

28：**End if**

29：更新 $G=(V_1,\ V_2,\ E)\leftarrow G^{\text{LH}}\cup G^{\text{LL}}$，其中 $V_2=V_2^{\text{LL}}\cup V_2^{\text{LH}}$ 且 $E=E^{\text{LL}}\cup E^{\text{LH}}$。

30：将度为零的全部节点从集合 V_1，V_2^{LL} 和 V_2^{LH} 中删除。

31：**End while**

SLMBG 采样方法详见算法 9.2。在算法的起始阶段(第 3 步),LM 二分图 $G=(V_1,$ $V_2,E)$ 的高度节点数被确定,其中 V_2 是高度节点和低度节点的混合体:在互联网拓扑中任意两个高度节点之间的度差异明显,而该拓扑中存在大量低度节点具有相同的度;基于此性质,本节采用一个预先定义的参数 T 确定集合 V_2^{LH} 中的高度节点。然后,算法的第 4 步至第 31 步从 LH 二分图 G^{LH} 或 LL 二分图 G^{LL} 中选择一条边,并将该边删除。

可以发现,图采样方法 SLMBG 是算法 9.1 中 HDNVE 的升级版。在算法 9.2 中,m^{LL} 记录期望从集合 E^{LL} 中删除的边数,γ^{LL} 记录 m^{LL} 减去已经从集合 E^{LL} 中删除的边数。也就是说,概率 P^{LL} 被用于保证 SLMBG 采样过程终止时从集合 E^{LL} 中删除的边数近似地等于 m^{LL}。依据定理 9.2 和推论 9.1,式(9-22)的参数 R 是控制采样二分图中集合 $V_2=V_2^{\mathrm{LH}}\cup V_2^{\mathrm{LL}}$ 包含节点数的关键,因为 $\|V_2^{\mathrm{LH}}\|$ 近似地不发生改变,而 $\|V_2^{\mathrm{LL}}\|$ 依赖于 m^{LL}。

依据第 9.4.1 节的分析可知,在 SLMBG 采样过程集合 V_1 和 V_2^{LL} 中节点的度分布趋向于不发生改变,这是保证四圈 WSD 与节点规模比率不发生明显改变的主要因素,因为定理 9.3 已证明该比率强依赖于 LL 二分图 G^{LL} 中边的连接关系。

9.4.3 带标记的 LDNVE 采样

本节为应对图 9-3(b)中二分图之间的节点集包含关系,提前针对性地设计一种待标记的 LDNVE(labelled DNVE)图采样方法,其可被视为 DNVE 的升级版。LDNVE 的目标是采样原始二分图 $G=(V_1,V_2,E)$,其中 V_1 是高度节点与低度节点的混合体,并要求在不删除集合 $\bar{V}_1$ 中节点($\bar{V}_1$ 中全部节点的度都不能被转换为零)的条件下维持集合 V_1 中节点的度分布稳定不变,其中 $\bar{V}_1$ 被称为一个带标记的节点集,其满足 $\bar{V}_1\subseteq V_1$ 且 $\|\bar{V}_1\|<<\|V_1\|$。

算法 9.3 LDNVE

1:**输入**:二分图 $G=(V_1,V_2,E)$,其中集合 V_1 是高度节点和低度节点的混合体,参数 T,缩减率 R_R 和带标记的节点集 $\bar{V}_1$,其中 $\bar{V}_1\subseteq V_1$ 且 $\|\bar{V}_1\|<<\|V_1\|$。

2:**输出**:采样二分图 $G=(V_1,V_2,E)$。

3:按节点度非增的次序将集合 V_1 中的全部节点排序,并从 V_1 中抽取前 n_h 个度最高的节点加入到一个新的节点集 V_1^{H},其中被抽取的 n_h 个节点的度的重复数的最大值为 T(n_h 的值由输入参数 T 确定)。同时,计算另一个新的节点集 $V_1^{\mathrm{L}}=\dfrac{V_1}{V_1^{\mathrm{H}}}$,其被视为低度节点构成的集合。

4:计算节点度的求和 $m_1^{\mathrm{H}}=\sum_{v\in V_1^{\mathrm{H}}}d_v$ 和 $m_1^{\mathrm{L}}=\sum_{v\in V_1^{\mathrm{L}}}d_v$。同时,初始化 $t\leftarrow 0$。

5:计算图 G 中集合 V_1^{L} 的全部节点的互不重复的度 $d_1>d_2>\cdots>d_s>0$,并计算集合 V_1^{L} 中度为 $d_k(1\leqslant k\leqslant s)$ 的节点的分布百分比 $f(d_1),f(d_2),\cdots,f(d_s)$。

6:计算期望删除的边的总数 $m=\|E\|\cdot R_R$。

7:**While** $t<m$ **do**

8:以概率 $P=\dfrac{\gamma^{\mathrm{L}}}{(\gamma^{\mathrm{H}}+\gamma^{\mathrm{L}})}$,初始化 $\eta\leftarrow 0$;以概率 $1-P$,初始化 $\eta\leftarrow 1$;其中相关参数在式(9-23)中给出定义。

续表

$$\gamma^{L} = m^{L} - \left(m_1^{L} - \sum_{v \in V_1^{L}} d_v \right), \quad \gamma^{H} = m^{H} - \left(m_1^{H} - \sum_{v \in V_1^{H}} d_v \right), \quad m^{L} = \frac{m \cdot m_1^{L}}{m_1^{L} + m_1^{H}}, \quad m^{H} = m - m^{L}。 \tag{9-23}$$

9：**If** $\eta = 0$，**then**

10：计算一个节点集 $S = \dfrac{\{v \mid v \in V_1^{L} \text{ 且 } d_v \notin \{d_1, d_2, \cdots, d_s\}\}}{\bar{V}_1}$，其中 $\bar{V}_1 = \{v \mid d_v = 1 \text{ 且 } v \in \bar{V}_1\}$。

11：**If** $S > 0$，**then**

12：选择集合 S 的唯一节点 v，并在与节点 v 相邻的边中标准分布（均等分布）地随机抽取一条边 e。

13：更新 $E \leftarrow \dfrac{E}{\{e\}}$，并更新 $t \leftarrow t+1$。

14：**Else if** $S = \varnothing$，**then**

15：依据在式（9-3）中定义的离散概率分布 $\dfrac{p_k}{\sum_{i=1,2,\cdots,s} p_i}$（$k = 1, 2, \cdots, s$），随机地抽取一个度 $d \in \{d_1, d_2, \cdots, d_s\}$。

16：计算节点集 $V^1 = \{v \mid v \in V_1^{L} \cap \bar{V}_1 \text{ 且 } d_v = d\}$ 和 $V^2 = \left\{v \mid v \in \dfrac{V_1^{L}}{\bar{V}_1} \text{ 且 } d_v = d\right\}$。

17：**If** $\|V^2\| > 0$，**then** 标准分布（均等分布）地随机选择一个节点 $v \in V^2$；**Else** 标准分布（均等分布）地随机选择一个节点 $v \in V^1$；**End if**

18：**If** $d_v \geqslant 2$ 或 $v \notin \bar{V}_1$，**then**

19：在与节点 v 相邻的边中标准分布（均等分布）地随机抽取一条边 e，并更新 $E \leftarrow \dfrac{E}{\{e\}}$，$t \leftarrow t+1$。

20：**End if**

21：**End if**

22：**Else if** $\eta = 1$，**then**

23：标准分布（均等分布）地随机抽取一条边 $e \in \left\{(w, v) \in E \mid w \in V_2 \text{ 且 } v \in \dfrac{V_1^{H}}{\bar{V}_1}\right\}$，其中 $\bar{V}_1 = \{v \mid d_v = 1 \text{ 且 } v \in \bar{V}_1\}$，并更新 $E \leftarrow \dfrac{E}{\{e\}}$，$t \leftarrow t+1$。

24：**End if**

25：更新 $G \leftarrow (V_1, V_2, E)$，其中 $V_1 = V_1^{H} \cup V_1^{L}$。

26：将度为零的全部节点从集合 V_1^{H}、V_1^{L} 和 V_2 中删除。

27：**End while**

算法 9.3 对应 LDNVE 图采样方法的第 3 步同样采用预先定义的参数 T 确定集合 V_1 中的高度节点。在第 8 步，m^{L} 记录集合 $E^{L} = \{(w, v) \in E \mid w \in V_2 \text{ 且 } v \in V_1^{L}\}$ 中期望被删除的边数，γ^{L} 记录 m^{L} 减去集合 E^{L} 中已经被删除的边数；也就是说，概率 P 被用于保证 LDNVE 采样过程终止时从集合 E^{L} 中删除的边数近似地等于 m^{L}。因此，该算法输出结果的 $\|V_1^{L}\|$ 可以被有效地控制。因为集合 $\bar{V}_1 = \{v \mid d_v = 1 \text{ 且 } v \in \bar{V}_1\}$ 中全部节点的度都不可能被转换为零，本节可以确定带标记集合 $\bar{V}_1$ 中任意一个节点都不会被 LDNVE 采样过程删除。进一步地，因为 LDNVE 是一个启发式的算法，所以本节可以确定 $\|\bar{V}_1\| << \|V_1\|$。

9.4.4　受限制的 RSLMBG 采样

为了应对图 9-3(b) 中二分图之间的节点集包含关系，本节针对性地设计一种受限制

的 RSLMBG（restricted SLMBG）图采样方法，其可被视为 SLMBG 的升级版。对于一个原始 LM 二分图 $G=(V_1, V_2, E)$，本节构造一个多对一映射 $\psi: V_1 \to W$，其中 $\forall v_1 \in V_1$ 有 $\psi(v_1)$ 是集合 W 中与之对应的唯一节点；定义一个函数 $N'(w, V) = \{v_1 \mid v_1 \in V$ 且 $\psi(v_1)=w\}$，其中 $w \in W$ 且 $V \subseteq V_1$，并 $\forall w \in W$ 定义一个下界 $L(w)$。RSLMBG 的目标是获得一个采样二分图 [仍然用 $G=(V_1, V_2, E)$ 表示，见算法 9.4 的输出]，其要求满足 $\forall w \in W$ 有 $\|N'(w, V_1)\|$ 趋向于 $L(w)$，且集合 V_2 中全部节点的度分布接近于预先设定的度分布 $\{g(d) \mid d=1, 2, \cdots, d_{\max}\}$。

算法 9.4　RSLMBG

1：**输入**：LM 二分图 $G=(V_1, V_2, E)$，多对一映射 $\psi: V_1 \to W$，预先定义的函数 $N'(w, V) = \{v_1 \mid v_1 \in V$ 且 $\psi(v_1)=w\}$，其中 $w \in W$ 且 $V \subseteq V_1$，$\forall w \in W$ 预先定义下界 $L(w)$，预先定义的度分布 $\{g(d) \mid d =1, 2, \cdots, d_{\max}\}$，其中 $d_{\max}$ 是一个给定的大于集合 V_2 中节点最大度的数值，参数 T 和 R，缩减率 R_R。

2：**输出**：采样二分图 $G=(V_1, V_2, E)$。

3：将集合 V_2 中全部节点按它们的度非增的次序排列，抽取集合 V_2 中前 n_h 个高度节点并将它们加入一个新的节点集 V_2^{LH}，其中被抽取的 n_h 个节点的度的重复数的最大值为 T（n_h 的值由输入参数 T 确定）。同时，计算另一个新的节点集 $V_2^{\mathrm{LL}} = \dfrac{V_2}{V_2^{\mathrm{LH}}}$，其被视为低度节点构成的集合。

4：分解图 G 为一个 LH 二分图 $G^{\mathrm{LH}} = (V_1, V_2^{\mathrm{LH}}, E^{\mathrm{LH}})$ 和一个 LL 二分图 $G^{\mathrm{LL}} = (V_1, V_2^{\mathrm{LL}}, E^{\mathrm{LL}})$，其中 $E^{\mathrm{LH}} = \{(v_1, v_2) \in E \mid v_1 \in V_1$ 且 $v_2 \in V_2^{\mathrm{LH}}\}$ 且 $E^{\mathrm{LL}} = \{(v_1, v_2) \in E \mid v_1 \in V_1$ 且 $v_2 \in V_2^{\mathrm{LL}}\}$。

5：计算边集的势 $m_E^{\mathrm{LH}} = \|E^{\mathrm{LH}}\|$ 和 $m_E^{\mathrm{LL}} = \|E^{\mathrm{LL}}\|$。

6：计算图 G 中集合 V_1 的全部节点的互不重复的度 $d_1 > d_2 > \cdots > d_s > 0$，并计算集合 V_1 中度为 $d_k(1 \leq k \leq s)$ 的节点的分布比率 $f(d_1), f(d_2), \cdots, f(d_s)$。

7：初始化 $t \leftarrow 0$，并计算期望删除的边的总数 $m = \|E\| \cdot R_R$。

8：在 LL 二分图 G^{LL} 中计算集合 V_2^{LL} 的全部节点的度分布 $\{g'(d) \mid d=1, 2, \cdots, d_{\max}\}$，其中 $g'(d)$ 表示度为 d 节点的分布百分比。此外，初始化 $\eta \leftarrow 0$。

9：**While** $t < m$ **do**

10：初始化 $\gamma \leftarrow 0$，并计算一个节点集，如式（9-24）所示。

$$\bar{V}_1 = \left\{ v_1 \in V_1 \mid \frac{\|N'(\psi(v_1), V_1)\|}{L(\psi(v_1))} > 1 \text{ 且 } d_{v_1} = 1 \right\}。 \tag{9-24}$$

11：**If** $\eta > 0$ 且 $\|\bar{V}_1\| > 0$，**then**

12：更新 $\eta \leftarrow \eta - 1$，并计算两个可选边集 $E_o^{\mathrm{LH}} = \{(v, v_2) \in E^{\mathrm{LH}} \mid v \in \bar{V}_1$ 且 $v_2 \in V_2^{\mathrm{LH}}\}$ 和 $E_o^{\mathrm{LL}} = \{(v, v_2) \in E^{\mathrm{LL}} \mid v \in \bar{V}_1$ 且 $v_2 \in V_2^{\mathrm{LL}}\}$。

13：更新 $\gamma \leftarrow 1$。

14：**End if**

15：**If** $\gamma = 0$ 且 $\|S = \{v \mid v \in V_1$ 且 $d_v \notin \{d_1, d_2, \cdots, d_s\}\}\| > 0$，**then**

16：抽取集合 S 中唯一的节点 v，并计算一个节点度 $d = d_v$。

17：**Else if** $\gamma = 0$ 且 $S = \varnothing$，**then**

18：根据式（9-3）的定义，采用离散概率分布 $\dfrac{p_k}{\sum_{i=1,2,\cdots,s} p_i}$（$k=1, 2, \cdots, s$），随机地抽取一个度 $d \in \{d_1, d_2, \cdots, d_s\}$。

19：**End if**

20：**If** $\gamma = 0$，$d = 1$ 且 $\|\bar{V}_1\| = 0$，**then**

续表

21：更新 $\eta \leftarrow \eta+1$，并初始化 $E_o^{\mathrm{LH}}=\varnothing$ 和 $E_o^{\mathrm{LL}}=\varnothing$。

22：**Else if** $\gamma=0$，$d=1$ 且 $\|\bar{V}_1\|>0$，**then**

23：计算两个可选边集 $E_o^{\mathrm{LH}}=\{(v, v_2)\in E^{\mathrm{LH}} \mid v\in \bar{V}_1$ 且 $v_2\in V_2^{\mathrm{LH}}\}$ 和 $E_o^{\mathrm{LL}}=\{(v, v_2)\in E^{\mathrm{LL}} \mid v\in \bar{V}_1$ 且 v_2 $\in V_2^{\mathrm{LL}}\}$。

24：**Else if** $\gamma=0$ 且 $d>1$，**then**

25：计算两个可选边集 $E_o^{\mathrm{LH}}=\{(v, v_2)\in E^{\mathrm{LH}} \mid v\in V_1, v_2\in V_2^{\mathrm{LH}}$ 且 $d_v=d\}$ 和 $E_o^{\mathrm{LL}}=\{(v, v_2)\in E^{\mathrm{LL}} \mid v\in$ $V_1, v_2\in V_2^{\mathrm{LL}}$ 且 $d_v=d\}$。

26：**End if**

27：**If** $\|E_o^{\mathrm{LH}}\|=0$，**then** 更新 $\gamma\leftarrow 0$；**Else if** $\|E_o^{\mathrm{LL}}\|=0$，**then** 更新 $\gamma\leftarrow 1$；**End if**

28：**If** $\|E_o^{\mathrm{LH}}\|>0$ 且 $\|E_o^{\mathrm{LL}}\|>0$，**then**

29：以式(9-22)定义的概率 $P^{\mathrm{LL}}=\dfrac{\gamma^{\mathrm{LL}}}{(\gamma^{\mathrm{LH}}+\gamma^{\mathrm{LL}})}$，更新 $\gamma\leftarrow 0$；以概率 $1-P^{\mathrm{LL}}$，更新 $\gamma\leftarrow 1$。

30：**End if**

31：**If** $\|E_o^{\mathrm{LH}}\|=0$ 且 $\|E_o^{\mathrm{LL}}\|=0$，**then** $\gamma\leftarrow 2$，**End if**

32：**If** $\gamma=0$，**then**

33：计算 $D^h=\{d\in D \mid g'(d)-g(d)>\dfrac{1}{V_2^{\mathrm{LL}}}\}$，其中 $D=\{d_w \mid w\in V_2^{\mathrm{LL}}$ 且 $\exists v, (v, w)\in E_o^{\mathrm{LL}}\}$。

34：**If** $\|D^h\|=0$，**then** 更新 $D^h\leftarrow\{\arg_d\max_{d\in D}\{g'(d)-g(d)\}\}$，**End if**

35：计算集合 E_o^{LL} 的一个子集 $E_a=\{(v, w)\in E_o^{\mathrm{LL}} \mid w\in V_2^{\mathrm{LL}}$ 且 $d_w\in D^h\}$。

36：计算 $\psi'=\arg_{\psi(v)}\max_{v\in V}\left\{\dfrac{N'(\psi(v), V_1)}{L(\psi(v))}\right\}$，其中 $V=\{v \mid v\in V_1$ 且 $\exists w, (v, w)\in E_a\}$。

37：计算集合 E_a 的一个子集 $E_b=\{(v, w)\in E_a \mid v\in V_1$ 且 $\psi(v)=\psi'\}$。

38：从集合 E_b 中标准分布(均等分布)地随机选择一条边 e_b，并将边 e_b 从 LL 二分图 G^{LL} 中删除。

39：更新 $E^{\mathrm{LL}}\leftarrow\dfrac{E^{\mathrm{LL}}}{\{e_b\}}$，$t\leftarrow t+1$，并更新 $g'(d)(d=1, 2, \cdots, d_{\max})$，其表示集合 V_2^{LL} 中度为 d 节点的分布百分比。

40：**Else if** $\gamma=1$，**then**

41：计算 $\psi'=\arg_{\psi(v)}\max_{v\in V}\left\{\dfrac{N'(\psi(v), V_1)}{L(\psi(v))}\right\}$，其中 $V=\{v \mid v\in V_1$ 且 $\exists w, (v, w)\in E_o^{\mathrm{LH}}\}$。

42：计算集合 E_o^{LH} 的一个子集 $E_b=\{(v, w)\in E_o^{\mathrm{LH}} \mid v\in V_1$ 且 $\psi(v)=\psi'\}$。

43：从集合 E_b 中标准分布(均等分布)地随机选择一条边 e_b，并将边 e_b 从 LH 二分图 G^{LH} 中删除。

44：更新 $E^{\mathrm{LH}}\leftarrow\dfrac{E^{\mathrm{LH}}}{\{e_b\}}$，并更新 $t\leftarrow t+1$。

45：**End if**

46：更新二分图 $G=(V_1, V_2, E)\leftarrow G^{\mathrm{LH}}\cup G^{\mathrm{LL}}$，其中 $V_2=V_2^{\mathrm{LL}}\cup V_2^{\mathrm{LH}}$ 且 $E=E^{\mathrm{LL}}\cup E^{\mathrm{LH}}$。

47：将度为零的全部节点从集合 V_1，V_2^{LL} 和 V_2^{LH} 中删除。

48：**End while**

算法9.4给出了 RSLMBG 图采样方法的流程步骤。在该算法中仅有式(9-24)定义的集合 $\bar{V}_1$ 中度为1的节点才能够被转换为零度节点，因此在整个采样过程 $\forall w\in W$ 将维持 $\|N'(w, V_1)\|\geqslant L(w)$ 成立。此外，采样过程拥有 $\dfrac{\|N'(\psi(v), V_1)\|}{L(\psi(v))}$ 最大值的节点 $v\in V_1$ 首

先被转换为度为 d_v-1 的节点，这一规则是 $\forall w \in W$ 保证 $\|N'(w, V_1)\|$ 趋向于 $L(w)$ 的关键因素。在第 21 步的变量 η 记录异常操作(阻止度为 1 节点被转换为零度节点)的次数。为了维持度为 1 节点的分布百分比，算法 9.4 添加了第 11 至 14 步对变量 η 的运算，该运算步骤的效果在数值实验被证实十分有效。

注意：算法 9.2 中 SLMBG 图采样方法的预先定义输入参数 R 同样是算法 9.4 中 RSLMBG 图采样方法的输入参数。

9.5 互联网拓扑的二分图采样

本节将第 9.4 节的二分图通用采样方法应用于互联网拓扑分解得到的二分图，并综合考虑图 9-3(b)中不同分解二分图之间的节点集包含关系。

9.5.1 Q_1-II 采样

本章的图采样方法 SInetL 起始于 Q_1-II 二分图的采样，因为该二分图拥有比图 9-3(b)中其他二分图更多的边数。由图 9-4 可知，Q_1-II 是一个 LM 二分图；具体地，II 和 Q_1 分别对应于第 9.4.2 节定义 LM 二分图 $G=(V_1, V_2, E)$ 的节点集 V_1 和 V_2。因此，本节采用算法 9.2 的 SLMBG 方法，采样 Q_1-II 二分图。本节的采样过程不对 SLMBG 方法设置任何其他的限制。SLMBG 方法有两个预先设定的参数 T 和 R；缺省情况下，本节对 Q_1-II 二分图的图采样过程设置 $T=1$ 和 $R=0.096$。SInetL 的 Q_1-II 采样过程如主函数 9.1 所示。

主函数 9.1 Q_1-II 二分图采样

1：**输入**：原始 Q_1-II 二分图 $G_{Q_1\text{-}II}=(II, Q_1, E_{Q_1\text{-}II})$，缩减率 R_R，参数 $T=1$ 和 $R=0.096$。

2：**输出**：采样二分图 $G_{Q_1\text{-}II}=(II, Q_1, E_{Q_1\text{-}II})$。

3：调用算法 9.2 的 SLMBG 图采样方法：$G_{Q_1\text{-}II}=(II, Q_1, E_{Q_1\text{-}II}) \leftarrow$ SLMBG$(G_{Q_1\text{-}II}, T, R, R_R)$。

4：计算节点集 $V=\{v \in II \mid d_v=1\}$。

5：**If** $V>0$，**then** 从采样二分图 $G_{Q_1\text{-}II}=(II, Q_1, E_{Q_1\text{-}II})$ 中删除唯一的节点 $v \in V$，**End if**

可以确定主函数 9.1 的第 5 步中如果 $\|V\|>0$ 则 $\|V\|=1$，因为全部 II 节点的度 $d_1>d_2>\cdots>d_s$ 都大于 1，且由定理 9.1 的证明过程可知，二分图中每个度为 d_s 的 II 节点必然被一系列连续的 SLMBG 迭代步骤转换为零度节点。

9.5.2 Q_2-BI+BI-BI 采样

本节综合考虑 Q_2-BI 二分图采样和 BI-BI 匹配图采样，因为这两个图采样之间存在紧密的关联性。类似于 Q_1-II 二分图，Q_2-BI 也是一个 LM 二分图。具体地，BI 和 Q_2 分别对应于第 9.4.2 节定义 LM 二分图 $G=(V_1, V_2, E)$ 的节点集 V_1 和 V_2。因此，本节同样采用算法 9.2 的 SLMBG 方法采样 Q_2-BI 二分图，并将节点集 Q_2 与 Q 之间的包含关系放至第 9.6 节考虑。SLMBG 方法有两个预先设定的参数 T 和 R；缺省情况下，本节对 Q_2-BI 二分图的图采样过程设置 $T=1$ 和 $R=0.026$。SInetL 的 $Q_2\text{-}BI$ 采样过程如主函数9.2所示。

主函数9.2 $Q_2\text{-}BI$ 二分图采样

1：**输入**：原始 $Q_2\text{-}BI$ 二分图 $G_{Q_2\text{-}BI}=(BI,\ Q_2,\ E_{Q_2\text{-}BI})$，缩减率 R_R，参数 $T=1$ 和 $R=0.026$。

2：**输出**：采样二分图 $G_{Q_2\text{-}BI}=(BI,\ Q_2,\ E_{Q_2\text{-}BI})$。

3：调用算法9.2的 SLMBG 图采样方法：$G_{Q_2\text{-}BI}=(BI,\ Q_2,\ E_{Q_2\text{-}BI})\leftarrow \text{SLMBG}(G_{Q_2\text{-}BI},\ T,\ R,\ R_R)$。

4：**If** $\|BI\|$ 是奇数，**then** 从采样二分图 $G_{Q_2\text{-}BI}=(BI,\ Q_2,\ E_{Q_2\text{-}BI})$ 中任意地删除一个度最小的节点 $v\in BI$，**End if**

依据第9.3节的分析，主函数9.2输出的 $Q_2\text{-}BI$ 采样二分图中 BI 节点的数量要求是偶数。假设该偶数值为 n_{BI}，则 $BI\text{-}BI$ 匹配图采样的目标是在 $Q_2\text{-}BI$ 采样二分图的基础上增加 $\dfrac{n_{BI}}{2}$ 条边，从而将该采样二分图中全部的 BI 节点进行连接，形成 BI 节点的最大匹配（每个 BI 节点仅能够被一条新增的边连接）。$BI\text{-}BI$ 匹配图采样的输入是原始 $BI\text{-}BI$ 匹配图的度对分布：本节将被一条 $BI\text{-}BI$ 边连接的两个 BI 节点的度形成的度对 $(d_1,\ d_2)$，其中 $d_1\leqslant d_2$，映射到一个实数 $x=\dfrac{d_2(d_2-1)}{2}+d_1$（这里的度是指 BI 节点在原始 $Q_2\text{-}BI$ 二分图的度）。基于此映射，如果按照 x 递增的次序排列，则这些度对构成的序列为 $(1,\ 1)$，$(1,\ 2)$，$(2,\ 2)$，$(1,\ 3)$，$(2,\ 3)$，$(3,\ 3)$ 等。图9-8（a）给出了四个原始 $BI\text{-}BI$ 匹配图的度对分布，其显示度对分布偏好于较小的实数 x。因此，SInetL 的 $BI\text{-}BI$ 采样过程如主函数9.3所示。

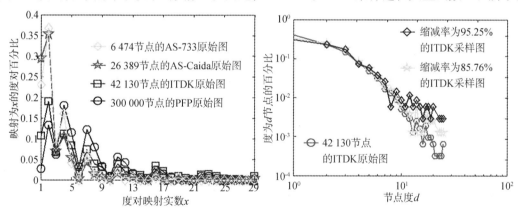

（a）BI 节点的度对分布   （b）PI 节点的度分布

注：（a）原始 $Q_2\text{-}BI$ 二分图中 BI 节点的度对分布，其中原始 $Q_2\text{-}BI$ 二分图是从第9.2.1节描述四个原始图中分解得到，且每个度对中的节点度是指被一条 $BI\text{-}BI$ 边连接的两个 BI 节点在原始 $Q_2\text{-}BI$ 二分图的度（连接两个 BI 节点的边与度对中的节点度无关）；（b）原始二分图 $G_{Q_3\text{-}PI}=\{PI,\ Q_3,\ E_{Q_3\text{-}PI}\}$ 与采样二分图 $G''_{Q_3\text{-}PI}=\{\overline{PI},\ Q''_3,\ E''_{Q_3\text{-}PI}\}$ 中 PI 节点的度分布对比，（b）提供的分解二分图的性质将被用于第9.5.4节的算法设计。

图9-8 BI 节点的度对分布和 PI 节点的度分布

主函数 9.3 *BI-BI 匹配图采样*

1：**输入**：采样 Q_2-BI 二分图 $G_{Q_2\text{-}BI} = (BI, Q_2, E_{Q_2\text{-}BI})$ 和 BI 节点的度对分布 $\rho(x)$，其表示原始 BI-BI 匹配图中映射为 x 的度对的百分比。

2：**输出**：采样 BI-BI 匹配图 $G_{BI\text{-}BI} = (BI, E_{BI\text{-}BI})$。

3：计算采样二分图 $G_{Q_2\text{-}BI} = (BI, Q_2, E_{Q_2\text{-}BI})$ 中全部 BI 节点的最大度 d_m。

4：初始化 $E_{BI\text{-}BI} \leftarrow \varnothing$。注意：采样二分图 $G_{Q_2\text{-}BI}$ 和采样匹配图 $G_{BI\text{-}BI}$ 拥有相同的节点集 BI。

5：**For** $d_1 = 1 : 1 : d_m - 1$ **do**

6：**For** $d_2 = d_1 : 1 : d_m$ **do**

7：计算采样二分图 $G_{Q_1\text{-}BI}$ 中出现 BI 节点度对 (d_1, d_2) 的期望数值 $m_{d_1,d_2} = \dfrac{\|BI\|}{2} \cdot \rho\left(\dfrac{d_2(d_2-1)}{2} + d_1\right)$。然后，标准分布（均等分布）地随机生成一个边集 E_{d_1,d_2}，其包含 $\min\{m_{d_1,d_2}, m'_{d_1,d_2}\}$ 条连接采样二分图 $G_{Q_1\text{-}BI}$ 中 d_1-度和 d_2-度两个 BI 节点的边，其中 m'_{d_1,d_2} 表示采样二分图 $G_{Q_1\text{-}BI}$ 中能够形成度对 (d_1, d_2) 的最大可能数。注意：采样二分图 $G_{Q_1\text{-}BI}$ 中每个 BI 节点连接集合 $E_{BI\text{-}BI} \cup E_{d_1,d_2}$ 中边的数量不能够超过 1。

8：更新 $E_{BI\text{-}BI} \leftarrow E_{BI\text{-}BI} \cup E_{d_1,d_2}$。

9：**End for**

10：**End for**

11：标准分布（均等分布）地随机生成一个边集 E_0，其包含 $\dfrac{\|BI\|}{2 - \|E_{BI\text{-}BI}\|}$ 条连接采样二分图 $G_{Q_1\text{-}BI}$ 中尚未被集合 $E_{BI\text{-}BI}$ 中边连接的剩余 BI 节点的边。注意：在采样二分图 $G_{Q_1\text{-}BI}$ 中，要求每个 BI 节点与集合 $E_{BI\text{-}BI} \cup E_0$ 中边相连接的数量不能够超过 1。

12：更新 $E_{BI\text{-}BI} \leftarrow E_{BI\text{-}BI} \cup E_0$。

9.5.3　QI_1-RI-Q_4 采样

由图 9-3(b) 可知，Q_4-RI_1 二分图的 RI 节点集被包含于 QI_1-RI 二分图的 RI 节点集。因此，本节综合考虑 QI_1-RI-Q_4 采样，其由 QI_1-RI 二分图采样和 Q_4-RI_1 二分图采样两部分组成。由第 9.3 节的分析可知，互联网拓扑的全部 RI 节点都被包含于 QI_1-RI 二分图，因此本节首先设计 QI_1-RI 二分图采样，然后实现 Q_4-RI_1 二分图采样。

如图 9-4(a) 所示，QI_1-RI 更接近于 LL 二分图。具体地，RI 和 QI_1 分别对应第 9.4.1 节定义 LL 二分图的节点集 V_1 和 V_2。因此，本节选择算法 9.1 的 HDNVE 图采样方法，采样 QI_1-RI 二分图。易知，HDNVE 是算法 9.2 的 SLMBG 方法在参数和时的特例，因此本节选择适用性更强的 SLMBG 图采样方法。为了获得更好的实验效果，本节为 QI_1-RI 二分图采样设置缺省情况下的参数 $T = 1$ 和 $R = 0$。

主函数 9.4 *QI_1-RI 二分图采样*

1：**输入**：原始 QI_1-RI 二分图 $G_{QI_1\text{-}RI} = (RI, QI_1, E_{QI_1\text{-}RI})$，缩减率 R_R，参数和 $T = 1$ 和 $R = 0$。

2：**输出**：采样二分图 $G_{QI_1\text{-}RI} = (RI, QI_1, E_{QI_1\text{-}RI})$。

3：调用算法 9.2 的 SLMBG 图采样方法：$G_{QI_1\text{-}RI} = (RI, QI_1, E_{QI_1\text{-}RI}) \leftarrow \text{SLMBG}(G_{QI_1\text{-}RI}, T, R, R_R)$。

4：计算节点集 $V = \{v \in RI \mid d_v = 1\}$。

5：**If** $\|V\| > 0$，**then** 从采样二分图 $G_{QI_1\text{-}RI} = (RI, QI, E_{QI_1\text{-}RI})$ 中删除唯一的节点 $v \in V$，**End if**

本节的 QI_1-RI 二分图采样过程如主函数 9.4 所示。类似于主函数 9.1（见第 9.5.1 节），可以确定在主函数 9.4 中如果 $\|V\|>0$ 则 $\|V\|=1$。

在互联网拓扑中，RI 节点的数量十分稀少，因为图 9-3（a）的外围节点通常不希望被连接至多于一个的低度节点。此外，部分 RI 节点可能不被连接至 Q 节点，导致 Q_4-RI_1 二分图的节点规模明显地小于 QI_1-RI 二分图的节点规模。基于上述分析，本节设计一种简单的 Q_4-RI_1 二分图采样方法，如主函数 9.5 所示。

主函数 9.5 Q_4-RI_1 二分图采样

1：**输入**：原始 Q_4-RI_1 二分图 $G_{Q_4\text{-}RI_1}=(RI_1,\ Q_4,\ E_{Q_4\text{-}RI_1})$，采样 QI_1-RI 二分图 $G_{QI_1\text{-}RI}=(RI,\ QI_1,\ E_{QI_1\text{-}RI})$。

2：**输出**：采样二分图 $G_{Q_4\text{-}RI_1}=(RI_1,\ Q_4,\ E_{Q_4\text{-}RI_1})$。

3：更新 $RI_1 \leftarrow \{w \in RI\ |\ \exists v \in Q_4,\ (w,\ v) \in E_{Q_4\text{-}RI_1}\}$。

4：更新 $Q_4 \leftarrow \{v \in Q_4\ |\ \exists w \in RI,\ (w,\ v) \in E_{Q_4\text{-}RI_1}\}$。

5：更新 $E_{Q_4\text{-}RI_1} \leftarrow \{(w,\ v) \in E_{Q2}\text{-}RI_1\ |\ w \in RI_1\ 且\ v \in Q_4\}$。

注：主函数 9.5 中节点集 Q_4 与 Q 之间的包含关系将在第 9.6 节详细地考虑。

9.5.4   *QI-PI-Q_3* 采样

由图 9-3（b）可知，QI_1-RI 二分图的 QI 节点集被包含于 QI-PI 二分图的 QI 节点集，且 QI-PI 二分图与 Q_3-PI 二分图拥有完全相同的 PI 节点集。幸运的是，QI-PI 二分图中全部 PI 节点的度都是 1，这一特征显著地降低了 *QI-PI-Q_3* 采样方法的设计复杂性，其中 *QI-PI-Q_3* 采样由 QI-PI 二分图采样和 Q_3-PI 二分图采样两部分组成。为了便于论述这两个采样方法的设计，表 9-3 列出了本节所需的数学符号。

由于 QI-PI 二分图中全部 PI 节点的度都是 1，本节仅考虑该二分图中 QI 节点的度分布。此外，易知 $QI'_1 \subseteq QI'$，其中 $G'_{QI_1\text{-}RI}=(RI',\ QI'_1,\ E'_{QI_1\text{-}RI})$ 和 $G''_{QI\text{-}PI}=(QI',\ PI'',\ E''_{QI\text{-}PI})$ 分别表示采样 QI_1-RI 二分图和采样 QI-PI 二分图。基于上述分析，算法 9.3 的 LD-NVE 图采样方法更适合于 QI-PI 二分图的采样过程。具体地，QI 和 PI 分别对应于第 9.4.3 节定义二分图 $G=(V_1,\ V_2,\ E)$ 的节点集 V_1 和 V_2。第 9.5.3 节确定互联网拓扑的 RI 节点数十分稀少，因此采样 QI_1-RI 二分图 $G'_{QI_1\text{-}RI}$ 中被 RI' 节点连接的 QI'_1 节点数同样十分稀少，导致 $\|QI'_1\| \ll \|QI\|$，因此算法 9.3 的 LDNVE 中 $\|\bar{V}_1\| \ll \|V_1\|$ 维持成立。此外，依据互联网拓扑的偏好连接规则[23]，被低度 RI' 节点连接的 QI'_1 节点的度通常比较大，因此这些 QI'_1（对应于 LDNVE 中 $\bar{V}_1$）节点通常被 LDNVE 图采样方法转换为度为 1 节点的可能性相对较小。因此，算法 9.3 的 LDNVE 图采样方法对于 QI-PI 二分图采样比较有效。本节设置缺省情况下，其物理意义是指高度节点的数量为零。SInetL 的 QI-PI 采样过程如主函数 9.6 所示。

表 9-3　第 9.5.4 节所需的数学符号

符号	描述
$G'_{QI_1-RI} = (RI', QI'_1, E'_{QI_1-RI})$	采样 $QI_1\text{-}RI$ 二分图，其是主函数 9.4 的输出
$G_{QI-PI} = (QI, PI, E_{QI-PI})$	原始 $QI\text{-}PI$ 二分图
$G''_{QI-PI} = (QI', PI'', E''_{QI-PI})$	初始的采样 $QI\text{-}PI$ 二分图，其是主函数 9.6 的一个输出
$G_{Q_3-PI} = (PI, Q_3, E_{Q_3-PI})$	原始 $Q_3\text{-}PI$ 二分图
$G''_{Q_3-PI} = (\overline{PI}, Q''_3, E''_{Q_3-PI})$	原始 $Q_3\text{-}PI$ 二分图的一个子图，其是主函数 9.7 的一个输入
$G'_{Q_3-PI} = (PI', Q'_3, E'_{Q_3-PI})$	采样 $Q_3\text{-}PI$ 二分图，其是主函数 9.7 的一个输出
$G'_{QI-PI} = (QI', PI', E'_{QI-PI})$	最终的采样 $QI\text{-}PI$ 二分图，其是主函数 9.7 的一个输出
$d_v(G)$	图 G 中节点 v 的度
$N_v(G)$	图 G 中节点 v 的相邻节点集

主函数 9.6　$QI\text{-}PI$ 二分图采样

1：**输入**：原始 $QI\text{-}PI$ 二分图 $G_{QI-PI} = (QI, PI, E_{QI-PI})$，缩减率 R_R，采样 $QI_1\text{-}RI$ 二分图 $G'_{QI_1-RI} = (RI', QI'_1, E'_{QI_1-RI})$，参数 $T=0$。

2：**输出**：初始的采样 $QI\text{-}PI$ 二分图 $G''_{QI-PI} = (QI', PI'', E''_{QI-PI})$。

3：设置带标记的节点集 $\overline{V}_1 = QI'_1$，然后调用算法 9.3 的 LDNVE 图采样方法：$G''_{QI-PI} = (QI', PI'', E''_{QI-PI}) \leftarrow \text{LDNVE}(G_{QI-PI} = (QI, PI, E_{QI-PI}), T, \overline{V}_1, R_R)$。

依据 LDNVE 的采样原理，可以确定 $QI'_1 \subseteq QI'$。下一步将分析另一个严格的约束条件：主函数 9.3 输出的初始采样 $QI\text{-}PI$ 二分图 G''_{QI-PI} 和 $Q_3\text{-}PI$ 二分图采样方法输出的 G'_{Q_3-PI} 要求拥有相同的 PI 节点集。算法 9.4 的 RSLMBG 图采样方法就是为这一约束条件而设计。首先，本节定义 RSLMBG 图采样方法的输入参数为：

输入的原始 LM 二分图 $G = (V_1, V_2, E)$ 定义为 $G''_{Q_3-PI} = (\overline{PI}, Q''_3, E''_{Q_3-PI})$，相关参数的定义如式（9-25）、式（9-26）和式（9-27）所示。

$$\overline{PI} = \cup_{v \in QI'} N_v(G_{QI-PI}) = \{w \in PI \mid \exists v \in QI', (w, v) \in E_{QI-PI}\}, \tag{9-25}$$

$$Q''_3 = \{v \in Q_3 \mid \exists w \in \overline{PI}, (w, v) \in E_{Q_3-PI}\}, \tag{9-26}$$

$$E''_{Q_3}-PI = \{(w, v) \in E_{Q_3-PI} \mid w \in \overline{PI} \text{且} v \in Q''_3\}。 \tag{9-27}$$

此外，定义输入的多对一映射 $\psi: \overline{PI} \rightarrow QI'$ 为：$\forall v \in \overline{PI}$，满足式（9-28）。

$$\psi(v) \in QI' \text{且} (v, \psi(v)) \in E_{QI-PI}。 \tag{9-28}$$

原始 $QI\text{-}PI$ 二分图 G_{QI-PI} 中 PI 节点的度都是 1，故可以确定 $\|\{\psi(v) \mid (v, \psi(v)) \in E_{QI-PI}\}\| = 1$。

同时，$\forall w \in QI'$ 定义输入的下界为 $L(w) = d_w(G''_{QI-PI})$，并定义输入的 $g(d)(d=1,$

· 152 ·

2，$\cdots$）为原始 Q_3-PI 二分图 $G_{Q_3\text{-}PI}$ 的集合 Q_3 中度为 d 的节点的分布百分比。

基于上述对 RSLMBG 输入参数的定义，SInetL 的 Q_3-PI 采样过程如主函数 9.7 所示。

主函数 9.7　　Q_3-PI 二分图采样

1：**输入**：原始 Q_3-PI 二分图 $G_{Q_3\text{-}PI}=(PI,\ Q_3,\ E_{Q_3\text{-}PI})$，原始 QI-PI 二分图 $G_{QI\text{-}PI}=(QI,\ PI,\ E_{QI\text{-}PI})$，初始的采样 QI-PI 二分图 $G''_{QI\text{-}PI}=(QI',\ PI'',\ E''_{QI\text{-}PI})$，缺省参数 $(T,\ R)=(1,\ 1)$ 和缩减率 R_R。

2：**输出**：采样 Q_3-PI 二分图 $G'_{Q_3\text{-}PI}=(PI',\ Q'_3,\ E'_{Q_3\text{-}PI})$ 和最终的采样 QI-PI 二分图 $G'_{QI\text{-}PI}=(QI',\ PI',\ E'_{QI\text{-}PI})$。

3：依据式（9-25）至式（9-28）计算输入的原始 LM 二分图 $G''_{Q_3\text{-}PI}=\{\overline{PI},\ Q''_3,\ E''_{Q_3\text{-}PI}\}$ 和多对一映射 $\psi:\overline{PI}\to QI'$。

4：$\forall w\in QI'$ 计算下界 $L(w)=d_w(G''_{QI\text{-}PI})$，并计算 $g(d)$（$d=1,\ 2,\ \cdots$）为原始 Q_3-PI 二分图 $G_{Q_3\text{-}PI}$ 的集合 Q_3 中度为 d 的节点的分布百分比。

5：更新缩减率 $R'_R\leftarrow\dfrac{(m_0\cdot R_R-(m_0-m''_0))}{m''_0}$，其中且 $m_0=\|E_{Q3\text{-}PI}\|$ 且 $m''_0=\|E''_{Q3\text{-}PI}\|$。

6：调用算法 9.4 的 RSLMBG 图采样方法：$G'_{Q_3\text{-}PI}=(PI',\ Q'_3,\ E'_{Q_3\text{-}PI})\leftarrow$ RSLMBG$(G''_{Q_3\text{-}PI},\ \psi,\ L(w),\ g(d),\ T,\ R,\ R'_R)$。

7：更新 $G'_{QI\text{-}PI}=(QI',\ PI',\ E'_{QI\text{-}PI})\leftarrow G''_{QI\text{-}PI}=(QI',\ PI'',\ E''_{QI\text{-}PI})$，其中 $E'_{QI\text{-}PI}=\{(w,\ v)\in E_{QI\text{-}PI}\mid w\in QI'$ 且 $v\in PI'\}$。

主函数 9.7 的第 5 步将缩减率进行更新的原因是，第 6 步中 RSLMBG 图采样方法的输入是 $G''_{Q_3\text{-}PI}$，而不是 $G_{Q_3\text{-}PI}$。因此，第 6 步期望删除的边数是 $m_0\cdot R_R-(m_0-m''_0)$，其中 $m_0-m''_0$ 表示从原始二分图 $G_{Q_3\text{-}PI}$ 到重新定义的输入 $G''_{Q_3\text{-}PI}$ 已经删除的边数。

本节对主函数 9.7 的理论依据进行分析：

由 RSLMBG 的采样原理可知，主函数 9.7 输出的采样二分图 $G'_{Q_3\text{-}PI}=(PI',\ Q'_3,\ E'_{Q_3\text{-}PI})$ 的 PI 节点度分布接近于该主函数输入的原始二分图 $G''_{Q_3\text{-}PI}$。此外，由图 9-8（b）可知，该主函数输入的原始二分图 $G''_{Q_3\text{-}PI}$ 与互联网拓扑分解得到的原始二分图 $G_{Q_3\text{-}PI}$ 拥有近似相同的 PI 节点度分布；这是因为式（9-25）定义的集合 $\overline{PI}$ 包含 $G_{Q_3\text{-}PI}$ 中全部与 QI' 节点相邻的 PI 节点，其保存了互联网拓扑分解得到原始二分图 $G_{QI\text{-}PI}$ 中全部 QI 节点的度分布特征，同时因为互联网拓扑分解得到的两个二分图 $G_{QI\text{-}PI}$ 和 $G_{Q_3\text{-}PI}$ 拥有完全相同的 PI 节点集。

因此，主函数 9.7 输出的采样二分图 $G'_{Q_3\text{-}PI}=(PI',\ Q'_3,\ E'_{Q_3\text{-}PI})$ 与互联网拓扑分解得到的原始二分图 $G_{Q_3\text{-}PI}$ 拥有近似相同的 PI 节点度分布。进一步地，SInetL 的 QI-PI 二分图采样和 Q_3-PI 二分图采样输入了相同的缩减率 R_R，因此基于定理 9.2 可以得到式（9-29），

$$1-R_R\approx\frac{\|E''_{QI\text{-}PI}\|}{\|E_{QI\text{-}PI}\|}=\frac{\sum_{w\in QI'}d_w(G''_{QI\text{-}PI})}{\|PI\|}\approx\frac{\|PI'\|}{\|PI\|},\tag{9-29}$$

其中 $\|PI\|=\|E_{QI\text{-}PI}\|$ 且 $\sum_{w\in QI'}d_w(G''_{QI\text{-}PI})=\|PI''\|$，因为原始二分图 $G_{QI\text{-}PI}=(QI,\ PI,\ E_{QI\text{-}PI})$ 和采样二分图 $G''_{QI\text{-}PI}=(QI',\ PI'',\ E''_{QI\text{-}PI})$ 中全部 PI 节点的度都是 1。

由式（9-29）可知，$\|PI'\|$ 接近于 $\sum_{w\in QI'}d_w(G''_{QI\text{-}PI})=\|PI''\|$。此外，依据 RSLMBG 的

采样原则，$\forall w \in QI'$有$\|N'(w, PI')\| \geqslant L(w) = d_w(G''_{QI-PI})$，其中函数$N'(w, PI') = \{v \mid v \in PI'$且$(v, w) \in E_{QI-PI}\}$，该函数是算法 9.4 预先定义的一个输入。因为$PI' = \bigcup_{w \in QI'} N'(w, PI')$，所以可得$\|N'(w, PI')\|$接近于$d_w(G''_{QI-PI})$。因此，$G''_{QI-PI}$中，$\forall w \in QI'$，可以从集合$PI'$中抽取$d_w(G''_{QI-PI})$个节点$\{v_i\}$满足：$(v_i, w) \in E_{QI-PI}(G''_{QI-PI}$中全部$PI$节点的度都是 1)。也就是说，$\forall w \in QI'$其相邻节点集$N_w(G''_{QI-PI})$可以被替换为上述被抽取的$d_w(G''_{QI-PI})$个节点$\{v_i\} \subseteq PI' \subseteq N_w(G_{QI-PI})$。式(9-29)表明$\|PI'\|$十分地接近于$\|PI''\|$。然而，由于误差，$\|PI'\|$通常稍微大于$\|PI''\|$。因此，为了确保$G'_{Q_3-PI}$和$G''_{QI-PI}$拥有相同的$PI$节点集，本节将主函数 9.6 输出的初始采样二分图G''_{QI-PI}更新为主函数 9.7 输出的最终采样二分图$G'_{QI-PI} = (QI', PI', E'_{QI-PI})$，其中$E'_{QI-PI} = \{(w, v) \in E_{QI-PI} \mid w \in QI'$且$v \in PI'\}$。

9.5.5 *Q-P* 采样

为了便于论述，将相关采样图的数学符号列举在表 9-4。

表 9-4　采样图的数学符号

符号	描述	符号	描述
G'_{Q_1-II}	采样 Q_1-II 二分图	$G'_{Q_4-RI_1}$	采样 Q_4-RI_1 二分图
G'_{Q_2-BI}	采样 Q_2-BI 二分图	G'_{QI-PI}	最终的采样 QI-PI 二分图
G'_{BI-BI}	采样 BI-BI 匹配图	G'_{Q_3-PI}	采样 Q_3-PI 二分图
G'_{QI_1-RI}	采样 QI_1-RI 二分图	G'_{Q-P}	采样 Q-P 二分图

由图 9-3 可知，Q-P 二分图中全部 P 节点的度都是 1，且互联网拓扑的不同分解子图之间存在以下的节点集包含关系：$Q_1, Q_2, Q_3, Q_4 \subseteq Q$。因此，类似于 QI-PI 采样，Q-P 二分图采样同样可以采用算法 9.3 的 LDNVE。具体地，Q-P 二分图的节点集 Q 和 P 分别对应于第 9.4.3 节定义二分图 $G = (V_1, V_2, E)$ 的节点集 V_1 和 V_2。由于表 9-4 描述采样二分图 G'_{Q_1-II}，G'_{Q_2-BI}，G'_{Q_3-PI} 和 $G'_{Q_4-RI_1}$ 的生成过程相互独立，本节不能够将 LDNVE 中带标记的节点集设置为 $\bar{V}_1 = Q'_1 \cup Q'_2 \cup Q'_3 \cup Q'_4$，因为 $Q'_1 \cup Q'_2 \cup Q'_3 \cup Q'_4$ 可能十分大，其中，

$$G'_{Q_1-II} = (II', Q'_1, E'_{Q_1-II}), \quad G'_{Q_2-BI} = (BI', Q'_2, E'_{Q_2-BI}),$$
$$G'_{Q_3-PI} = (PI', Q'_3, E'_{Q_3-PI}), \quad G'_{Q_4-RI_1} = (RI'_1, Q'_4, E'_{Q_4-RI_1})。 \tag{9-30}$$

本节将 Q'_1，Q'_2，Q'_3 和 Q'_4 进一步地分解，如式(9-31)所示。

$$\begin{cases} Q'_{11} = \{w \in Q'_1 \mid d_w(G'_{Q_1-II}) \geqslant 2\}, \quad Q'_{12} = \dfrac{Q'_1}{Q'_{11}}, \\[2mm] Q'_{21} = \{w \in Q'_2 \mid d_w(G'_{Q_2-BI}) \geqslant 2\}, \quad Q'_{22} = \dfrac{Q'_2}{Q'_{21}}, \\[2mm] Q'_{31} = \{w \in Q'_3 \mid d_w(G'_{Q_3-PI}) \geqslant 2\}, \quad Q'_{32} = \dfrac{Q'_3}{Q'_{31}}, \\[2mm] Q'_{41} = \{w \in Q'_4 \mid d_w(G'_{Q_4-RI_1}) \geqslant 2\}, \quad Q'_{42} = \dfrac{Q'_4}{Q'_{41}}。 \end{cases} \tag{9-31}$$

由图 9-4(b)可知，式(9-30)定义 Q'_1，Q'_2，Q'_3 和 Q'_4 中度为 1 节点的比率比较大。进一步地，依据互联网拓扑的偏好连接规则[23]，外围低度节点趋向于连接内核中少量相同的高度节点。因此，集合 Q'_1，Q'_2，Q'_3 和 Q'_4 中存在大量相互重复的高度节点，因此可以确定 $\|Q'_{11} \cup Q'_{21} \cup Q'_{31} \cup Q'_{41}\| << \|Q'_1 \cup Q'_2 \cup Q'_3 \cup Q'_4\|$。基于上述的分析，本节定义 LDNVE 输入带标记的节点集为 $\bar{V} = Q'_{11} \cup Q'_{21} \cup Q'_{31} \cup Q'_{41}$，并将式(9-31)定义的节点集 Q'_{12}，Q'_{22}，Q'_{32} 和 Q'_{42} 的处理过程留在第 9.6.1 节。

因此，本节采用算法 9.3 的 LDNVE 图采样方法处理 Q-P 二分图的采样，并设置算法 9.3 在缺省情况下的参数 $T=3$。SInetL 的 Q-P 采样过程如主函数 9.8 所示。

主函数 9.8　Q-P 二分图采样

1：**输入**：原始 Q-P 二分图 $G_{Q\text{-}P} = (Q, P, E_{Q\text{-}P})$；采样二分图 $G'_{Q_1\text{-}II}$，$G'_{Q_2\text{-}BI}$，$G'_{Q_3\text{-}PI}$ 和 $G'_{Q_4\text{-}RI_1}$，详见式(9-30)；缩减率 R_R 和参数 $T=3$。

2：**输出**：采样 Q-P 二分图 $G'_{Q\text{-}P} = (Q', P', E'_{Q\text{-}P})$。

3：采用式(9-31)计算分解得到节点集 Q'_{11}，Q'_{21}，Q'_{31} 和 Q'_{41}。

4：设置带标记的节点集为 $\bar{V} = Q'_{11} \cup Q'_{21} \cup Q'_{31} \cup Q'_{41}$，然后调用算法 9.3，即 LDNVE 图采样方法：$G'_{Q\text{-}P} = (Q', P', E'_{Q\text{-}P}) \leftarrow \text{LDNVE}(G_{Q\text{-}P} = (Q, P, E_{Q\text{-}P}), T, \bar{V}_1, R_R)$。

9.6　采样图合并

第 9.5 节设计了七种二分图采样方法和一种 *BI-BI* 匹配图采样方法。本节的目标是合并上述图采样方法输出的八个采样图(定义详见表 9-4)，并提出一种内核边的删除方法。该合并图加上内核(被删除后)剩余的边将是本章 SInetL 算法的输出。

9.6.1　启发式合并

本节的合并方法分为两个步骤：第一步，合并表 9-4 定义的八个采样图，要求式(9-31)定义的节点集 Q'_{12}，Q'_{22}，Q'_{32} 和 Q'_{42} 被包含于集合 Q'(节点集的包含关系 $RI'_1 \subseteq RI'$ 和 $QI'_1 \subseteq QI'$，以及 $G'_{QI\text{-}PI}$ 和 $G'_{Q_3\text{-}PI}$ 拥有相同的 PI 节点集，已经在第 9.5 节详细地论述)。设 G''_m 是第一步的合并图。第二步，从合并图 G''_m 中删除全部度为 1 的 Q 和 QI 节点。

主函数 9.9　合并方法的第一步

1：**输入**：八个采样图 $G'_{Q_1\text{-}II}$，$G'_{Q_2\text{-}BI}$，$G'_{BI\text{-}BI}$，$G'_{QI\text{-}RI}$，$G'_{Q_4\text{-}RI_1}$，$G'_{Q_1\text{-}PI}$，$G'_{Q_3\text{-}PI}$ 和 $G'_{Q\text{-}P} = (Q'_3, P', E'_{Q\text{-}P})$，相关定义见表 9-4；八个分解节点集 Q'_{11}，Q'_{12}，Q'_{21}，Q'_{22}，Q'_{31}，Q'_{32}，Q'_{41} 和 Q'_{42}，相关定义见式(9-31)。

2：**输出**：合并图 $G''_m = (V''_m, E''_m)$。

3：标准分布(均等分布)地随机从集合 $\dfrac{Q'}{Q'_{11}}$ 中抽取 $\|Q'_{12}\|$ 个节点 $Q_s = \{q_1, q_2, \cdots\}$。

续表

4：将采样二分图 $G'_{Q_1-II} = (II', Q'_1, E'_{Q_1-II})$ 的节点集 Q'_{12} 替换为节点集 Q_s，其中 $Q'_{11} \cup Q'_{12} = Q'_1$。

5：类似于上述第 3 步至第 4 步处理采样二分图 $G'_{Q_1-II} = (II', Q'_1, E'_{Q_1-II})$ 的方法，分别将采样二分图 G'_{Q_2-BI} 的节点集 Q'_{22}、采样二分图 Q'_{Q_3-PI} 的节点集 Q'_{32} 和采样二分图 $Q'_{Q_4-RI_1}$ 的节点集 Q'_{42}，替换为节点集 $\dfrac{Q'}{Q'_{21}}$、$\dfrac{Q'}{Q'_{31}}$ 和 $\dfrac{Q'}{Q'_{41}}$。

6：计算合并图 $G''_m = (V''_m, E''_m)$，其中 $V''_m = II' \cup BI' \cup PI' \cup RI' \cup QI' \cup Q' \cup P'$ 且 $E''_m = E'_{Q_1-II} \cup E'_{Q_3-PI} \cup E'_{Q_4-RI_1} \cup E'_{BI-BI} \cup E'_{QI-RI} \cup E'_{QI-PI} \cup E'_{Q-P}$。

在主函数 9.9 的第 3 步 $\|Q'_{12}\| < \left\|\dfrac{Q'}{Q'_{11}}\right\|$，因为 $\|Q'_1 = Q'_{11} \cup Q'_{12}\| << \|Q'\|$，其是 G'_{Q_1-II} 和 G'_{Q-P} 的采样生成过程输入了相同的缩减率 R_R 所导致。

注意：在主函数 9.9 执行完第 3 步至第 5 步之后，可以确定 Q'_1，Q'_2，Q'_3，$Q'_4 \subseteq Q'$。

设 G 为输入的待被采样的原始互联网拓扑图，并设 G_{inner} 为图 G 由全部 PI，RI 和 QI 节点诱导生成的子图。由图 9-3 的分析可知，图 G 中每个 Q 节点和子图中 G_{inner} 每个 QI 节点的度必然不小于 2。然而，本节无法保证主函数 9.9 输出的合并图 G''_m 中 Q 和 QI 节点满足上述的度属性，因为图 9-3(b) 中内核图的边(仅与 Q 和 QI 节点相连)和与式(9-1)定义七类节点之外噪声节点相邻的边都没有被合并图 G''_m 考虑。为了维持节点分类属性并降低第 9.6.2 节内核边删除策略设计的复杂性，本节将在主函数 9.10(合并方法的第二步)修正合并图 G''_m 中全部异常的(度小于 2 的) Q 和 QI 节点。

主函数 9.10　合并方法的第二步

1：**输入**：原始互联网拓扑图 G，图 G 的节点分类 P，Q，PI，QI，RI，BI 和 II，合并方法第一步输出的合并图 $G''_m = (V''_m, E''_m)$。

2：**输出**：修正后的合并图 G'_m，其是合并图 G''_m 的修正，以及内核图 $G'_{core} = (V'_{Q,QI}, E'_{Q,QI})$。

3：抽取 G''_m 的全部 Q 和 QI 节点并将它们存于节点集 $V'_{Q,QI}$；抽取 G''_m 的全部 QI 节点并将它们存于节点集 V'_{QI}(此处 Q 和 QI 节点是指寻找到合并图 G''_m 所需输入的八个采样图对节点的分类)。计算由节点集 $V'_{Q,QI}$ 诱导生成的图 G 的子图 $G'_{core} = (V'_{Q,QI}, E'_{Q,QI})$。计算由节点集 V'_{QI} 诱导生成图 G 的子图 $G'_{inner} = (V'_{QI}, E'_{QI})$。

4：计算节点集 $\bar{V}_Q = \{v \in V'_{Q,QI} \cap Q \mid d_v(G''_m) = 1\}$ 和 $\bar{V}_{QI} = \{v \in V'_{QI} \mid d_v(G''_{inner}) = 1\}$，其中 G''_{inner} 表示由全部 PI，RI 和 QI 节点诱导生成的 G''_m 的子图。

5：分解节点集 $\bar{V}_Q$ 为两个子集 $\bar{V}^1_Q = \{v \in \bar{V}_Q \mid \exists w \in V'_{Q,QI}, (w, v) \in E'_{Q,QI}\}$ 和 $\bar{V}^2_Q = \dfrac{\bar{V}_Q}{\bar{V}^1_Q}$，并分解节点集 $\bar{V}_{QI}$ 为两个子集 $\bar{V}^1_{QI} = \{v \in \bar{V}_{QI} \mid \exists w \in V'_{QI}, (w, v) \in E'_{QI}\}$ 和 $\bar{V}^2_{QI} = \dfrac{\bar{V}_{QI}}{\bar{V}^1_{QI}}$。

6：初始化边集 $\tilde{E}_{core} \leftarrow \varnothing$ 和边集 $\hat{E}_{core} \leftarrow \varnothing$。对于每个节点 $v \in \bar{V}^1_Q$，标准分布(均等分布)地随机选择一个节点 $w \in N(G'_{core})$，并更新 $\tilde{E}_{core} \leftarrow \tilde{E}_{core} \cup \{(w, v)\}$，其中 $(w, v) \in E'_{Q,QI}$。此外，对于每个节点 $v \in \bar{V}^1_{QI}$，标准分布(均等分布)地随机选择一个节点 $w \in N_v(G'_{inner})$，并更新 $\tilde{E}_{core} \leftarrow \tilde{E}_{core} \cup \{(w, v)\}$，其中 $(w, v) \in E'_{QI} \subseteq E'_{Q,QI}$。

注意：符号 $d_v(G)$ 和 $N_v(G)$ 分别表示图 G 中节点 v 的度和相邻节点集。

续表

7：标准分布（均等分布）地随机生成连接集合 $\overline{V}_Q^2$ 中 $2x$ 个节点的 x 条边 $E_Q^g = \{(w_1, v_1), (w_2, v_2), \cdots\}$，设这 $2x$ 个节点组成的集合为 V_x，其中 $x = \left[\dfrac{\|\overline{V}_{QI}^2\|}{2}\right]$ 且符号 $[\cdot]$ 表示取下整数，即距离零最近的整数。

8：更新边集 $\hat{E}_{core} \leftarrow \hat{E}_{core} \cup E_Q^g$。

9：If $\exists v,\ v \in \dfrac{\overline{V}_{QI}^2}{V_x}$，then 标准分布（均等分布地）随机抽取一个节点 $w \in \dfrac{V'_{Q,QI}}{\{v\}}$ 并更新边集 $\hat{E}_{core} \leftarrow \hat{E}_{core} \cup \{(w, v)\}$，$(E_Q^g \cup \{(w, v)\}) \cap E'_{Q,QI} = \varnothing$。**End if**

10：标准分布地随机生成连接集合 $\overline{V}_{QI}^2$ 中 $2y$ 个节点的 y 条边 $E_{QI}^g = \{(w'_1, v'_1), (w'_2, v'_2), \cdots\}$，并将这 $2y$ 个节点组成的集合定义为 V_y，其中 $y = \left[\dfrac{\|\overline{V}_{QI}^2\|}{2}\right]$，更新边集 $\hat{E}_{core} \leftarrow \hat{E}_{core} \cup E_{QI}^g$。

11：If $\exists v,\ v \in \dfrac{\overline{V}_{QI}^2}{V_y}$，then 标准分布（均等分布地）随机抽取一个节点 $w \in \dfrac{V'_{QI}}{\{v\}}$ 并更新边集 $\hat{E}_{core} \leftarrow \hat{E}_{core} \cup \{(w, v)\}$。**End if**

12：计算 $G'_m = G''_m \cup \overline{E}_{core} \cup \hat{E}_{core}$。

13：更新：$G'_{core} = (V'_{Q,QI},\ E'_{Q,QI}) : \dfrac{E'_{Q,QI} \leftarrow E'_{Q,QI}}{\overline{E}_{core}}$。

主函数 9.10 可以在不考虑内核图 G'_{core} 边连接关系的条件下保证：修正后的合并图 G'_m 与原始互联网络拓扑在节点分类属性的一致性。因此，第 9.6.2 节内核边删除方法的设计，无须考虑该方法是否会影响最终输出结果的节点分类属性。

9.6.2　内核边删除

主函数 9.10 输出了修正后的合并图 G'_m 和内核图 G'_{core}。因此，以维持原始互联网拓扑平均度属性稳定不变为约束条件，删除内核图 G'_{core} 多余的边，即可输出 SInetL 图采样的最终结果。本节将从维持原始互联网拓扑 rich-club 连通性（定义详见第 2.2.5 节）属性的角度设计内核图 G'_{core} 的边删除方法。

rich-club 连通性是表征互联网拓扑内核节点之间边连接密度的重要属性[17]。本节首先分析该属性与聚类系数属性（定义详见第 2.2.3 节）之间的关联性。如图 9-9 所示，rich-club 连通性表征内核节点之间的边连接密度，而聚类系数描述外围低度节点的相邻节点之间的边连接密度；特别地，外围低度节点的相邻节点主要由内核的高度节点组成，这是因为：互联网拓扑的偏好连接规则，导致外围低度节点趋向于被连接至内核的少量高度节点。因此，在互联网拓扑结构中，rich-club 连通性与聚类系数是两个相互强相关的图属性；如果 SInetL 输出的互联网拓扑采样图可捕获原始图的 rich-club 连通性属性，则也可以同时保证该采样图能够捕获另一个重要的聚类系数属性。

真实世界互联网拓扑的内核高度节点之间紧密地相互连接[17]，因此本章在主函数 9.11 设计了一种内核图的边删除方法，并输出 SInetL 的最终采样结果图。

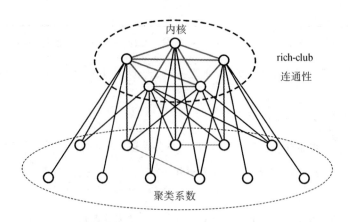

内核

rich-club

连通性

聚类系数

图 9-9   rich-club 连通性与聚类系数之间的关联性

主函数 9.11   内核图的边删除方法及 SInetL 采样结果的输出

1：**输入**：原始互联网拓扑图 G；修正后的合并图 G'_m 与内核图 $G'_{core} = (V'_{core}, E'_{core})$，它们是主函数 9.10 的两个输出。

2：**输出**：采样图 G'，其是本章 SInetL 图采样方法的最终输出结果。

3：计算互联网拓扑图 G 的平均度 $\bar{d}(G)$，并计算合并图 G'_m 的边数 $m(G'_m)$ 和节点数 $n(G'_m)$。

4：将集合 E'_{core} 的全部边 $(w, v) \in E'_{core}$ 按照 $\max\{d_w(G'_{core}), d_v(G'_{core})\}$ 非减（单调递增）的次序排列，并从集合 E'_{core} 中删除排列在前 $\dfrac{\|E'_{core}\| - \bar{d}(G) \cdot n(G'_m)}{2 + m(G'_m)}$ 位的所有边。设 E''_{core} 表示 E'_{core} 中删除边之后的边集，其包含剩余的 $\dfrac{\bar{d}(G) \cdot n(G'_m)}{2 - m(G'_m)}$ 条边。

5：计算 $G' = G'_m \cup E'_{core}$。

易知，主函数 9.11 的第 4 步维持了内核高度节点之间的高密度连接特征，因为仅有连接低度节点与低度节点的边才被从内核图中删除。本节可以确定，当缩减率较大时，第 4 步中 $\|E'_{core}\| - \bar{d}(G) \cdot n(G'_m)$ 的数值将大于零，这是因为：第一，第 9.5 节的全部采样方法都输入相同的缩减率 R_R，从而导致主函数 9.10 输出 G'_m 的平均度近似地等于原始互联网拓扑图 G 删除图 9-3(b) 中内核图的所有边之后剩余子图的平均度；第二，主函数 9.10 输出的 G'_{core} 直接从原始图 G 中抽取，从而导致 G'_{core} 的平均度随着缩减率 R_R 的增大而趋向于不断地增加。因此，主函数 9.11 可以保证第 4 步 $\dfrac{\|E''_{core}\| - \bar{d}(G) \cdot n(G'_m)}{2 + m(G'_m)}$ 成立，并使得输出采样图 G' 的平均度几乎与原始图 G 的平均度保持一致。

9.7   时间复杂性分析

本章设计的 SInetL 图采样方法主要包含互联网拓扑分解、图采样和图合并三个步骤。假设输入的原始图包含 n 个节点和 m 条边。由式(9-1)可知，拓扑分解仅需少数有限次地访问每个节点及其相邻的节点集，可得此过程的时间复杂性为 $O(n^2)$。由第 9.4 节和第 9.5 节可知，采样过程主要包含四个二分图采样方法的执行，分别是 HDNVE、SLMBG、LDNVE 和 RSLMBG，详见算法 9.1 至算法 9.4，其中，RSLMBG 与 SLMBG 的时间复杂性一致，因为前者是后者的变种算法；此外，HDNVE 和 LDNVE 比 SLMBG 有更低的时间复杂性，因为前者是 SLMBG 的两个简化版本。设原始互联网拓扑分解得到的二分图包含 m' 条边，则 SLMBG 的迭代次数不超过 m'，且在每步迭代仅删除仍存在于二分图的一条边。因此图采样过程的总体时间复杂性低于 $O(m'^2)$。图合并过程的输入是节点规模已经大比例缩减的采样图，因此相对于图采样过程，图合并过程的时间复杂性可以忽略不计。综上所述，本章设计 SInetL 方法的时间复杂性低于 $O(n^2+m^2)$。进一步地，考虑到互联网拓扑中通常满足 $m<3n$，因此本章设计 SInetL 方法的时间复杂性可以被缩减到 $O(n^2)$。

9.8 实验对比与分析

本节对比分析 SInetL 与第 2.4 节的经典采样方法 DHYB-0.8、FF、SRW 和最近提出的 rank degree 采样方法[36]。其中 rank degree 的采样原理为：

起始于标准分布（均等分布）地随机选择的 $s \cdot n$ 个种子节点，其中 n 是原始图的节点数。然后，在每步迭代对每个种子节点 w，从种子列表删除 w，同时遍历 w 的相邻节点并将它们按度进行排序；从该排序列表中抽出 w 的 $\rho \cdot m$ 个最大度相邻节点并将它们加入种子列表，其中 m 是 w 的相邻节点数。上述过程反复迭代并更新种子列表，直到遍历的种子节点总数达到预先设定的采样节点数。具体地，Voudigari 等指出[36]，当 $s = 0.01$ 且 $\rho = 0.1$ 时，rank degree 算法的采样效果最优。本节选择 rank degree 作为最新对比对象的原因是，互联网拓扑被文献[36]选择为一种原始图，用于算法效果的分析。

同时，本节选择第 9.2.1 节的四个待被采样的原始图进行互联网拓扑采样效果的对比，具体的这四个原始图分别为 6 474 个节点的 AS-733、26 389 个节点的 AS-Caida、42 130 个节点的 ITDK 和 300 000 个节点的 PFP。此外，预先定义缩减率 R_R 为：

AS-733：缩减率以 3.86% 为步长从 7.32% 增长到 96.14%。

AS-Caida：缩减率以 3.78% 为步长从 5.57% 增长到 96.21%。

ITDK：缩减率以 2.37% 为步长从 5.06% 增长到 97.63%。

PFP：缩减率以 3.33% 为步长从 3.33% 增长到 96.67%。

对于每个缩减率，每个采样方法仿真运行十次，且输出的采样图选择为这十个仿真实例中节点度分布离输入的原始互联网拓扑的节点度分布最近的一个。本章设计的 SInetL 图采样方法在缺省时的参数设置详见表 9-5。

表9-5　图采样方法 SInetL 的缺省参数

采样方法	缺省参数	采样方法	缺省参数
Q_1-II 采样	$T=1$, $R=0.096$	QI-PI 采样	$T=0$
Q_2-BI 采样	$T=1$, $R=0.026$	Q_3-PI 采样	$T=1$, $R=1$
QI_1-RI 采样	$T=1$, $R=0$	Q-P 采样	$T=3$

具体地，本节将从节点度、正规 Laplacian 图谱、rich-club 连通性、聚类系数和路径长度分布五类图属性的视角分析 SInetL 图采样方法的优越性。

9.8.1　节点度属性

本节首先分析平均度和节点度 CCDF 属性（定义详见第2.2.1节），因为这两个属性对其他图属性有较大的影响。如图9-10所示，SInetL 的平均度随着缩减率的增加而几乎保持不变，该性质由第9.4.1节的定理9.2和第9.6.2节的内核边删除方法所确定：由定理9.2可知，SInetL 输出得到的七个采样二分图，分别为 Q_1-II、Q_2-BI、QI-PI、QI_1-RI、Q_3-PI、Q_4-RI$_1$ 和 Q-P，拥有与原始二分图相近的平均度；由主函数9.11可知，内核边删除的原则是保证最终输出的采样图与输入的原始互联网拓扑拥有相同的平均度。虽然 DHYB-0.8 随着缩减率的增加而保持相对稳定的平均度，但是该模型依赖于预先给定的输入参数0.8且该参数无法根据不同的原始图进行自适应地调整，从而导致该模型在某些特殊条件下无法继续维持平均度的稳定性，如图9-10(c)所示。

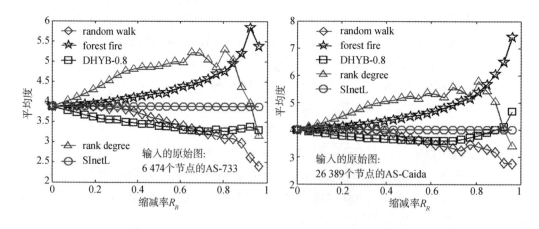

(a) AS-733 采样图的平均度属性　　　　(b) AS-Caida 采样图的平均度属性

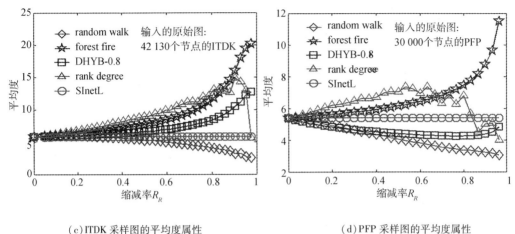

（c）ITDK 采样图的平均度属性　　　　　　　（d）PFP 采样图的平均度属性

注：random walk 对应第 2.4.1 节的 SRWFB 模型。

图 9-10　平均度属性对比

此外，观察发现 forest fire 的平均度随着缩减率的增加而急剧地增长，因为该模型在采样过程的初始阶段（对应于较大的缩减率）过度地偏好于采样高度节点且这些高度节点在互联网拓扑趋向于紧密地相互连接。进一步地，观察发现 random walk 的平均度随着缩减率的增加而快速地减小，因为该模型通过一个旅行者在网络随机游走的方式采样节点和边，同时该旅行者在采样过程的初始阶段以较低的概率多次访问同一个节点；也就是说，大多数与同一个节点相连的边在该阶段没有被包含于采样图。图 9-10 显示，rank degree 在缩减率较大时的平均度表现较好，因为该模型起始于大量的种子节点，从而避免其在该阶段落入网络的局部结构。然而，随着采样图节点规模的增加，rank degree 过度偏好于高度节点，导致该模型在缩减率处于中值时表现出异常大的平均度。平均度是节点度 CCDF 的统计属性，因此图 9-10 的分析可以解释图 9-11 的实验结果；也就是说，仅有 SInetL 和 rank degree 在缩减率较大时的节点度 CCDF 属性表现最优。

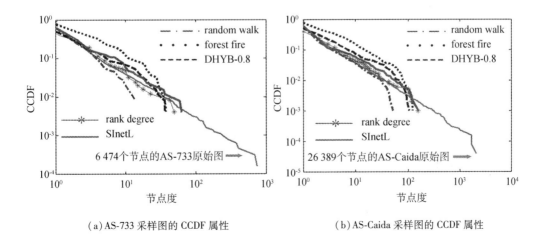

（a）AS-733 采样图的 CCDF 属性　　　　　　（b）AS-Caida 采样图的 CCDF 属性

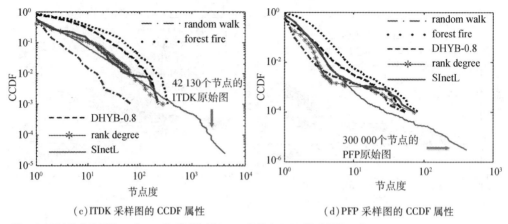

(c)ITDK 采样图的 CCDF 属性　　　　　　(d)PFP 采样图的 CCDF 属性

注：(a)到(d)中采用的 random walk 模型与第 2.4.1 节的 SRWFB 模型保持一致。

图 9-11　节点度 CCDF 属性对比

9.8.2　正规 Laplacian 图谱属性

本节下一步分析四圈 WSD 和 ME1 两个图谱属性。四圈 WSD 与节点规模的比率需要与平均度同时分析，因为前者随着后者的增加而单调地减小。如图 9-12 所示，SInetL 和 forest fire 在四圈 WSD 属性表现最优。然而，由图 9-10 可知，forest fire 在四圈 WSD 的优异表现依赖于其在平均度的严重扭曲。定理 9.3 证明四圈 WSD 与节点规模的比率强依赖于低度节点之间的连接关系；SInetL 将互联网拓扑分解为七个二分图、一个匹配图和一个内核图；易知，低度节点之间的连接关系主要存在于二分图和匹配图；SInetL 的算法原理是维持上述分解子图的节点度分布特征(边连接特征)；这种面向互联网拓扑独有结构的设计，使得 SInetL 能够在四圈 WSD 和平均度两个属性上综合表现最优。forest fire、random walk、DHYB-0.8 和 rank degree 没有考虑互联网拓扑的独有分解结构，因此如图 9-12 所示，它们在缩减率较大时难以达到四圈 WSD 和平均度两个属性的最优平衡。

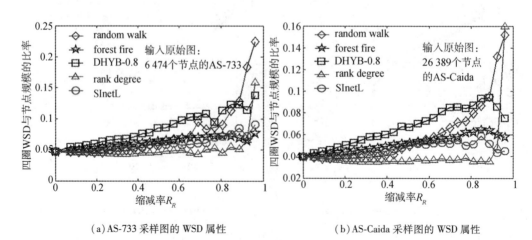

(a)AS-733 采样图的 WSD 属性　　　　　　(b)AS-Caida 采样图的 WSD 属性

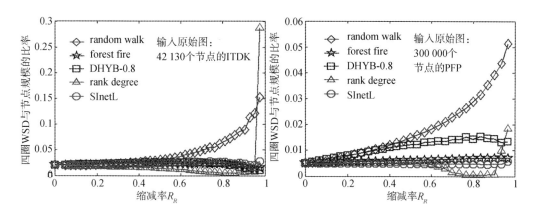

（c）ITDK 采样图的 WSD 属性　　　　　　（d）PFP 采样图的 WSD 属性

图 9-12　四圈 *WSD/n* 属性对比

    *ME*1 等于式（9-1）定义节点集 *P*，*II*，*PI* 和 *RI* 的势之和减去节点集 *Q* 和 *QI* 的势之和。也就是说，该属性可以通过互联网拓扑的节点分类属性进行表征。本节对比缩减率大于96%时采样图的节点分类属性，如图 9-13 所示，其显示 SInetL 采样图的节点分类属性可最优地分别接近于四种不同输入原始图的相应属性，因为该模型能够依据图 9-3（b）的二分图分解结构，针对不同的互联网拓扑原始图自适应地统计其子图分解特征，并在定理9.1 和定理 9.2 的理论支撑下维持采样过程不同子图的结构属性。然而，其他四个图采样模型忽略了互联网拓扑的独有二分图分解结构，故在节点分类属性表现不佳。

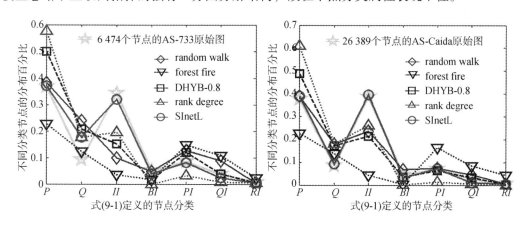

（a）AS-733 采样图的节点分类属性　　　　　（b）AS-Caida 采样图的节点分类属性

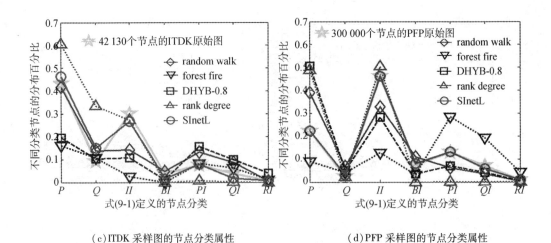

（c）ITDK 采样图的节点分类属性　　　　　（d）PFP 采样图的节点分类属性

图 9-13　从属 *P*，*Q*，*II*，*BI*，*PI*，*QI* 和 *RI* 七个集合的节点分类属性对比

9.8.3　rich-club 连通性属性

互联网拓扑内核高度节点的紧密连接性通常由 rich-club 连通性表征。第 2.2.5 节给出了该属性 $\rho(r)$ vs r 的定义，其中 r 表示拓扑图中全部节点按度递减的次序排列的序号（秩），$\rho(r)$ 表示前 r 个最大度节点形成子图的边数与这 r 个节点形成最大可能边数 $\dfrac{r(r-1)}{2}$ 的比率。当该属性被用于对比两个节点规模差异较大的图结构时，通常仅关注于 r 取值较小的区间范围，因为随着节点规模的增长，高度节点的总数趋向于稳定不变，即较小区间范围的 r 值对应前 r 个最大度的高度节点数。如图 9-14 所示，forest fire 采样图的 rich-club 曲线始终接近于原始图，无论 r 的取值较小还是较大，这是图 9-10 展示该模型较大的平均度所导致。因此，在平均度不变的假设下，SInetL 的 rich-club 连通性属性表现最优，如图 9-14 所示。SInetL 最优表现归因于第 9.6.2 节的内核边删除方法，其保存了内核高度节点之间的高密度连接特征。在采样过程的初期阶段，random walk 和 rank degree 无法访问足够多的高度节点之间的边，从而导致它们在 r 较小时 $\rho(r)$ 的取值偏低。DHYB-0.8 由两个算子组成，DRVE 和 DRE，详见第 2.4.4 节。具体地，DRE 标准分布地删除一条边。由于互联网拓扑内核的高密度连接特征，大量边连接内核的两个高度节点；因此，随着缩减率的增加，DRE 趋向于删除越来越多的内核高度节点之间的边，从而导致 DHYB-0.8 在 rich-club 连通性的较差表现，如图 9-14 所示。

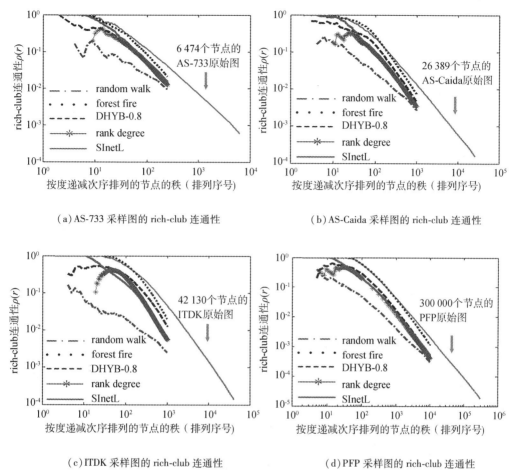

（a）AS-733 采样图的 rich-club 连通性　　　　（b）AS-Caida 采样图的 rich-club 连通性

（c）ITDK 采样图的 rich-club 连通性　　　　（d）PFP 采样图的 rich-club 连通性

注：当 $r<10$ 时，（a）到（d）可能出现 $\rho(r)=0$ 的情况，导致部分 $\rho(r)$ vs r 数据在 log-log 坐标系没有被显示。

图 9-14　rich-club 连通性属性对比

9.8.4　聚类系数属性

依据第 9.6.2 节对图 9-9 的分析可知，聚类系数在互联网拓扑结构中强依赖于 rich-club 连通性。因此，第 9.8.3 节对五个图采样模型在 rich-club 连通性的对比分析，可被用于解释它们在聚类系数属性（图 9-15 的平均聚类系数和图 9-16 的聚类系数分布）的表现行为。图 9-14 表现最优的 SInetL 和 forest fire，导致它们同样在聚类系数能够表现最优。同时，图 9-14 表现中等的 DHYB-0.8，导致该模型在图 9-15 和图 9-16 的表现不会最差。但该模型在图 9-15（d）表现异常，是其在图 9-13（d）中异常高的 P 节点（度为 1 节点）比率所导致。最后，图 9-14 表现最差的 random walk 和 rank degree 在聚类系数的表现也最差。

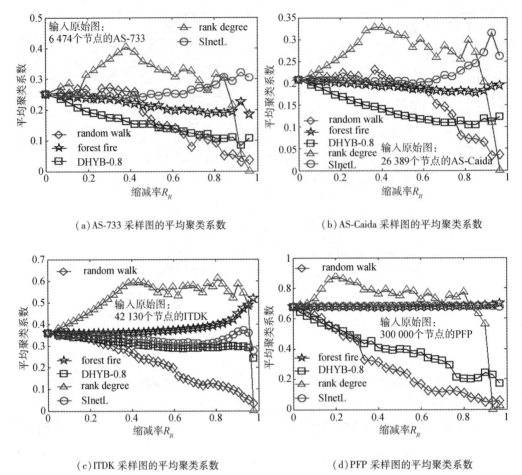

（a）AS-733 采样图的平均聚类系数　　　　　（b）AS-Caida 采样图的平均聚类系数

（c）ITDK 采样图的平均聚类系数　　　　　（d）PFP 采样图的平均聚类系数

图 9-15　平均聚类系数属性对比

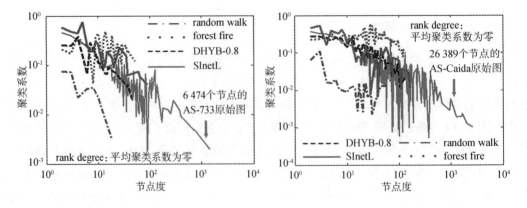

（a）AS-733 采样图的聚类系数属性　　　　　（b）AS-Caida 采样图的聚类系数属性

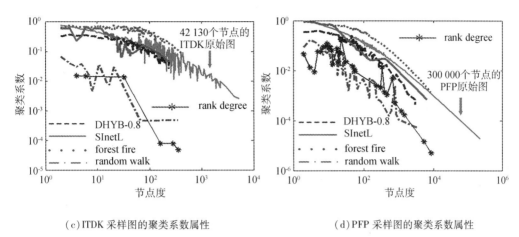

（c）ITDK 采样图的聚类系数属性　　　　　　（d）PFP 采样图的聚类系数属性

图 9-16　聚类系数属性对比

9.8.5　路径长度属性

平均路径长度的计算时间复杂性偏高，但是其是不同节点规模图结构对比的常用属性。因为偏高的时间复杂性，所以本节不对 300 000 个节点的 PFP 原始图做实验分析。

依据图 9-3 给出的互联网拓扑二分图分解结构，大多数的低度节点（例如，*II*，*BI*，*RI* 和 *PI* 节点）仅通过一跳即可到达内核。因此，内核的边连接关系是影响平均路径长度的一项主要因素。此外，定理 9.3 证明四圈 WSD 与节点规模的比率指示网络中低度节点之间的边连接关系；因此，该比率是影响平均路径长度的另一个主要因素。通过综合考虑五个图采样模型在这两个主要因素的表现行为，如图 9-12 和图 9-14 所示，本节可解释 SInetL、DHYB-0.8 和 forest fire 在图 9-17 的最优表现，rank degree 在图 9-17 的中等表现和 random walk 在图 9-17 的最差表现。

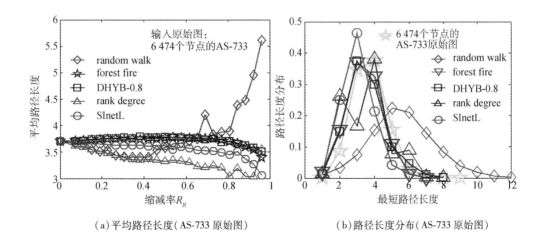

（a）平均路径长度（AS-733 原始图）　　　　（b）路径长度分布（AS-733 原始图）

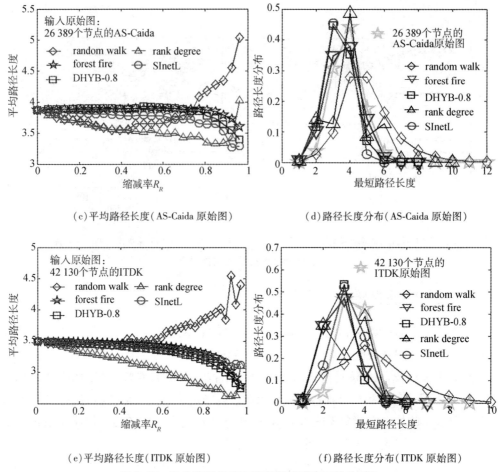

（c）平均路径长度（AS-Caida 原始图）　　　（d）路径长度分布（AS-Caida 原始图）

（e）平均路径长度（ITDK 原始图）　　　（f）路径长度分布（ITDK 原始图）

图 9-17　平均路径长度和路径长度分布属性的对比

9.8.6　图属性综合分析

综上所述，本章的图采样方法 SInetL 在选取的四个原始图和五类图属性的表现最优。虽然 forest fire 在大多数的图属性表现较好，但是其在节点度属性的异常表现导致其不适合互联网拓扑的大比例规模缩减。此外，forest fire 在四圈 WSD 和 ME1 表征的节点分类属性表现较差。虽然 DHYB-0.8 在节点度属性与其他属性之间能够达到较好的平衡，但是较差的自适应性导致其仍然在图 9-10（c）、图 9-11（c）和图 9-15（d）表现异常。此外，DHYB-0.8 在节点分类和 rich-club 连通性两个属性的表现较差。虽然 rank degree 是最近提出的图采样方法并能够被应用于多样化的图类型，例如社交网络、合作网络和互联网拓扑，但是该模型的最初设计动机定位于社交网络的攀爬问题[36]。社交网络与互联网拓扑结构的差异性，是 rank degree 在本节行为表现较差的主要原因。最后，实验对比验证，random walk 在本节选择大多数图属性的综合表现最差。

9.8.7 运行时间对比

本节实验对比五个图采样方法的运行时间。具体地，运行实验环境为 Win10 + 3.20 GHz CPU+8 GB 内存+MATLAB R2011b，并选择 42 130 个节点的 ITDK 原始图作为被采样对象，因为该原始图是 2016 年 9 月的探测数据，其更接近于当前状态的互联网拓扑。

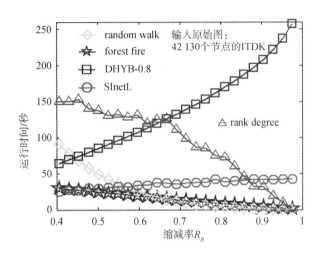

图 9-18　运行时间对比：运行时间 vs 42 130 个节点的 ITDK 原始图的采样图对应的缩减率

如图 9-18 所示，随着缩减率的增加，SInetL 和 DHYB-0.8 的运行时间在增大，而 forest fire，random walk 和 rank degree 的运行时间在减小。这是因为前两个模型采用了边删除策略，而后三个模型采用了起始于少量种子节点的图遍历或随机游走策略。图 9-18 显示，forest fire 拥有最优的时间效率，因为该模型对网络的每个节点仅访问一次；random walk 表现出次优的时间效率，因为该模型的采样规则比较简单；SInetL 在时间效率方面的表现中等，因为该模型需要计算互联网拓扑独有的二分图分解结构。观察发现，SInetL 的时间效率优于 DHYB-0.8 和 rank degree，因为 SInetL 分解互联网拓扑得到的二分图结构容易被采样，而 DHYB-0.8 在每步迭代必须从整个图中随机删除一条边，且 rank degree 难以避免高度节点的多次重复访问。这些高度节点在互联网拓扑的内核紧密地相互连接。

互联网测试床拓扑结构的部署没有实时性的需求，因此中等的时间效率表现行为不会影响 SInetL 图采样方法在测试床拓扑结构生成领域的广泛应用。最后，需要声明的是，SInetL 仅能够被应用于自治系统 AS 级的互联网拓扑，因为其是为 AS 级互联网络拓扑量身定制的图采样方法，其在路由级(router-level)互联网拓扑和社交网络、合作网络等其他类型 scale-free 网络通常无效。但是，这种十分具体的应用背景，是 SInetL 能够实现 96% 以上大比例节点规模缩减的根本原因。

9.9　本章结论

随着虚拟机、实物设备等微观层逼真节点的广泛部署，互联网测试床宏观层的节点规模大比例缩减需求日益迫切。本章在第 3 至 7 章正规 Laplacian 图谱理论研究的基础上，挖掘了互联网拓扑独有的二分图分解结构，并量身定制了一种互联网拓扑的图采样方法，其被称为 SInetL。该方法适用于具有式(9-1)定义节点分类特征的网络结构。通过历史跨越 1997—2017 年的真实世界数据集，例如 AS-733、AS-Caida、ITDK 和 UCLA 等，可以验证该节点分类特征广泛地存在于宏观层的 AS 级互联网拓扑。实验验证，SInetL 可在 96% 以上大比例的节点规模缩减背景下，维持多种重要图属性的稳定不变性。本章研究工作对于压缩互联网测试床的构建成本、降低测试运行时间复杂性等具有重要的经济价值与应用前景。在未来的工作中，需进一步地研究规模缩减过程拓扑结构与网络流量之间的关联性，其对于精确建模测试床的宏观特征具有重要的意义。

10 工作总结与未来展望

本书的研究动机来源于作者在承担电子信息系统测试任务期间的工程实践。互联网测试床是信息技术研发、测试与评估必要的仿真网络环境。随着软件定义网络 SDN 技术的快速发展，测试方越来越期望将测试床的低逼真度节点(例如，数字仿真节点和 OPNET 等协议栈仿真节点)替换为更加逼真的虚拟机节点或实物设备节点。测试床微观层的逼真部署，迫切需要大比例地缩减宏观层的拓扑节点规模，显著地降低测试床的构建成本和测试任务的运行时间复杂性。本书从正规 Laplacian 图谱理论分析角度，发现了真实世界互联网拓扑的二分图分解结构，并面向该独有的结构特征设计了互联网测试床拓扑节点规模的大比例缩减图采样方法。虽然本书从多种重要图属性稳定不变性的视角，验证了该图采样方法可以实现测试床 96% 以上的节点规模缩减；但是，对于测试床宏观特征的逼真构建仍存在以下几个方面的问题。

第一个问题是内核图结构的细化表征：

第 9 章的图 9-3(b)将互联网拓扑分解为七个二分图、一个匹配图和一个内核图。由该章 SInetL 图采样方法的设计原理可知，内核图中仅有少量的高度节点；因此，准确地说，图 9-3(b)的内核图不是 Zhou 等[17,23]和 Accongiagioco 等[20]研究的高密度连接内核，其仅是由 Transit AS 域节点构成的一个集合。SInetL 通过删除内核图中连接低度节点与低度节点之间边的方式，实现了采样图与原始图在多种重要属性上的一致性，因为图采样的输入是一个原始图，其中已经隐含了大量的图结构信息。精确建模互联网拓扑的内核与外围图结构有助于对互联网拓扑未来演化趋势的预测，这是图采样所无法实现的功能。目前本书作者的一篇论文"*A structure-based model for the evolution of AS-level Internet topologies*"正处于审稿阶段，该文突破了传统随机图、度幂律模型架构的约束，将互联网拓扑分解成十六个实/虚组件，其能够实现对互联网拓扑结构的更细化表征。

第二个问题是面向等效推演的测试床拓扑规模缩减可信度评估：

本书对 SInetL 图采样效果的验证，仍然局限于节点度、聚类系数、路径长度、rich-club 连通性和正规 Laplacian 图谱等重要图属性的对比。虽然图属性是表征拓扑结构的重要工具，但是测试床构建的根本目标是满足面向测试指标的具体测试任务需求。因此，测试指标的等效推演，小规模测试床的测试结论要求与大规模真实网络的运行效果保持一致，是测试床拓扑规模缩减可信度评价的根本依据。信息技术指标测试方法已成为当前的研究热点[93-96]；然而，当前测试方法主要采用 Waxman，GLP，PFP 和 Inet-3.0 等模型直接仿真生成拓扑结构，这些方法的重点不在于节点规模缩减后拓扑结构的逼真度问题。互联网信息技术测试是一个复杂的系统工程，因此我们希望在以后能够有契机从工程应用的角度对本书的理论创新工作进行验证。

第三个问题是网络流量的等效部署：

真实世界互联网拓扑的流量峰值同样具有指数级的增长态势，目前其骨干网的流量峰值以 Terabits/sec 为单位计量。测试床拓扑大比例规模缩减后，将面临网络流量的等效部署难点问题，需要在测试床的小规模拓扑部署峰值大比例缩减的等效流量特征。流量工程一直是互联网管理与优化领域的研究热点[97-100]；然而，现有技术聚焦于给定规模的拓扑结构上流量的规划与部署，缺乏对规模缩减过程流量的等效约简问题的研究。因此，我们希望在未来能够有契机进一步完善互联网测试床宏观特征（自治系统域 AS 级拓扑结构和域间 BGP 连接路径上流量的均值与峰值分布）部署的理论框架。

本书的全部内容在此结束，虽然上述第二和第三个问题有待进一步解决，但是本书的理论（第 3 至 7 章）与应用（第 8 至 9 章）两个部分足够成为一个独立的体系。

参考文献

[1] KREUTZ D, RAMOS F M V, VERISSIMO P E, et al. Software-defined networking: a comprehensive survey[J]. Proceedings of the IEEE, 2015, 103(1): 14-76.

[2] FALOUTSOS M, FALOUTSOS P, FALOUTSOS C. On power-law relationships of the Internet topology[J]. ACM SIGCOMM Computer Communication Review, 1999, 29(4): 251-262.

[3] WINICK J, JAMIN S. Inet-3.0: Internet topology generator[R]. Ann Arbor: University of Michigan, 2002.

[4] WATTS D J, STROGATZ S H. Collective dynamics of "small-world" networks[J]. Nature, 1998, 393 (6684): 440.

[5] HADDADI H, RIO M, IANNACCONE G, et al. Network topologies: inference, modeling, and generation [J]. IEEE Communications Surveys & Tutorials, 2008, 10(2): 48-69.

[6] NEWMAN M E J. Assortative mixing in networks[J]. Physical Review Letters, 2002, 89(20): 208701.

[7] MAHADEVAN P, KRIOUKOV D, FOMENKOV M, et al. The Internet AS-level topology: three data sources and one definitive metric[J]. ACM SIGCOMM Computer Communication Review, 2006, 36 (1): 17-26.

[8] CVETKOVIC D. Spectral recognition of graphs[J]. Yugoslav Journal of Operations Research, 2012, 22(2): 145-161.

[9] CETINKAYA E K, ALENAZI M J F, PECK A M, et al. Multilevel resilience analysis of transportation and communication networks[J]. Telecommunication Systems, 2015, 60(4): 515-537.

[10] LI G, HAO Z F, HUANG H, et al. A maximum algebraic connectivity increment edge-based strategy for capacity enhancement in scale-free networks[J]. Physics Letters A, 2019, 383(17).

[11] FAY D, HADDADI H, THOMASON A, et al. Weighted spectral distribution for internet topology analysis: theory and applications[J]. IEEE/ACM Transactions on Networking, 2010, 18(1): 164-176.

[12] KIRKLEY A, BARBOSA H, BARTHELEMY M, et al. From the betweenness centrality in street networks to structural invariants in random planar graphs[J]. Nature communications, 2018, 9(1): 2501.

[13] MAHADEVAN P, HUBBLE C, KRIOUKOV D, et al. Orbis: rescaling degree correlations to generate annotated internet topologies [J]. ACM SIGCOMM Computer Communication Review, 2007, 37 (4): 325-336.

[14] TIKHOMIROV K, YOUSSEF P. The spectral gap of dense random regular graphs[J]. The Annals of Probability, 2019, 47(1): 362-419.

[15] LODHI A, DHAMDHERE A, DOVROLIS C. Peering strategy adoption by transit providers in the internet: a game theoretic approach? [J]. ACM SIGMETRICS Performance Evaluation Review, 2012, 40(2): 38-41.

[16] OLIVEIRA R, PEI D, WILLINGER W, et al. The (in) completeness of the observed internet AS-level structure[J]. IEEE/ACM Transactions on Networking, 2010, 18(1): 109-122.

［17］ZHOU S, MONDRAGON R J. The rich-club phenomenon in the Internet topology［J］. IEEE Communications Letters, 2004, 8(3): 180-182.

［18］CARMI S, HAVLIN S, KIRKPATRICK S, et al. From the Cover: A model of Internet topology using k-shell decomposition［J］. Proceedings of the National Academy of Sciences, 2007, 104(27): 11150-11154.

［19］GREGORI E, LENZINI L, ORSINI C. k-Dense communities in the Internet AS-level topology graph［J］. Computer Networks, 2013, 57(1): 213-227.

［20］ACCONGIAGIOCO G, GREGORI E, Lenzini L. S-BITE: A Structure-Based Internet Topology gEnerator ［J］. Computer Networks, 2015, 77: 73-89.

［21］BARABASI A L, ALBERT R. Emergence of scaling in random networks［J］. Science, 1999, 286(5439): 509-512.

［22］BU T, TOWSLEY D. On distinguishing between Internet power law topology generators［J］. Proceedings: Twenty-First Annual Joint Conference of the IEEE Computer and Communications Societies, 2002, 2: 638-647.

［23］ZHOU S, MONDRAGON R J. Accurately modeling the Internet topology［J］. Physical Review E, 2004, 70(6): 066108.

［24］HADDADI H, FAY D, Jamakovic A, et al. On the importance of local connectivity for Internet topology models［C］. 21st International Teletraffic Congress, 2009: 1-8.

［25］MAHADEVAN P, KRIOUKOV D, FALL K, et al. Systematic topology analysis and generation using degree correlations［J］. ACM SIGCOMM Computer Communication Review, 2006, 36(4): 135-146.

［26］HADDADI H, UHLIG S, MOORE A, et al. Modeling internet topology dynamics［J］. ACM SIGCOMM Computer Communication Review, 2008, 38(2): 65-68.

［27］ERDOS P, RENYI A. On the evolution of random graphs［J］. Publ. Math. Inst. Hung. Acad. Sci, 1960, 5(1): 17-60.

［28］WAXMAN B M. Routing of multipoint connections［J］. IEEE Journal on Selected Areas in Communications, 1988, 6(9): 1617-1622.

［29］ZHANG X, MOORE C, NEWMAN M E J. Random graph models for dynamic networks［J］. The European Physical Journal B, 2017, 90(10): 200.

［30］FOSDICK B K, LARREMORE D B, NISHIMURA JU, et al. Configuring random graph models with fixed degree sequences［J］. SIAM Review, 2018, 60(2): 315-355.

［31］KARGER D R, LEVINE M S. Fast augmenting paths by random sampling from residual graphs［J］. SIAM Journal on Computing, 2015, 44(2): 320-339.

［32］LESKOVEC J, FALOUTSOS C. Sampling from large graphs［C］. 12th ACM International Conference on Knowledge Discovery and Data Mining, 2006: 631-636.

［33］KRISHNAMURTHY V, FALOUTSOS M, CHROBAK M, et al. Sampling large Internet topologies for simulation purposes［J］. Computer Networks, 2007, 51(15): 4284-4302.

［34］REZVANIAN A, MEYBODI M R. Sampling social networks using shortest paths［J］. Physica A: Statistical Mechanics and its Applications, 2015, 424: 254-268.

［35］ABBAS S, TARIQ J, ZAMAN A, et al. Sampling based efficient algorithm to estimate the spectral radius of large graphs ［C］. 37th International Conference on Distributed Computing Systems Workshops, 2017:

175-180.

［36］VOUDIGARI E, SALAMANOS N, PAPAGEORGIOU T, et al. Rank degree: an efficient algorithm for graph sampling［C］. IEEE/ACM International Conference on Advances in Social Networks Analysis and Ming, 2016: 120-129.

［37］WU Y, CAO N, ARCHAMBAULT D, et al. Evaluation of graph sampling: a visualization perspective［J］. IEEE Transactions on Visualization and Computer Graphics, 2017, 23(1): 401-410.

［38］CHEN S, YANG Y, FALOUTSOS C, et al. Monitoring Manhattan's traffic at 5 intersections? ［C］. IEEE Global Conference on Signal and Information Processing, 2016: 1270-1274.

［39］MOTAMEDI R, REJAIE R, WILLINGER W. A survey of techniques for Internet topology discovery［J］. IEEE Communications Surveys & Tutorials, 2015, 17(2): 1044-1065.

［40］RABINOVICH M, ALLMAN M. Measuring the Internet［J］. IEEE Internet Computing, 2016, 20: 6-8.

［41］Stanford Large Network Dataset Collection［DB/OL］. http: //snap. stanford. edu/data/.

［42］IRL: UCLA Internet Research Lab［DB/OL］. http: //irl. cs. ucla. edu.

［43］Macroscopic Internet Topology Data Kit (ITDK)［DB/OL］. http: //www. caida. org/data/internet-topology-data-kit/.

［44］Center for Applied Internet Data Analysis［DB/OL］. http: //www. caida. org/home/.

［45］CHEN Q, CHANG H, GOVINDAM R, et al. The origin of power laws in Internet topologies revisited［J］. Proceedings of IEEE Infocom, 2002, 2: 608-617.

［46］DOROGOVTSEV S N, GOLTSEV A V, MENDES J F F. k-core organization of complex networks［J］. Physical Review Letters, 2006, 96(4): 040601.

［47］ARSIC B, CVETKOVIC D, SIMIC S K, et al. Graph spectral techniques in computer sciences［J］. Applicable Analysis and Discrete Mathematics, 2012, 6(1): 1-30.

［48］ERDOS P, RENYI A. On random graphs I［J］. Publ. Math. 1959, 6: 290-297.

［49］LEE C H, XU X, EUN D Y. Beyond random walk and metropolis-hastings samplers: why you should not backtrack for unbiased graph sampling［J］. ACM SIGMETRICS Performance Evaluation Review, 2012, 40 (1): 319-330.

［50］LESKOVEC J, KLEINBERG J, FALOUTSOS C. Graphs over time: densification laws, shrinking diameters and possible explanations［C］. Proceedings of the Eleventh ACM SIGKDD International Conference on Knowledge Discovery in Data Mining, 2005: 177-187.

［51］FAY D, HADDADI H, UHLIG S, et al. Discriminating graphs through spectral projections［J］. Computer Networks, 2011, 55(15): 3458-3468.

［52］VUKADINOVIC D, HUANG P, ERLEBACH T. On the spectrum and structure of Internet topology graphs ［C］. International Workshop on Innovative Internet Community Systems, 2002: 83-95.

［53］FRANCESC C, SILVIA G. A star-based model for the eigenvalue power law of Internet graphs［J］. Physica A: Statistical Mechanics and its Applications, 2005, 351(2-4): 680-686.

［54］LAKHINA A, BYERS J W, CROVELLA M, et al. On the geographic location of internet resources［J］. IEEE Journal Selected Areas in Communications, 2003, 21(6): 934-948.

［55］ZHOU S, ZHANG G Q. Chinese Internet AS-level topology［J］. IET Communications, 2007, 1(2): 209-214.

[56] SHAFI S Y, ARCAK M, GHAOUI L E. Graph weight allocation to meet Laplacian spectral constraints[J]. IEEE Transactions on Automatic Control, 2011, 57(7): 1872-1877.

[57] TRAJKOVIC L, LIU X F. Analysis of Internet topologies[J]. IEEE Circuits and Systems Magazine, 2010, 10(3): 48-54.

[58] LDL factorization [CP/OL]. http: //www. mathworks. com/help/dsp/ref/ldlfactorization. html.

[59] MATETI P, DEO N. On algorithms for enumerating all circuits of a graph[J]. SIAM Journal on Computing, 1976, 5(1): 90-99.

[60] SCHOTT R, STAPLES S. On the complexity of cycle enumeration using Zeons[C]. HAL Id: hal00567889, 2010: 1-22.

[61] Eigenvalues and eigenvectors[CP/OL]. http: //www. mathworks. cn/help/matlab/ref/eig. html.

[62] JOHNSON D B. Finding all the elementary circuits of a directed graph[J]. SIAM Journal on Computing, 1975, 4(1): 77-84.

[63] LI X, CHEN G. A local-world evolving network model[J]. Physica A: Statistical Mechanics and its Applications, 2003, 328(1): 274-286.

[64] DENG K, ZHAO H, LI D. Effect of node deleting on network structure[J]. Physica A: Statistical Mechanics and its Applications, 2007, 379(2): 714-726.

[65] XIE Z, LI X, WANG X. A new community-based evolving network model[J]. Physica A: Statistical Mechanics and its Applications, 2007, 384(2): 725-732.

[66] WU J, DENG H Z, TAN Y J. Spectral measure of robustness for Internet topology[J]. Computer Science and Information Technology (ICCSIT), 2010 3rd IEEE International Conference on, 2010, 6: 50-54.

[67] AFSHARI B, AKBARI S, MOGHADDAMZADEH M J, et al. The algebraic connectivity of a graph and its complement[J]. Linear Algebra and its Applications, 2018, 555: 157-162.

[68] CHUNG F, LU L. Coupling online and offline analyses for random power law graphs[J]. Internet Mathematics, 2004, 1(4): 409-461.

[69] CHUNG F, LU L, VU V. The spectra of random graphs with given expected degrees[J]. Proceedings of the National Academy of Sciences, 2003, 100(11): 6313-6318.

[70] CHUNG F, RADCLIFFE M. On the spectra of general random graphs[J]. Electronic Journal of Combinatorics, 2011, 18(1): 215-229.

[71] BARABASI A L, ALBERT R, JEONG H. Mean-field theory for scale-free random networks[J]. Physica A: Statistical Mechanics and its Applications, 1999, 272(1): 173-187.

[72] CETINKAYA E K, ALENAZI M, ROHRER J P, et al. Topology connectivity analysis of Internet infrastructure using graph spectra[C]. Ultra Modern Telecommunications and Control Systems and Workshops, 2012 4th International Congress on. IEEE, 2012: 752-758.

[73] BLOCK P. Community: The structure of belonging[M]. Berrett-Koehler Publishers, 2018.

[74] GHASEMIAN A, HOSSEINMARDI H, CLAUSET A. Evaluating overfit and underfit in models of network community structure [J]. IEEE Transactions on Knowledge and Data Engineering, 2019, 32 (9): 1722-1735.

[75] BATES K A, CLARE F C, O'HANLON S, et al. Amphibian chytridiomycosis outbreak dynamics are linked with host skin bacterial community structure[J]. Nature communications, 2018, 9(1): 693.

[76]LESKOVEC J, CHAKRABARTI D, KLEINBERG J, et al. Kronecker graphs: An approach to modeling networks[J]. Journal of Machine Learning Research, 2010, 11(2): 985-1042.

[77]LESKOVEC J, BACKSTROM L, KUMAR R, et al. Microscopic evolution of social networks[C]. Proceedings of the 14th ACM SIGKDD International Conference on Knowledge Discovery and Data Mining, 2008: 462-470.

[78]ZHANG Z, RONG L, GUO C. A deterministic small-world network created by edge iterations[J]. Physica A: Statistical Mechanics and its Applications, 2006, 363(2): 567-572.

[79]MEUNIER D, LAMBIOTTE R, BULLMORE E T. Modular and hierarchically modular organization of brain networks[J]. Frontiers in Neuroscience, 2010, 4: 200.

[80]DAI M, LI X, XI L. Random walks on non-homogenous weighted Koch networks[J]. Chaos, 2013, 23(3): 033106.

[81]CHEN J, DAI M, WEN Z, et al. A class of scale-free networks with fractal structure based on subshift of finite type[J]. Chaos, 2014, 24(4): 043133.

[82]ZHANG Z, SHENG Y, HU Z, et al. Optimal and suboptimal networks for efficient navigation measured by mean-first passage time of random walks[J]. Chaos, 2012, 22(4): 043129.

[83]ZHANG Z, GAO S, XIE W. Impact of degree heterogeneity on the behavior of trapping in Koch networks[J]. Chaos, 2010, 20(4): 043112.

[84]CHEN M, YU B, XU P, et al. A new deterministic complex network model with hierarchical structure[J]. Physica A: Statistical Mechanics and its Applications, 2007, 385(2): 707-717.

[85]ANDRUS J, BANIK S M, SWART B B, et al. Multicast routing using delay intervals for collaborative and competitive applications[J]. IEEE Transactions on Communications, 2018, 66(12): 6329-6338.

[86]LAFETA T, BUENO M L P, BRASIL C, et al. MEANDS: A Many-objective evolutionary algorithm based on non-dominated decomposed sets applied to multicast routing[J]. Applied Soft Computing, 2018, 62: 851-866.

[87] HOSSEINI M, AHMED D T, SHIRMOHAMMADI S, et al. A survey of application-layer multicast protocols[J]. IEEE Communications Surveys & Tutorials, 2007, 9(3): 58-74.

[88]ZHANG D, ZHENG K, ZHANG T, et al. A novel multicast routing method with minimum transmission for WSN of cloud computing service[J]. Soft Computing, 2015, 19(7): 1817-1827.

[89]GE M, YE T, LEE T T, et al. Multicast routing and wavelength assignment in AWG-based clos networks[J]. IEEE/ACM Transactions on Networking, 2017, 25(3): 1892-1909.

[90]LU J, WANG H. Uniform random sampling not recommended for large graph size estimation[J]. Information Sciences, 2017, 421: 136-153.

[91]STUTI K, SRIVASTAVA A. Performance analysis and comparison of sampling algorithms in online social network[J]. International Journal of Computer Applications, 2016, 133(5): 30-35.

[92]YOON S H, KIM K N, HONG J, et al. A community-based sampling method using DPL for online social networks[J]. Information Sciences, 2015, 306: 53-69.

[93]PIEPER K, PERRY A, ANSELL P, et al. Design and development of a dynamically, scaled distributed electric propulsion aircraft testbed[C]. 2018 AIAA/IEEE Electric Aircraft Technologies Symposium (EATS), 2018: 1-2.

[94] HARTUNG R, KABERICH J, WOLF L C, et al. Demo: Integration of a platform for energy storage experiments into a generic testbed framework[C]. Proceedings of the 12th International Workshop on Wireless Network Testbeds, Experimental Evaluation & Characterization, 2018: 77-78.

[95] RIMAL B P, MAIER M, SATYANARAYANAN M. Experimental testbed for edge computing in fiber-wireless broadband access networks[J]. IEEE Communications Magazine, 2018, 56(8): 160-167.

[96] GHARBAOUI M, CONTOLI C, DAVOLI G, et al. Experimenting latency-aware and reliable service chaining in Next Generation Internet testbed facility[C]. 2018 IEEE Conference on Network Function Virtualization and Software Defined Networks (NFV-SDN), 2018: 1-4.

[97] CHOUDHURY G, LYNCH D, THAKUR G, et al. Two use cases of machine learning for SDN-enabled IP/optical networks: Traffic matrix prediction and optical path performance prediction[J]. IEEE/OSA Journal of Optical Communications and Networking, 2018, 10(10): D52-D62.

[98] ZHAO J, QU H, ZHAO J, et al. Towards traffic matrix prediction with LSTM recurrent neural networks[J]. Electronics Letters, 2018, 54(9): 566-568.

[99] AZZOUNI A, PUJOLLE G. NeuTM: A neural network-based framework for traffic matrix prediction in SDN[C]. NOMS 2018-2018 IEEE/IFIP Network Operations and Management Symposium, 2018: 1-5.

[100] LI D, XING C, DAI N, et al. Estimating SDN traffic matrix based on online adaptive information gain maximization method[J]. Peer-to-Peer Networking and Applications, 2019, 12: 465-480.

缩写词

[1] AS：autonomous system，自治系统.

[2] BGP：border gateway protocol，边界网关协议.

[3] CCDF：complementary cumulative distribution function，余补累积分布函数.

[4] WSD：weighted spectral distribution，加权谱分布.

[5] ME1：the multiplicity of the eigenvalue 1，特征值 1 重复度.

[6] BA：Barabasi-Albert model，Barabasi-Albert 模型.

[7] GLP：generalized linear preference model，广义线性偏好模型.

[8] PFP：positive feedback preference model，正反馈偏好模型.

[9] Inet-3.0：version 3.0 of Internet topology generator，3.0 版本互联网拓扑生成器.

[10] UCLA：University of California, Los Angeles，加州大学洛杉矶分校.

[11] ICMP：Internet control message protocol，因特网控制报文协议.

[12] TTL：time to live，存活时间.

[13] ITDK：Macroscopic Internet Topology Data Kit，宏观互联网拓扑数据集.

[14] SRW：simple random walk，简单随机游走.

[15] SRWFB：simple random walk flying back，带返回的简单随机游走.

[16] MHRW：Metropolis-Hastings random walk，Metropolis-Hastings 随机游走.

[17] FF：forest fire model，森林火模型.

[18] DRE：deletion of a random edge，随机删除一条边.

[19] DRVE：deletion of a random vertex/Edge，删除与随机节点相连的一条随机边.

[20] FWSD：fast weighted spectral distribution，加权谱分布的快速计算方法.

[21] LW：local world model，局部世界模型.

[22] ND：node deleting model，节点删除模型.

[23] CBE：community-based evolving model，社团演化模型.

[24] S-BITE：structure-based Internet topology generator，基于结构的互联网拓扑生成器.

[25] SDN：software-defined network，软件定义网络.

[26] SBT：source based tree，基于源的树.

[27] GST：group shared tree，群组共享树.

[28] CBT：center based tree，基于中心的树.

[29] SInetL：sampling for Internet topologies using normalized Laplacian spectral features，基于正规 Laplacian 图谱特征的互联网拓扑采样方法.

［30］LL：low-degree nodes are attached to low-degree nodes，低度节点连接低度节点.

［31］LH：low-degree nodes are attached to high-degree nodes，低度节点连接高度节点.

［32］LM：low-degree nodes are attached to mixtures of high-degree and low-degree nodes，低度节点集连接由高度节点和低度节点构成的混合节点集.

［33］DNVE：deletion of non-uniformly random vertex and edge，非标准分布的随机节点和边删除.

［34］HDNVE：heuristic DNVE，启发式的 DNVE.

［35］SLMBG：sampling LM bipartite graphs，采样 LM 二分图.

［36］LDNVE：labelled DNVE，带标记的 DNVE.

［37］RSLMBG：restricted SLMBG，受限制的 SLMBG.

［38］CAIDA：center for applied internet data analysis，应用互联网数据分析中心.

［39］ACC：average clustering coefficient，平均聚类系数.